MODERN
MORINGA OLEIFERA LAM.
BIOLOGY 主编：盛军

现代辣木生物学

云南出版集团公司

云南科技出版社

·昆 明·

图书在版编目（CIP）数据

现代辣木生物学 / 盛军主编. -- 昆明：云南科技
出版社, 2014.12
ISBN 978-7-5416-8718-1

Ⅰ.①现… Ⅱ.①盛… Ⅲ.①辣木科－植物学 Ⅳ.
①Q949.748.5

中国版本图书馆CIP数据核字(2015)第026299号

责任编辑：胡凤丽　罗　璇
　　　　　刘　康　戴　熙
封面设计：杨凌峰
版式设计：晓　晴
责任校对：叶水金
责任印制：翟　苑

云南出版集团公司
云南科技出版社出版发行
（昆明市环城西路609号云南新闻出版大楼　邮政编码：650034）
昆明富新春彩色印务有限公司印刷　全国新华书店经销
开本：787 mm×1092 mm　1/16　印张：22.5　字数：420千字
2015年1月第1版　　2015年1月第1次印刷
印数：1～5 000册　　定价：138.00元

编委会名单

主　编　盛军

副主编　解培惠　袁　唯　李　强　朱海山　龚加顺　杨生超　郝淑美

　　　　　王宣军　董　扬　田　洋

各章节参与编写人员如下：

第一章　董　扬　严　亮

第二章　郝淑美　田　洋　段胜常　高　云　严　亮

第三章　第一节　杨生超　马春花

　　　　第二节　解培惠　朱海山　马春花

　　　　第三节　李　强　高　熹　李　凡

第四章　第一节　龚加顺　王宣军　刘丽静

　　　　第二节　龚加顺　梁文娟

　　　　第三节　田　洋　解　静　彭　磊　徐安妮　曾寰宇　戴天沺

第五章　第一节　赵　明　马　燕　段双梅　万晶琼　赵　恒　马　啸

　　　　第二节　赵　明

　　　　第三节　黄艾祥

　　　　第四节　袁　唯

第六章　第一节　吴荣书　莫大美

　　　　第二节　黄艾祥

　　　　第三节　史崇颖　尹　丰

　　　　第四节　史崇颖　陶　亮

　　　　第五节　梁文娟　史崇颖

序言

　　2013年11月，我看过一篇报道辣木的文章，文章题目叫"吃树叶的时代一定会到来"，是记者采访全国优秀科技工作者、云南德宏一百多年辣木古树发现者解培惠的一个长篇对话。解老从全营养食品开发、粮食安全与生态环境等角度出发，阐述了辣木作为人类健康与粮食安全新资源作物的重要性。读完这篇报道，感触颇多，既被解老的坚持和努力感动，也为辣木作为"生命之树"而感到神奇。

　　时隔不到一年，2014年8月，以云南农业大学为代表的研究团队，在世界上第一个完成了辣木基因组的破译工作。

　　辣木引进我国已经有107年的历史，在云南多个地区已经作为日常美味食品被广泛食用。尤其是2014年7月22日，国家领导人把云南辣木籽作为国礼送给古巴领导人劳尔·卡斯特罗，辣木更为世人关注，国内适宜辣木生长的地区广为种植，辣木新产品陆续上市，形成了"辣木热"。但由于辣木相关研究在国内刚刚开始，所以，加快辣木基础研究对于推进辣木应用开发、成果转化及产业化有重要意义。

　　作为一个东北人，在云南工作7年多的时间里，能够随时随地感觉到七彩云南生物多样性的神奇。千年的古茶树，长在树上的铁皮石斛，柠檬可以一年四季开花，番木瓜春夏秋冬结果，很多鲜花用来做食品，咖啡果原来是红色的，这些都是一天有四季、十里不同天的云南的真实写照。

　　2014年初，我们研究团队从辣木基因组学、活性成分、种植和病害防治、加工工艺及产品开发等角度入手，开始了对辣木的系统研究。从辣木基因组入手，对其进化地位、生长特性以及特殊功能进行基因定位。经过8个月的研究攻关，终于在2014年8月21日公布了辣木基因组精细图谱。从基因组信息分析得到了一些辣木的重要生物学特性和功能的基因层面的解释，如辣木为何生长速度快，为何耐旱、耐高温等。为了加快辣木新产品开发，研究团队在公布基因组图谱的同时，第一款辣木酸奶也在团队的努力下问世。随着"生命之树"的面纱被逐步揭开，需要更多的科学家和开发团队加快研究开发速度，服务产业发展，解决产业的科学问题；同时，也要阐明辣木的功能成分和功效机理，让消费者科学、安全地食用辣木相关产品。

我们研究团队将过去在辣木方面的研究成果和产业化经验整理成书，希望这些研究成果和实践经验能够有助于解决或者部分解决辣木产业现在面临的问题，也希望我们的研究成果可以推动世界辣木研究的进程。在基因组的辅助下，辣木作为木本植物的模式生物，从基础研究角度阐述其生物学特征，解决辣木品种、品质等问题。在活性成分解析和功效研究的带动下，辣木可以作为一种全营养食品、特殊功能食品得到系统研究。目前，国际上有关辣木的研究还很少，截至2015年1月，共发表了459篇论文。根据我们近期的研究成果和国际上的研究结论，我们系统地将其整理成书，并将本书定名为《现代辣木生物学》。

自从破译九大仙草之首的铁皮石斛基因组后，就一直筹划对云南珍贵药材植物和特色经济作物基因组进行系统研究。目前，这些研究工作进展顺利，2015年会把更多的研究成果奉献给广大读者和科技工作者。由于我们迫切想将研究结果奉献给正在快速发展的辣木产业，所以在编写本书时难免由于时间仓促存在纰漏，一方面我们会在未来的研究中继续以科学严谨的态度不断完善；另一方面也请同仁、读者指正和包涵，提出宝贵的意见，便于在修订本书时作为重要的参考。

2015年1月于云南农业大学、云南省高原特色农业产业研究院

图1 德宏百年辣木（地点：芒市宾馆）

周卫华　2014年11月拍摄

图2 辣木育苗

周卫华　2014年11月拍摄于云南德宏

图3 二年生辣木

周卫华　2014年11月拍摄于云南德宏

图4 辣木人工矮化用于叶片采收（二年生）

周卫华　2014年11月拍摄于云南德宏

图5 标准辣木林（二年生）

周卫华　2014年11月拍摄于云南德宏

图6 辣木成林与林下套作蔬菜和养殖

周卫华　2014年11月拍摄于云南德宏

图7 三年生辣木花果同枝

周卫华　2014年11月拍摄于云南德宏

目录
CONTENTS

第一章　辣木生物学特性 ················· **1**

第二章　辣木基因组 ················· **11**

　1. 辣木基因组组装 ················· 12

　2. 辣木基因组注释 ················· 19

　3. 辣木进化分析 ················· 31

　4. 辣木特有的基因家族 ················· 33

　5. 辣木基因组中正选择基因 ················· 41

　6. 转录因子家族 ················· 52

　7. 热激蛋白 ················· 77

　8. 油菜素类固醇信号转导途径 ················· 90

　9. 辣木中GABA生物合成 ················· 108

　10. 辣木中谷甾醇生物合成（Sitosterol bio-synthesis） ················· 116

第三章　辣木的育种、栽培及病虫害防治 ················· **133**

　1. 辣木育种 ················· 134

　2. 辣木的栽培技术 ················· 145

　3. 辣木的病虫害防治 ················· 159

第四章　辣木营养价值及健康功效 ················· **185**

　1. 辣木营养价值 ················· 186

　2. 辣木的活性成分 ················· 196

　3. 辣木健康功效评价 ················· 217

第五章　辣木的深加工和产品研发 ································· **275**

  1. 氨基丁酸产品的研究开发 ··············· 276

  2. GABA辣木产品加工工艺研究 ·········· 284

  3. 辣木酸乳的开发 ··············· 287

  4. 辣木其他产品开发 ··············· 296

第六章　辣木综合利用及开发 ····················· **309**

  1. 辣木在保健食品及药品中的应用 ········· 310

  2. 辣木在畜禽饲料上的应用 ·············· 320

  3. 辣木在日化用品中的应用 ·············· 324

  4. 辣木在水质净化中的应用 ·············· 329

  5. 辣木在其他工业中的应用 ·············· 338

后记 ································· **344**

第一章
DIYIZHANG

辣木生物学特性

Moringa oleifera Lam.

辣木生物学特性

辣木（*Moringa oleifera* Lam.）为辣木科辣木属植物，属小乔木植物，常绿或半落叶，原产于印度，又称为奇树、鼓槌树，为多年生热带落叶乔木，广泛种植在亚洲和非洲热带和亚热带地区，全世界约有13个辣木品种，主要分布在亚洲的印度、中国、日本，非洲的埃及、肯尼亚、埃塞俄比亚、安哥拉、纳米比亚、苏丹，美洲的墨西哥、美国等30多个热带、亚热带国家和地区。目前我国已经引种栽培印度传统辣木、印度改良辣木（早生且具高豆荚产量）和非洲辣木（原只产于肯尼亚图尔卡纳湖附近及埃塞俄比亚西南部）三个品种，主要分布在云南、贵州、广东、广西、海南、台湾等省区。

目前较常食用的主要有印度传统辣木、印度改良种辣木和非洲辣木。辣木全身均可开发利用且用途广泛，可供观赏、食用、药用、植物油及啤酒的净化，也是理想的油料植物、蜜源植物、畜牧饲料和薪材。

辣木适应各种土壤类型，土壤pH值范围4.8～8。15 ℃以上气温就可生长，最佳生长气温25～35 ℃，不耐霜冻。辣木是速生木本植物，移栽当年即可采摘其嫩叶、嫩茎，采集期每年长达10个月，树龄可达20年。

云南是中国最早引种辣木的省份。2014年7月22日，习近平主席再次出访古巴，从云南带了5千克，约1.5万粒辣木种子，赠送给卡斯特罗，再次掀起辣木研究热潮。

目前，云南辣木主要种植在金沙江、红河、怒江、澜沧江流域的半干热、干热河谷区域，以及北热带季风和亚热带季风气候区，有效种植面积2万亩左右。

辣木之所以被命名为辣木，并非因为其叶片有辣味，而是辣木拉丁名称中的定名者Lamarch的缩写Lam谐音而来。辣木在分类学上属于植物界、被子植物门、双子叶植物纲、十字花目、辣木科、辣木属。

目前分类学结果显示，辣木科只有一个属，即为辣木属，辣木属包括13个物种，分别为：*Moringa arborea*、*Moringa borziana*、*Moringa concanensis*、*Moringa drouhardii*、*Moringa hildebrandtii*、*Moringa longituba*、*Moringa oleifera*、*Moringa ovalifolia*、*Moringa peregrina*、*Moringa pygmaea*、*Moringa rivae*、*Moringa ruspoliana*、*Moringa stenopetala*。

目前对辣木属内的物种分类研究较少，初步的分类关系是基于形态学和少量的DNA序列标记来实现的（图1-1，图1-2）。

辣木科的13个物种都是乔木，羽状复叶互生，小叶卵形，全缘；托叶缺或有叶柄和小叶基部有腺体；花白色或红色，两性，两侧对称，花萼杯状，5裂，花瓣5，不相等，下部的外弯，上部一枚直立；果实是长蒴果；种子有翅。辣木属13个种按照树冠形态可以分为三类：瓶形、条形和灌木形。瓶形有：*M. drouhardii*、*M. hildebrandtii*、

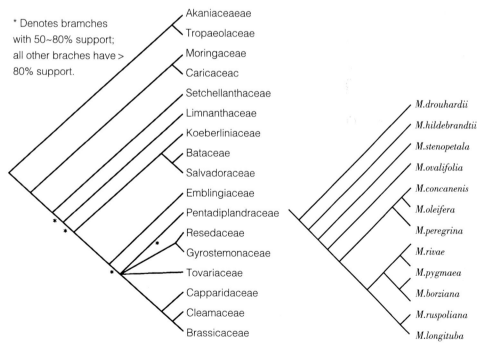

图1-1 辣木属在十字花目中的分类地位　　**图1-2** 辣木属内各物种的分类关系

*M. ovalifolia*和*M. stenopetala*，主要分布在马达加斯加、纳米比亚和肯尼亚，其树冠小，树干粗壮如瓶子形，内部储存大量水分，花小，呈现辐射对称花形。条形有：*M. concanensis*、*M. oleifera*和*M. peregrina*，主要分布在印度地区，树干高而细，花较大，呈现两侧对称形态，生长速度迅速，具有一定经济价值。灌木形辣木属物种较多，有*M. arborea*、*M. borziana*、*M. longituba*、*M. pygmaea*、*M. rivae*和*M. ruspoliana*，这些物种分布范围很窄，主要位于肯尼亚和索马里，树干呈现细小的灌木形体，成年树具备颜色多样的块根，花呈现两侧对称形态（图1-3）。从辣木属物种在世界范围的分布来看，非洲至少有10种辣木属物种，其中有8种都在"非洲之角"索马里地区，可以推测该地区是辣木属物种起源中心和生物多样性中心（图1-4）。

条状树冠的*M. oleifera*

瓶状树冠的*M. drouhardii*　　灌木树冠的*M. arborea*

图1-3　辣木树冠形态

图1-4 非洲之角的辣木分布情况

图中红色圆点代表*M. peregrina*；黄色圆点代表*M. pygmaea*；灰色圆点代表*M. longtituba*；粉红色圆点代表*M. ruspoliana*；绿色圆点代表*M. rivae*；红色圆点代表*M. stenopetala*；紫色圆点代表*M. arborea*

在所有13个辣木属物种中，*Moringa oleifera* Lam.是主要栽培种（下文简称辣木），由于其分布在印度北部，也被叫作印度传统辣木、印度辣木、辣木，是辣木属的代表物种。印度使用辣木作为药用植物和食物已经有数百年历史。由于辣木生长迅速、生物量大、加之在印度特有的气候条件下，可以四季采摘鲜叶，并且果荚采摘时间长，因此具备良好的经济价值，目前在全世界范围内已广泛种植。

辣木原分布地区非常狭窄，仅在喜马拉雅山南侧狭小的带状区域分布（图1-5）。

辣木树高2~15 m，树皮软木质；枝有明显的皮孔及叶痕，小枝有短柔毛；根、叶片均有辛辣味。辣木生长迅速，在种子萌发后前4年中每年至少可以生长1~2.5 m，随后生长开始缓慢，树龄最长可达120年，大多数树龄在40年内，其叶片在种植后第二年进入丰产期，第五年后开始衰退，树干和分枝木质化程度提高。

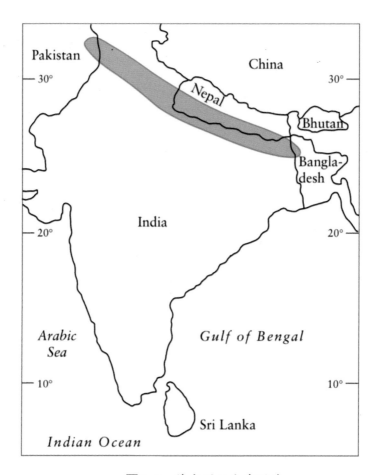

图1-5 辣木原始分布区域

辣木叶通常为三回羽状复叶，长10～60 cm。在羽片的基部具线形或棍棒状稍弯的腺体，腺体多数脱落，叶柄柔弱，基部鞘状，羽片2～8对，小叶3～9片，薄纸质，卵形、椭圆形或长圆形，长0.8～3 cm，宽0.4～1.5 cm，通常顶端的一片较大，叶背苍白色，无毛；叶脉不明显。小叶为椭圆形、宽椭圆形或卵形，无毛（图1-6）。

花是辣木属物种分类的形态学指标之一（图1-7）。辣木花花序广展，长10～25 cm，苞片小，线形；花具梗，白色或者淡黄色，芳香，直径约1～2 cm，萼片线状披针形，有短柔毛；花瓣匙形，花瓣展开后下垂；雄蕊和退化雄蕊基部有毛；子房有毛（图1-8）。

辣木的花为圆锥花序，单花白色或乳白色，有香味，形状类似于倒置的豆科植物的花。萼片披针形或长披针形，常被微绒毛。花瓣匙形，无毛或基部被微绒毛。雄蕊数10，其中有5枚正常，5枚退化，花丝分离，基部具毛；雌蕊数1，多毛。辣木每年春季和秋季开花各一次，每次开花的花期均分别持续约两个月，其中盛花期分别持续约一个月，但个别植株则全年开花。单花花期持续7天，集中在上午开放。花药先熟，花粉活性持续时间为花开放至开花后48h，柱头可授期为开花后24～72h。成熟的花药和柱头在

图1-6 辣木叶片（周卫华／摄）

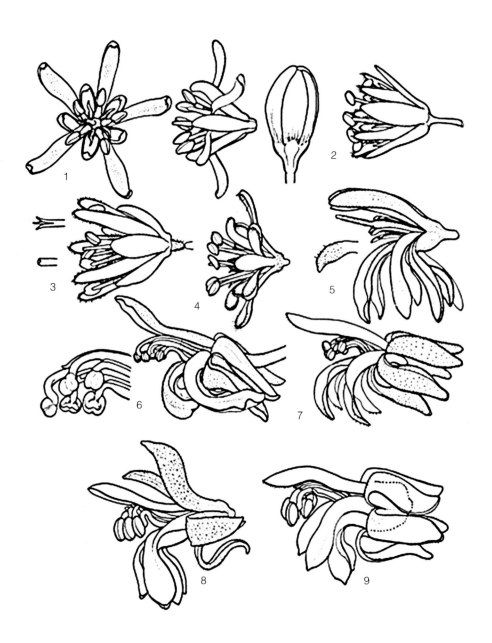

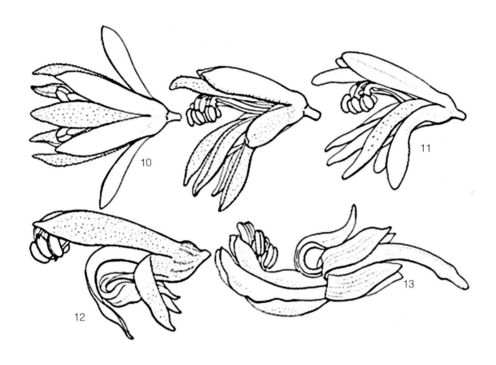

图1-7 图1、图2中辐射对称和细长进化树分枝中所有辣木种花形图（除非特别说明都是侧视图）。图1～图4：辐射对称成员显示其局部是辐射对称的或是几乎辐射对称排列。1. *Moringa drouhardii* Jum.花形图，顶端及侧面图展示其反卷的花瓣，蓓蕾图表明其本质上为不规则状；2. *Moringa hildebrandtii* Engl.花形图，其花蕊的花丝稍稍有点不规则；3. *Moringa stenopetala*（Baker f.）Cufod.花形图，详细地展示了其深浅不一的成瓣顶端的形状；4. *Moringa ovalifolia* Dinter& A. Berger花形图。图5～图7：左右对称细长进化树亚枝成员花形图。5. *Moringa concanensis* Nimmo花形图及减少的花药详图，其花无花丝附着且花药减少；6. *Moringa oleifera* Lam.花形图及其三层结构花药展示详图；7. *Moringa peregrina*（Forssk.）Fiori花形图。图8～图13：左右对称进化枝中结节状亚枝所有种的花形图（除特别说明外都为侧视图）。图8～图11：rivae亚枝成员花形图；8. *Moringa arborea* Verdc.花形图，萼片也许完全反卷；9. *Moringa borziana* Mattei花形图，花萼接近辐射对称；10. *Moringa rivae* Chiov. subsp. *rivae*花形图，花的侧视图其实是开花期的自我导向形成的；11. 来自标准样品的*Moringa pygmaea* Verdc.花形图。图12、图13：开红花的亚枝成员花形图。12. *Moringa ruspoliana* Engl.花形图；13. *Moringa longituba* Engl花形图。

图1-8 辣木花絮和花（周卫华／摄）

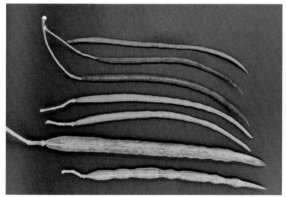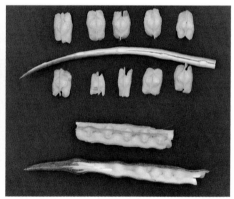

图1-9 辣木果荚（周卫华／摄）　　**图1-10** 辣木果实（周卫华／摄）

空间和时间上分离。花的香味在开花后即出现，并可持续48h。

　　果荚长20～80 cm，每荚含种子10～40粒，表面有纵形条纹，呈束状垂下。每树每年可生产15 000～25 000粒种子，种子鲜重为3 000～9 000粒/kg（图1-9，图1-10）。

　　总体看，目前对辣木的分类学、遗传资源多样性研究还处于起步阶段，对辣木的生物学研究才刚刚开始，并且遗传资源的利用需要建立在对遗传资源的系统研究上，因此，需要更多的研究工作者关注辣木、共同推进辣木研究。

第二章
DIERZHANG
辣木基因组

Moringa oleifera Lam.

辣木基因组组装

　　尽管辣木的作用巨大，但由于缺少相关的基因信息和基因组信息，对于辣木的研究一直停留在分析辣木的营养成分和种植等传统植物学和食品层面，其他方向的研究进展缓慢。因此，需要对辣木基因组进行从头测序（*De novo*），对其进行全面的解析，将辣木的研究带入分子育种时代，充分发挥和扩展辣木的价值。

　　通过对辣木基因组的破译，得到了辣木全基因组的3.16亿对碱基对，对辣木基因组的组装覆盖了全基因组91.78%的区域，获取了19 465个决定辣木生长、形态和功效的蛋白质编码基因信息，找到了与辣木热耐受性、抗干旱能力、高蛋白含量以及生长迅速等优良特质相关的潜在基因。不仅如此，通过对辣木基因组和其他相关木本植物基因组的比对，可以了解辣木的演变史和寻找辣木特有基因。

　　辣木基因组的破译仅仅是辣木研究的第一步，通过基因组辅助的方式，可以选育更耐冷的植株，扩大辣木的种植范围，也可以通过对辣木耐热抗干旱等分析，对其他植物进行改良。辣木基因组为辣木的育种、资源研究、药理研究、病虫害防治等方面提供的依据还可以用来解决辣木功能研究和产品开发等问题，通过完善整条辣木"产业链"，使得辣木全面"开花结果"。

1.1 辣木基因组测序与DNA文库的构建

由于辣木基因组是从头测序，因此，在测序前需要对辣木基因组进行预估计，通过估计基因组的大小来选定测序策略，对基因组杂合度进行估计，以判断基因组的组装难度。

测序辣木基因组的材料来自于一株树龄为3年的辣木树的叶子，从中总共提取了超过50 mg的高质量DNA，用以测序并构建DNA文库。

测序采用Illumina/Solexa公司的Hiseq2500TM平台，使用边合成边测序的方法。Solexa技术最早由两位剑桥大学和Sanger的科学家创立，在Sanger等测序方法的基础上，通过技术创新，用不同颜色的荧光标记4种不同的dNTP，当DNA聚合酶合成互补链时，每添加一种dNTP就会释放出一种不同的荧光，根据捕捉的荧光信号并经过特定的计算机软件处理，从而获得待测DNA的序列信息。其技术核心为"DNA簇"和"可逆性末端终结"，可达成自动化样本制备和数百万个碱基的大规模平行测序。

Solexa技术采用双末端测序（paired-end sequencing），辣木基因组的测序分别构建了插入长度为177，222，390，503，3500，11 500，15000的7种不同长度的DNA文库。

对于短插入长度（200～800bp）的基因片段，在经过桥式扩增后直接进行测序，得到的测序数据信息即为paired-end。小片段文库的大致构建与测序流程如图2-1-1。

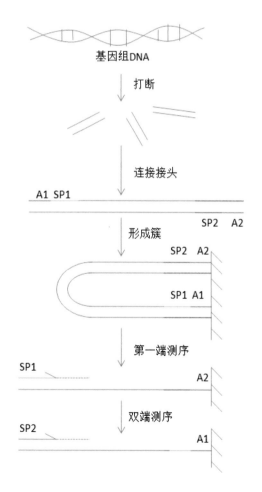

图2-1- 1　小片段文库的构建与测序流程

对于长插入长度（＞2kb）的基因片段，需要先对其进行环化，形成环状DNA，再将其打断，选择连接区域的片段进行测序，得到片段数据。这种方式得到的测序结果叫做mate-paired。Mate-paired末端配对文库的构建和测序流程如图2-1-2。

Illumina Hiseq2500TM测序后，得到辣木基因组的原始测序数据，并经过image analysis，Base calling以及sequence analysis三个步骤，总共得到了202G的原始数据。

将原始数据进行过滤和修饰后，从最初的202G数据中得到了141G用于组装的clean data，对这些数据的统计见表2-1-1。

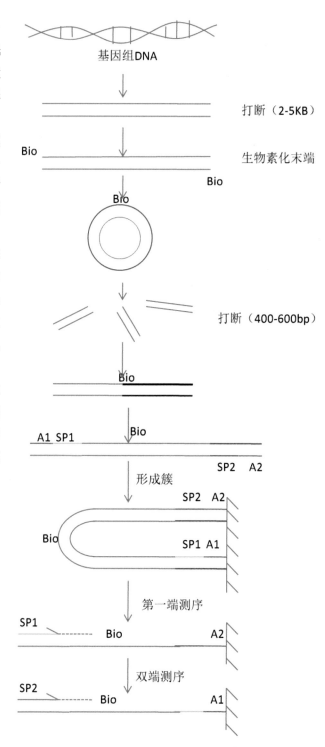

图2-1-2 Mate-paired文库的构建和测序流程

表2-1-1　辣木测序数据过滤后统计结果

Insert Size （bp）	Library ID	Raw Reads （M）	Reads Length （bp）	Total data （G）
178	Sample_LM-304	68.22	96	13.65
222	Sample_LM-348	178.03	96	35.6
390	Sample_LM-516	212.67	96	42.53
503	Sample_LM-629	196.89	96	39.38
3 500	Sample_LM-3-4-450	22.73	96	4.55
11 500	Sample_LM-10-13-665	12.38	96	2.48
15 000	Sample_LM-13-17-805	16.33	96	3.27
Total				141.45

1.2　辣木基因组组装与评估

通过Solexa测得的辣木基因组原始数据为长度100bp的成对序列，经过修饰后的数据片段差不多96bp，选用Platanus（Kajitani, Toshimoto et al., 2014）、SSPACE（Boetzer, Henkel et al., 2011）、SOAPdenovo（Luo, Liu et al., 2012）对其进行拼接处理，从而得到完整的基因组信息，并对其进行注释和分析。

高通量测序拼接组装的主要过程就是将reads分组成为重叠群（contig），再把重叠群分组成为支架（scaffold）。Reads即为测序平台产生的序列信息；拼接软件基于reads间的

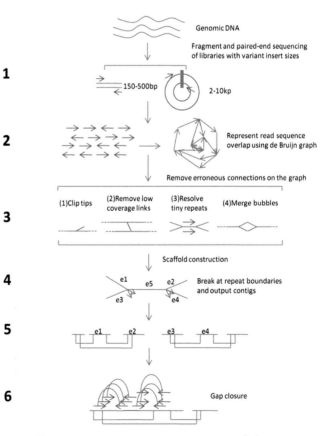

图2-1-3　SOAPdenovo拼接reads的基本流程

overlap区域，拼接获得的序列即为Contig；基因组*De Novo*测序后，通过reads拼接获得的Contigs，再通过已构建的Mate-pair库，获得一定大小片段（长插入长度片段）两端的序列，基于这些序列，可以确定一些Contig之间的顺序关系和方向以及Contigs之间的缺口大小，这些先后顺序已知的Contigs组成Scaffold。

基因组拼接常用软件SOAPdenovo拼接reads的基本流程如图2-1-3。

在对数据进行处理得到clean data后，用SOAPec（Luo, Liu et al., 2012）对K-mer的测序频率进行计算和修正，17-mer的频率分布如图2-1-4。

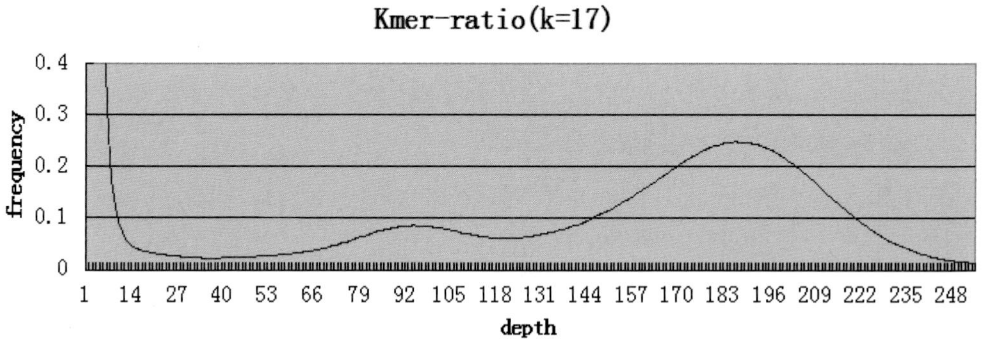

图2-1-4 17-mer的频率分布

每个K-mer 序列的频率可以根据原始基因组序列计算出来，而它的频率梯度分布服从泊松分布。由此推导，基因组大小G = K-num / K-depth，其中K-num是K-mer的总频率数，K-depth 是频率峰值时的K-mer深度。图2-1-4中低频率的测序片段多为测序错误导致，因此需要对这些片段进行识别并去除。对17-mer分析的统计如表2-1-2所示，预计的基因组大小为315M，测序深度为447X。

表2-1-2　17-mer分析统计结果

K-mer	K-mernum	Peak depth	Genomesize	Usedbase	Usedreads
17	58 619 889 481	186	315 160 696	71 445 652 416	44 225 546

由图2-1-4K-mer分析可以发现，在主峰K-depth对应横坐标的二分之一处出现频率峰值，这表示辣木基因组杂合度较高，因此辣木基因组组装有一定的困难。

辣木基因组拼接时，先用177、222、390、503这些小片段文库构建de bruijn图，去除低覆盖度的连接以及解开小的repeat化简de Bruijn图。最后通过连接k-mer路径得到

contig 序列。把所有可用的paired-end的reads序列信息比对到contig序列上，通过权衡两个contig之间的pair-end reads的连接数，结合构建的3500bp、11500bp以及15000bp的mate-pair库，逐步将contig连接成scaffold。

选择在杂合度较高时使用组装软件Platanus（Kajitani, Toshimoto et al., 2014）对基因组进行contig构建，用SSPACE（Boetzer, Henkel et al., 2011）进行scaffold连接，再用SOAPdenovo（Luo, Liu et al., 2012）组装技术中的Gapcloser对序列进行局部组装补洞，统计得到的contig和scaffold信息见表2-1-3，超过总序列80%（231 Mb）的序列存在于262条scaffold中。

表2-1-3　辣木基因组装配信息统计表

	Contig		scaffold	
	size（bp）	number	size（bp）	number
N90	4 165	4 362	5 792	1 382
N80	30 989	1 914	150 929	262
N70	60 562	1 261	396 940	147
N60	91 660	880	736 902	93
N50	123 008	611	1 140 476	61
Longest	1 070 888		6 788 971	
average size	6 911		8 677	
Total number（>1 000bp）		13512		10 494
Total	287 419 725	41 586		33 332

Contig N50和Scaffold N50可以作为基因组拼接结果好坏的判断标准。Reads拼接得到的不同长度的Contigs，将所有Contigs长度相加，能获得一个总Contig长度值。然后将所有Contigs按照从长到短进行排序，并依此顺序依次相加，当相加长度达到Contig总长度的一半时，最后一个加上的Contig长度即为Contig N50，Scaffold N50同理。一般来讲，N50值越大，基因组组装结果越好。

辣木基因组组装的Contig N50 123K、Scaffold N50 1.14M以及447X的测序深度表明，辣木基因组质量已经可以媲美那些已经发表的比如卷柏（Banks, Nishiyama et al., 2011）、香蕉（D'Hont, Denoeud et al., 2012）等植物的基因组组装质量（表2-1-4）。

表2-1-4 辣木基因组组装结果与其他发表的物种基因组比较

名称	基因组大小	测序时间	测序策略	测序深度	Contig N50	Scaffold N50
水稻	466 M	2002	Sanger	4.2X	6.69kb	11.76kb
卷柏	212 M	2011	Sanger		119.8kb	1.7 M
香蕉	523 M	2012	Sanger Roche Illumina		43.1kb	1.3 M
无油樟	870 M	2013	Sanger Roche Illumina	30X	29.4kb	4.9 M
辣木	315 M	2014	Illumina	447X	123kb	1.14 M

虽然如此，但还需采用SOAPaligner软件对组装结果进行评估，即将测序得到的reads重新比对到组装的序列上，可以看出95.67%的reads能够re-mapped到序列（见表2-1-5）。

表2-1-5 reads re-mapping到组装基因组结果统计

	Number	Rate
Total reads	179，684，929 PE	100%
Maped paired reads	93，032，347 PE	51.78%
Maped single reads	157，737，308 SE	43.89%
Tatal mapped reads	343，802，002 SE	95.67%

木本植物基因组大小不定，甚至是差异巨大，小基因组如梅花基因组仅有280 M（Zhang, Chen et al., 2012），而大基因组如火炬松基因组可达22.18G（Kovach, Wegrzyn et al., 2010）。辣木基因组较小，仅有315 M，甚至小于水稻的466 M基因组。由于辣木基因组小、生长迅速、种子产量高，不仅可以作为一种合适的木本模式植物，还可以用来进行木本植物特有的功能基因组研究。

辣木基因组注释

　　为进一步揭示辣木基因组所包含的生物信息，组装完成后，对其进行了后续的注释分析，包括重复序列的识别和注释、蛋白编码基因和非编码基因的预测、编码基因功能注释、miRNA靶基因分析（图2-2-1）。

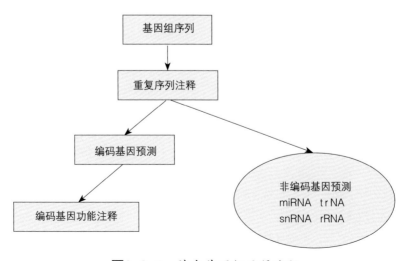

图2-2-1　辣木基因组注释流程

2.1　重复序列识别

基因组中的重复序列可分为串联重复序列（tandem repeat）和散在重复序列（interpersed repeat）两大类。

串连重复序列由多个很短的重复序列单元串联排列构成，包含卫星DNA（Satellite DNA）、小卫星（Minisatellite）和微卫星（Microsatellite）。串联重复序列广泛存在于真核生物和一些原核生物的基因组中，并表现出种属、碱基组成等的特异性。在基因组整体水平上，各种优势的重复序列类型不同。即使在同一重复序列类型内部，不同重复拷贝类别（如AT、AC等）在基因组中的存在也表现出很大的差异。同时，这些重复序列类型和各重复拷贝类别在同一物种的不同染色体间，以及基因的编码区和非编码区间也表现出种属和碱基组成差异。这些差异显示了重复序列起源和进化的复杂性，可能涉及多种机制和因素，并与生物功能密切相关（别墅，王坤波等，2003；高焕，孔杰，2005；艾对元，2008）。许多串联重复序列在基因组中具有重要的功能，目前认为至少具有三个作用：一是组成开放阅读框的一部分；二是参与基因组的调节活动；三是组成染色体的脆性位点（Vergnaud, Denoeud, 2000）。

散在重复序列是指比较均匀地分布在基因组中的一些重复序列，它们主要起源于转座子（transposon）和逆转座子（retroposon）。共有4类：长散在重复（LINE）、短散在重复（SINE）、类反转录病毒转座子（LTR）、DNA转座子（DNA transposon）。前三种序列都是通过RNA来复制自身的，只有DNA转座子是通过DNA来转座的（艾对元，2008）。

辣木基因组组装完成后，使用序列比对和从头预测两种方法预测了基因组中的重复序列和转座子元件。首先使用TRF（Benson, 1999）（Tandem Repeats Finder）软件识别辣木基因组中的串联重复序列，然后通过Repeatmasker和RepeatProteinMask两个软件对其进行序列比对，以Repbase（Jurka, Kapitonov et al., 2005）重复序列数据库为参考，对已知重复序列相似的重复序列或蛋白质序列进行识别，Repeatmasker能够识别DNA水平和蛋白质水平重复的序列。从头预测使用LTR_FINDER（Xu, Wang, 2007）和RepeatScout（Price, Jones et al., 2005）两种软件。

结合两种预测方法，在辣木基因组中共识别了148820058 bp重复序列，这些重复序列以及大量的顶端切除序列和其他的片段占辣木基因组的51.45%（见表2-2-1）。在148.8 Mb重复序列中，有136 M是转位因子（transposable element，TE），占辣木基因组的47.1%，包含了绝大多数种类的植物转位因子（表2-2-2，图2-2-2）。很明显，绝大多数重复序列是通过从头预测的方法得到的，仅有10.1%的序列是通过序列比对的方法得到。

重复序列一度曾被认为是进化中的垃圾序列，曾被称为进化的痕迹。但从进化的角度看，物种间重复序列变异是自然选择和生物对环境适应的结果，生物进化的水平越高，重复序列占DNA总量的比重就越大。从病毒、细菌，到真核生物，其基因组中重复序列比例逐步升高（艾对元，2008），表2-2-3列出了一些模式生物的重复序列比例，可以看出，辣木进化水平相对较高。

大部分重复序列无编码功能，但也有一些重复序列具编码功能，如所有高等生物的rDNA（18S-5.8S-26S rDNA）和组蛋白基因为串联高度重复序列。不同生物中串联重复序列在基因组中的组成比例是不同的。而亲缘关系相近的物种，串联重复序列在基因组中的组成和存在又具有一定的相似性，这显示了其与生物基因组进化上的密切关系（高焕，孔杰，2005）。

在后续的分析中，对辣木构建进化树分析发现，其与番木瓜亲缘关系较近，但已公布的番木瓜基因组中，没有确切的番木瓜串联重复序列的资料，亲缘关系较远的苹果中，串联重复序列大约占基因组的5.1%左右，辣木中约占4.35%。

近些年来的诸多研究表明，TEs在基因组进化过程中起重要作用。首先，TEs可以通过将自身复制和插入影响物种基因组的大小，例如：黑腹果蝇的基因组大小为180 m，其中20%为转座导致的重复序列；人类基因组大小为3.2 G，其中45%为转座导致的重复序列；面包小麦的基因组大小为17 G，TEs所占的比例高达80%等。此外，TEs可以直接或间接地促进基因组重排。具体来说，一方面，转座事件本身可造成缺失和倒位，或导致宿主序列移动到新的位置；另一方面，一个转座子在不同位置上（甚至不同染色体上）的两份拷贝，可提供交换重组的位点，这种互换会造成缺失、插入、倒位或易位。除了改变基因组的大小和结构，TEs还可以调控基因的表达，改写基因调控网络等（韩丽娟，2012）。

同其他真核基因组一样，散在重复序列是辣木基因组最丰富的重复序列类型，占基因组的47.1%。表2-2-4列出了番木瓜、苹果、葡萄三个木本植物中的TEs数据（Jaillon, Aury et al., 2007；Ming, Hou et al., 2008；Velasco, Zharkikh et al., 2010）。由表2-2-4中可以看出，辣木散在重复序列含量比这几个物种都高，但是基因组并不大，其对基因组大小的影响并不大，并且这些物种的TEs主要由Ⅰ类逆转录转座子构成，而Ⅱ类DNA转座子含量很小，相比较而言，辣木中DNA转座子含量很高，达到8.42%（表2-2-2），推测其对辣木快速生长具有重要意义。此外，辣木TEs中的LINE和SINE含量比亲缘关系较近的番木瓜高得多，但是其他类型的TEs很少，辣木包含的TEs在大多数植物中都已经发现。

重复序列是在分子水平上研究物种起源和进化最有效手段之一。植物的基因组中都含有一些物种或基因组特异重复序列，研究这些序列在物种间，特别是在二倍体和多倍体物种间的变化，即可揭示在漫长进化岁月中，物种间遗传物质交换和重组留下的历史烙印（别墅，王坤波等，2003）。进一步分析辣木重复序列的组成情况、在染色体上的分布，或通过原位杂交等技术进行研究，对揭示辣木进化起源、物种特异性及育种具有特殊意义。

表2-2-1　辣木基因组中重复序列统计结果

Type	Repeat Size（bp）	percent of genome（%）
Trf	38 402 907	13.27713
Repeatmasker	22 070 370	7.630441
Proteinmask	23 630 788	8.169928
De novo	133 793 630	46.25679
Total	148 820 058	51.45191

表2-2-2　辣木基因组中转位因子结果统计

Type	Repbase TEs		TE proteins		De novo		Combined TEs	
	Length（bp）	% in genome	Length（bp）	% in genome	Length（bp）	% in genome	Length（bp）	% in genome
DNA	6 615 616	2.29	6 091 723	2.11	18 503 086	6.40	24 352 011	8.42
LINE	2 936 704	1.01	2 646 494	0.92	9 121 641	3.15	12 038 507	4.16
SINE	20 106	0.01	—	—	163 608	0.06	183 002	0.06
LTR	12 969 616	4.48	14 894 849	5.15	72 399 553	25.03	79 688 771	27.55
Other	1 705	0.00	—	—	—	—	1 705	0.00
Total	22 070 370	7.63	23 630 788	8.17	131 633 266	45.51	136 222 844	47.10

表2-2-3　物种重复序列统计

物种	病毒	啤酒酵母	拟南芥	秀丽线虫	黑腹果蝇	小鼠	葡萄	苹果	智人	辣木	玉米
重复序列（%）	<1	3.4	13—14	16.5	33.7	38	41.4	47.5	50	51.45	77

表2-2-4　番木瓜、苹果、葡萄中TEs结果统计表

物种	Class	Element	Length	% of total contig length
番木瓜	I（Retrotransposons）	Ty3－gypsy	77.3 Mbp（76.8 Mbp）	27.8（27.6）
		Ty1－copia 15.3	15.3 Mbp（14.1 Mbp）	5.5（5.1）
		LINE	3.0 Mbp（2.7 Mbp）	1.1（0.96）
		SINE	1.1kbp	<0.01
		Other	23.6 Mbp（22.0 Mbp）	8.4（7.9）
	II（Transposons）	CACTA，En/Spm	40.2kbp	0.01
		Micron	9.7kbp	<0.01
		MuDR－IS905	7.6kbp	<0.01
		Other	515.4kbp（469.1kbp）	0.18（0.17）
	Unclassified	Unknown	598.2kbp（70.7kbp）	0.22（0.03）
	Unannotated	Unknown	23.7 Mbp（23.7 Mbp）	8.5（8.5）
	Total	Misc.	144.1 Mbp（140.8 Mbp）	51.9（50.4）
苹果	I（Retrotransposons）		314.5 Mbp	37.6
		LTR/Copia	40.6 Mbp	5.5
		LTR/Gypay	187.1 Mbp	25.2
		LTR/TRIM/Cassandra	3.2 Mbp	0.4
		LINE/RTE	48.1 Mbp	6.5
	II（DNA Transposons）		6.6 Mbp	0.9
		TIR/hAT	2.1 Mbp	0.3
		TIR/CACTA	0.1 Mbp	0.0
		TIR/MITE/Spring	4.4 Mbp	0.6
	Unknown		28.9 Mbp	3.9
	Total		350 Mbp	42.4

续表2-2-4

物种	Class	Element	Length	% of total contig length
	proteins（BlastX）		51.66 Mbp	11.08
	I（Retrotransposons）		49.67 Mbp	10.65
		LINEs	6.63 Mbp	1.42
		LTR:Ty1/copia	24 Mbp	5.16
		LTR:Ty3/gypsy	17.25 Mbp	3.70
		Other LTR	103.6Kbp	0.02
		Other classI	166.6Kbp	0.35
	Class II		1.93 Mbp	0.41
	Helitrons		58.9Kbp	0.01
葡萄	Manually annotated		81.45 Mbp	17.47
	I（Retrotransposons）		79.48 Mbp	17.04
		LINEs	11.82 Mbp	2.54
		LTR:Ty1/copia	39 Mbp	8.35
		LTR:Ty3/gypsy	14.93 Mbp	3.21
		Other LTR	12.9 Mbp	2.76
		Other classI	0.83 Mbp	0.18
	Class II		1.97 Mbp	0.43
	Helitrons	0	0	0
	ReAS derived		181 Mbp	38.81

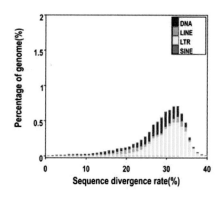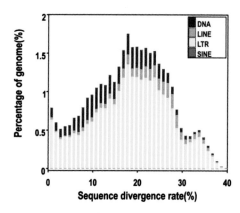

图2-2-2 转位因子扩张度分布

2.2 蛋白编码基因注释

编码基因结构的预测使用结合序列比对和从头预测方法来进行，通过对编码基因结构的预测，能够获得较为详细的基因分布信息和结构信息，对进一步的基因功能分析和进化分析做准备。编码基因结构的预测包括预测基因组中的基因位点、开放性阅读框架（ORF）、翻译起始位点和终止位点、内含子和外显子区域、启动子、可变剪切位点以及蛋白质编码序列等。

以拟南芥（*Arabidopsis thaliana*）（The Arabidopsis Genome Initiative, 2000）、大豆（*Glycine max*）（Schmutz, Cannon et al., 2010）、水稻（*Oryza sativa*）（Goff, Ricke et al., 2002）、杨树（*Populus trichocarpa*）（Tuskan, Difazio et al., 2006）、高粱（*Sorghum bicolor*）（Paterson, Bowers et al., 2009）、卷柏（*Selaginella moellendorffii*）（Banks, Nishiyama et al., 2011）6个物种蛋白序列为参考进行同源序列比对，使用AUGUSTUS（Stanke, Steinkamp et al., 2004）、Genscan、GlimmerHMM（Majoros, Pertea et al., 2004）三个软件对辣木组进行基因预测。

进行同源序列比对时，首先通过tblastn去掉在基因组中比对质量比较低的条目，并将预测区域在上游和下游扩展2 000bp，然后利用GeneWise（Birney, Clamp et al. 2004）比对到蛋白质的序列上，来识别基因结构。从头预测通过软件与拟南芥的蛋白序列进行比对，来鉴定预测结果，比对匹配率设置参考值为0.5。最后使用GLEAN软件对序列比对和从头预测两种方法得到的两组基因预测结果进行整合。

最后从辣木基因组中识别了19 465个高可信度的蛋白质编码区域。编码序列平均长度为3 354.22bp，每个基因平均有5.42个外显子区域（见表2-2-5）。

为进一步证实蛋白质编码基因的注释结果，对编码基因进行基因结构的评估。图2-2-3显示了辣木mRNA结构的统计学分布与其他几个物种的对比情况。

表2-2-5　辣木基因注释结果统计

Gene set		Number	Single exon gene（%）	Average gene length（bp）	Average CDS length（bp）	Average exon number（bp）	Average exon length（bp）	Average intron length（bp）
Homolog	*Arabidopsis_thaliana*	14 763	25.34	3 453.46	1 215.85	5.35	227.42	514.82
	Glycine_max	16 650	27.93	3 332.79	1 126.25	5	225.17	551.39
	Oryza_sativa	15 240	38.46	2 342.81	916.64	4.01	228.87	474.59

续表2-2-5

	Gene set	Number	Single exon gene （%）	Average gene length （bp）	Average CDS length （bp）	Average exon number （bp）	Average exon length （bp）	Average intron length （bp）
	Populus_ trichocarpa	17 170	27.45	3 087.57	1 144.56	5.01	228.25	484
	Sorghum_ bicolor	13 196	31.51	2 843.64	1 049.72	4.54	231.27	506.92
	Selaginella_ moellendorffii	10 733	31.17	2 696.43	991.56	4.29	231.27	518.6
Denovo	AUGUSTUS	22 141	18.99	2 824.73	1 189.02	5.64	210.81	352.51
	Genscan	18 770	9.26	8 419.61	1 333.41	6.68	199.59	1 247.38
	GlimmerHMM	25 846	30.88	2 125.91	887.66	3.86	230.1	433.27
Glean		19 465	19.98	3 354.22	1 246.77	5.42	230.24	477.34

　　编码基因功能的注释目前是利用几个常用的数据库进行注释，注释的目的在于预测基因中的模序和结构域、蛋白质的功能和所在的生物学通路等。主要使用Uniprot蛋白质序列数据库、KEGG生物学通路数据库、Interpro蛋白质家族数据库和Gene Ontology基因功能注释数据库。KEGG和Gene Ontology是目前使用最为广泛的蛋白质功能数据库，分别对蛋白质的生物学通路和功能进行注释。Interpro通过整合多个记录

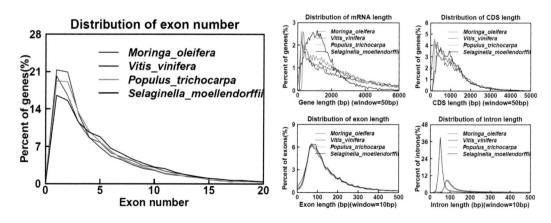

图2-2-3 辣木的mRNA结构与其他几个物种对比情况

蛋白质特征的数据库，根据蛋白质序列或结构中的特征对蛋白质进行分类。

将预测得到的辣木基因在TrEMBL（Boeckmann, Bairoch et al., 2003），KEGG（Kanehisa, Goto, 2000）和InterProscan（Quevillon, Silventoinen et al., 2005）等数据库中进行比对后，选取比对结果最好的结果进行统计分析。通过TrEMBL数据库比对获得辣木基因序列的初步信息，然后使用KEGG数据库预测蛋白质可能具有的生物学通路等信息，接着再与InterProscan数据库比对得到蛋白质的保守性序列、模序和结构域等，进一步使用InterProscan建立与Gene Ontology的交互系统，最后使用Interpro2GO获取每个蛋白质家族与Gene Ontology中的功能节点的对应关系，通过此系统便能预测蛋白质执行的生物学功能。

预测得到的辣木基因组基因中，有93.74%的基因能在TrEMBL蛋白质数据库中找到同源基因，72.67%的基因能够通过Swiss-prot（Boeckmann, Bairoch et al., 2003）数据库进行分类。总的来说，94.01%的基因能通过数据库找到已知同源基因或者能通过InterPro，GO，KEGG，Swiss-prot和TrEMBL（Camon, Barrell et al., 2003）等数据库来进行功能注释以及分类（见表2-2-6）。

表2-2-6　辣木基因功能注释结果

	Number	Percent（%）
Unannotated	1 166	5.99
InterPro	14 137	72.63
GO	10 476	53.82
KEGG	10 936	56.18
Swissprot	14 145	72.67
TrEMBL	18 246	93.74
Annotated	18 299	94.01
Total	19 465	100.00

2.3　非编码RNA预测

非编码RNA虽然不能被翻译成蛋白质，但是具有重要的生物学功能。miRNA与其靶向基因的mRNA序列结合，将mRNA降解或抑制其翻译成蛋白质，具有沉默基因的功能。tRNA携带氨基酸进入核糖体，使氨基酸在mRNA指导下合成蛋白质。rRNA与蛋白质结合形成核糖体，作为mRNA的支架，提供mRNA翻译成蛋白质的场所。

snRNA主要参与RNA前体的加工过程，是RNA剪切体的主要成分。

由于非编码RNA种类繁多，特征各异，缺少编码基因的典型特征，现有的ncRNA预测软件一般只是用来专职搜索某一种类的ncRNA。

tRNAscan-SE（Lowe, Eddy 1997）是一款专门做真核生物tRNA注释的软件，能有效地对辣木的tRNA进行预测。rRNA的识

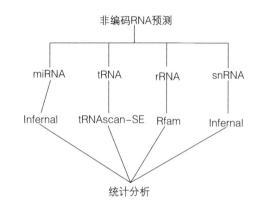

图2-2-4 非编码RNA预测分析软件

别以Rfam（Burge, Daub et al., 2013）数据库中下载得到的rRNA序列通过同源序列比对来进行，而INFERNAL（Nawrocki, Eddy, 2013）被用来识别snRNA和miRNA（图2-2-4）。

表2-2-7列出了辣木ncRNA注释结果，表中辣木具有1777个tRNA基因，由表2-2-8可以看出，辣木比其他物种（包括一些其他已测序的植物）中的tRNA基因数量多得多，差异性很大，存在的大量tRNA编码基因可能与辣木生长迅速和高蛋白含量密切相关。

同时由两个表对比可以发现，植物中miRNA和snRNA的基因数量变化范围也比较大，辣木中snRNA数量相对较多，而miRNA基因数量特征并不显著。

高等植物中有4种rRNA，即5.8SrRNA、18SrRNA、26-SrRNA和5SrRNA，前三者的基因组成一个转录元，是高度重复的串联序列单位。18S -26S rDNA在植物中有一至数个位点，拷贝数可达500~40 000，由18S rDNA、26S rDNA、5.8S rDNA和位于三者之间的基因内转录间隔区（ITS）组成，其中ITS区被5.8S rDNA分隔成ITS1和ITS2两个片段。5S -rRNA基因高度保守，但间区的序列在不同的种间甚至种内都存在差异，也可以用于研究物种间的遗传多样性。18SrDNA是唯一具有信息分子和功能分子两种作用的编码核糖体的基因，为高度重复序列，约800~10 000拷贝，以连续方式排列在细胞内。同时18SrRNA基因序列结构、功能十分保守，进化速率较慢（陈随清，王利丽，2003）。辣木中rRNA基因具有15 279个拷贝，其中18S rRNA具有7 469个拷贝，拷贝数量相对较高，推测其遗传多样性非常丰富，并且其高拷贝数与tRNA高含量是正相关对应，对于辣木快速生长和大量合成蛋白质也应该具有重要意义。

此外，按照修正的碱基配对规则，Guthrie等人（C. and J., 1982）预测，在真核生物中，只要46种tRNA就足够完成相应的生物功能。因此，进一步对辣木中tRNA按

密码子进行分类，可以验证是否符合修正的摆动假设，从而进一步揭示辣木更多的生物学信息。

为研究辣木中miRNA相关功能，对其潜在的靶基因进行分析。通过下载miRbase数据库（Griffiths-Jones, Saini et al., 2008）中成熟的miRNA序列信息，将其与被辣木基因组中注释过的miRNA进行比对。此处认为比对结果匹配度超过16bp的序列是潜在的miRNA序列，最后总共预测了87个成熟的miRNA，然后通过在线工具psRNATarget（Dai and Zhao，2011）预测了这些miRNA的369个靶基因，使用Ontologizer（Bauer, Grossmann et al.，2008）对其进行GO富集（Ashburner, Ball et al.，2000）分析显示，26个富集条目中的25个集中于细胞的生物学过程调节，表明miRNA预测结果可信（图2-2-5）。

表2-2-7 辣木基因组中ncRNA注释结果

Type		copy number	total length （bp）	average length （bp）
miRNA		279	31 818	114.04
tRNA		1 777	134 632	75.76
rRNA		15 279	3823 187	250.22
	5S	522	26 599	50.96
	5.8S	1 773	240 965	135.91
	18S	7 469	2957 127	395.92
	28S	5 515	598 496	108.52
snRNA		252	31 365	124.46
	CD-box	138	14 008	101.51
	HACA-box	30	4 835	161.17
	splicing	84	12 522	149.07

表2-2-8 几个物种中ncRNA统计表

非编码RNA	苹果	拟南芥	番木瓜	葡萄	白杨	水稻	玉米
tRNA	982	630	388	600	817	667	1163
snRNA	382	75	47	—	88	185	—
miRNA	178	199	—	164	234	447	170

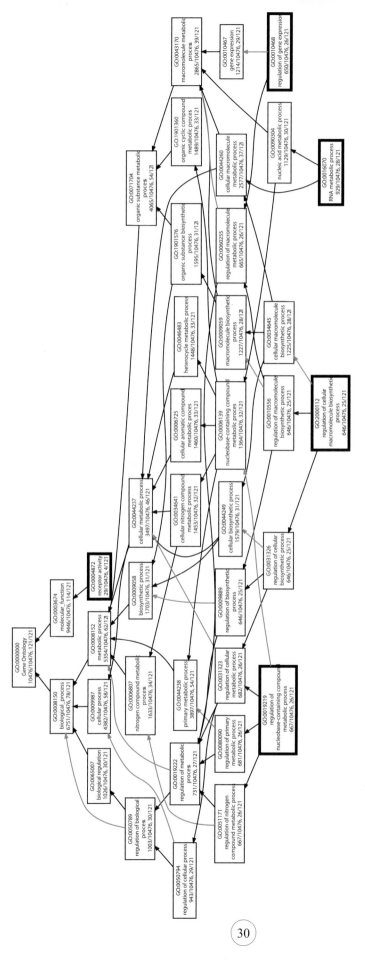

图2-2-5 辣木miRNA靶基因图GO富集结果

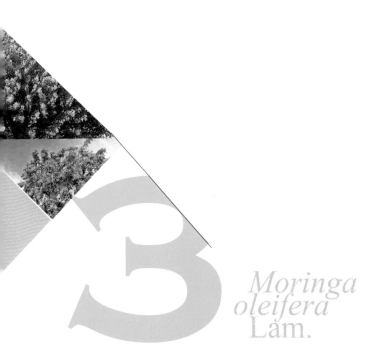

Moringa
oleifera
Lam.

辣木进化分析

中国植物志中将辣木归类为罂粟目，而根据基因亲缘关系分类的APG（Angiosperm Phylogeny Group 被子植物种系发生学组）分类法将其列为十字花目，在中国植物物种信息数据库中也叫白花菜目。

辣木分类的不同主要是分类方法的原理不同，APG法主要是将分子生物学的原理应用到显花植物的分类中，APG法撤销了罂粟目，并将罂粟科分入毛茛目，而十字花目最初根据克朗奎斯特分类法将其归类为白花菜目，后在APG分类中归类为十字花目。白花菜类植物和罂粟类植物曾被统一归类为罂粟目，但研究表明，两类植物存在较明显的区别：罂粟类富含苄基异喹啉和阿朴啡异喹啉，而白花菜类植物中，这两种生物碱的含量很少，并不含异喹啉碱。罂粟类植物有乳汁管，可以产生生物碱，生物碱是木兰亚纲植物所常有的，而白花菜类有黑芥子酶细胞，能产生芥子油。白花菜目的雄蕊发育是离心式的，而罂粟类则是向心式的。血清学的研究也表明罂粟类与毛茛目（木兰亚纲）有亲缘关系。

通过使用已报道的来自于双子叶植物纲的葡萄（*Vitis vinifera*）（Jaillon and O, 2007）、木豆（*Cajanus cajan*）（Varshney, Chen et al., 2012）、番木瓜（*Carica papaya*）（Ming and R, 2008）、苹果（*Malus domestica*）（Velasco and R, 2010）4个物种和辣木（*Moringa oleifera*）的单拷贝基因家族的基因对辣木进行进化分析，并构建进化树。

首先通过muscle（Edgar，2004）软件进行多序列比对，从每个物种的基因中获得其4倍简并位点碱基，并将各物种的碱基分别连接起来形成连续的序列，用于构建邻接关系树，并使用MrBayes（Ronquist, Teslenko et al., 2012）重建这些物种间的进化发育树。MrBayes构建是基于Bayesian评估系统发育树的一个程序。Bayesian基于树的后验概率分布推断系统发育树，但是通常树的后验概率分布不可能由分析的方法计算出，因此MrBayes使用Markov chain Monte Carlo 来得到接近于树的后验概率的结果。

同时，为估计每一个物种的分叉时间，从http://www.timetree.org/网站上搜索已经确定了的这些物种间的分化时间，并使用这些数据生成构建系统发生树的参考构建时间，最后使用MCMCTREE（Yang, 2007）构建了辣木分叉时间树（图2-3-1）。

此外，采用CAFE（De Bie, Cristianini et al., 2006）软件基于最大似然法估算这几个物种共同祖先的同源基因簇大小，并定义辣木及其余物种基因家族的收缩与扩张的历史，对软件中全基因产生和消亡的比率参数λ需要随机计算10 000次。

图2-3-1进化树中揭示了每一枝上物种的分叉时间，并且发现番木瓜是辣木的近源物种，从而也支持了其属于白花菜目。

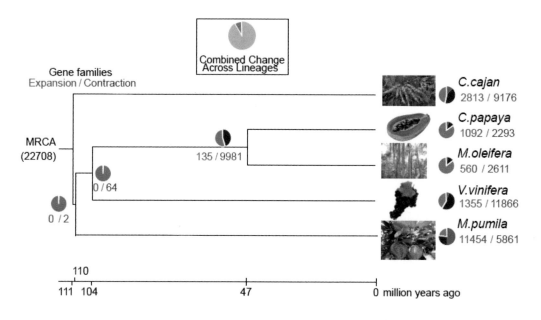

图2-3-1 5个木本植物系统发育树及分叉时间

辣木特有的基因家族

　　基因家族通常指一些具有相同或相似功能的基因的集合，物种特有的基因家族是造成物种间差异的一个原因（Efstratiadis, Posakony et al., 1980；Weintraub, Davis et al., 1991； Hua and Meyerowitz, 1998； Christophides, Zdobnov et al., 2002；Shuai, Reynaga-Pena et al., 2002）。

　　以葡萄（*Vitis vinifera*）、木豆（*Cajanus cajan*）、番木瓜（*Carica papaya*）、苹果（*Malus pumila*）4个物种的基因信息为参考，使用OrthoMCL（Li, Stoeckert et al., 2003）对辣木进行基因簇定位和基因家族分析。通过对辣木所有的编码蛋白基因进行聚类分析，并将辣木与葡萄、木豆、番木瓜和苹果这几个物种进行比较分析，发现这5个植物物种拥有差不多数目的基因家族，而且5个物种中共同存在的基因家族达10215个（见表2-4-1，图2-4-1）。

　　由图2-4-2可知，5种木本植物同源基因分布中，与其余4个物种相比，辣木同源基因较少，并且其中单拷贝直系同源基因和其他直系同源基因所占比例较大，而辣木旁系同源基因所占比例最少。

　　说明：本文中蛋白结构域预测使用SMART数据库；蛋白质三维结构预测结果使用SWISS数据库；蛋白跨膜区预测使用TMHMM；蛋白磷酸化位点预测使用KinasePhos和NetPhos。

表2-4-1　辣木、葡萄、木豆、番木瓜、苹果中基因家族聚类结果

Species	Genes number	Genes in families	Unclustered genes	Family number	Unique families	Average genes per family
M.oleifera	19 465	16 617	2 848	13 298	198	1.25
V.vinifera	26 346	18 841	7 505	13 258	707	1.42
C.cajan	48 680	39 378	9 302	15 055	1 527	2.62
C.papaya	27 760	19 183	8 577	13 658	575	1.4
M.pumila	63 517	46 977	16 540	17 073	4 170	2.75

通过与其他4个物种相比较，辣木具有198个辣木特有的基因家族，共包括812个基因，在5个物种中辣木特有基因家族最少，并且GO富集分析结果显示（图2-4-3），这些特有基因家族主要集中于生物学过程中。

在对辣木进化历程系统发育树进行分析时，同时计算各进化分支上基因家族的收缩与扩张，结果发现辣木基因组有560个基因家族进行了扩张，2 611个基因家族发生了收缩。

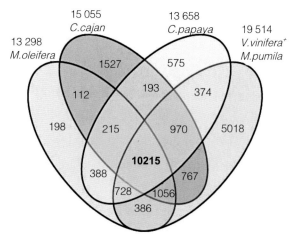

图2-4-1　辣木与葡萄、木豆、番木瓜、苹果基因家族分析

根据图2-4-1结果，辣木与番木瓜亲缘关系较近，而番木瓜特有基因家族为575个，与其他物种相比，同样较少，并且辣木基因家族扩张和收缩都相对较少。结果可能表明，辣木进化中受到选择压力相对较小，可能主要受环境选择而进化，与其他几种主要受到人工选择而出现特有性状的栽培作物相比，辣木在人工驯化方面起步很晚。

在辣木特有的基因家族中，注意到有4个SKP1基因和18个含有F-box结构域的基因。

真核细胞中大量的蛋白质降解由26S蛋白酶体（proteasome）完成。大多数被靶向26S蛋白酶体降解的蛋白质必须结合一条多泛素链，蛋白质的泛素化需要一个多酶系

统。首先，泛素通过ATP依赖的硫酯键与泛素激活酶（E1）结合后被激活，然后被转移到泛素结合酶（E2），最后硫酯化的泛素从E2直接或通过泛素连接酶（E3）的辅助转移到靶蛋白。这一多酶系统的一个关键成分泛素连接酶控制着底物泛素化的特异性和时间性（刘卫霞，彭小忠等，2002）。

E3主要分为PHD-finger家族、HECT家族、Ring-finger家族和U-box家族等几大类。SCF复合体（Skp1-Cul1-F-box）则是Ring-finger家族中最重要且研究最多的一种E3，为一类保守的泛素连接酶复合物，主要由Skp1、Rbx1、Cdc53（Cul1）和F-box蛋白亚单位组成（刘卫霞，彭小忠等，2002）。

Skp1是SCF复合物中的一个关键的骨架蛋白（Connelly and Hieter, 1996），同时结合F-box蛋白和Cul1。SKP1蛋白对细胞周期的控制有着极其重要的作用，它能够协调细胞周期各阶段特异蛋白的泛素化和降解，以确保正常的细胞周期（Bai, Sen et al., 1996）。这些蛋白之间的联合通过F-box的motif来维持（Bai, Sen et al., 1996）。对辣木特有基因家族中4个Skp1蛋白预测结构域，都在N端发现一个Skp1结构域（如图2-4-4）。同时，4个蛋白的三维结构预测结果表明（如图2-4-5），4个蛋白的C-末端结构比较相似（图中箭头所示），都具有一个α螺旋，其中lamu_GLEAN_10008605与lamu_GLEAN_10008607结构相似，但是与其余两个蛋白N末端的Skp1结构域结构具有差异，推测其结合的F-box蛋白也相互各异。

F-box是一个大约50个氨基酸的结构域，由于周期素F具有与此相同的结构域而命名。F-box蛋白的N端F-box结构域与Skp1结合，C端与底物结合。作为SCF复合体的重要成分，F-box蛋白通过参与泛素-蛋白酶体途径（ubiquitin-proteasome pathway, UPP）在细胞周期调控、转录调控、细胞凋亡和信号转导等过程中发挥了重要的功能（秘彩莉，刘旭等，2006；李莉，李懿星等，2010；霍冬英，郑炜君等，2014）。

对18个含有F-box结构域的基因（有两个基因序列中含有多个N，此处不分析）进行结构域预测，结果如表2-4-2，表中列出了与F-box蛋白

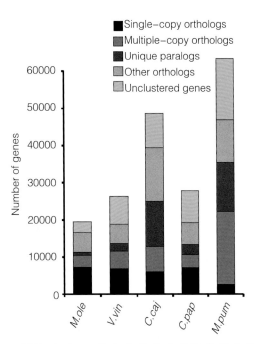

图2-4-2 5种木本植物中同源基因分布

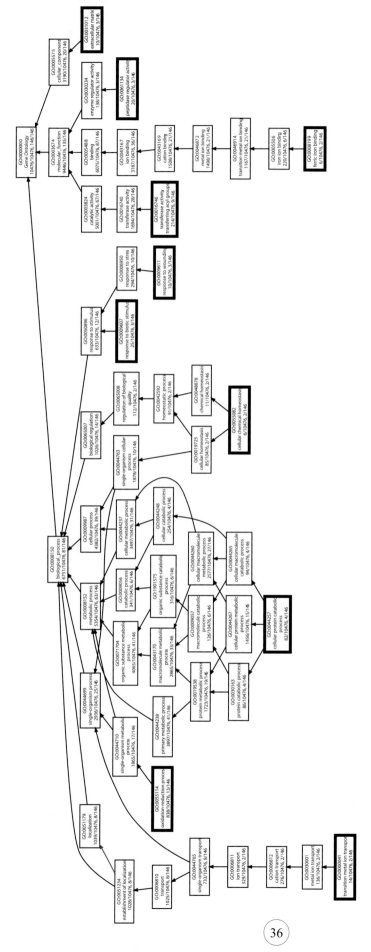

图2-4-3 辣木特有基因家族基因GO富集分析

相关的结构域或E-value可信的结构域。可以看出，除lamu_GLEAN_10018454和lamu_GLEAN_10018450外，其余蛋白都具有F-box结构域，并且大部分该结构域位于蛋白N端，但是lamu_GLEAN_10018784的F-box结构域位于该蛋白中间部分，而lamu_GLEAN_10002973的C末端还具有一个FBD结构域和一个LRR-RI结构域，FBD结构域是在包含F-box和BRCT结构域的植物蛋白中发现的结构域，其确切的功能未知，被认为与核内过程相关，LRR-RI为核糖核酸酶抑制因子类型的亮氨酸富集区域，推测该蛋白可能对于核内蛋白降解具有特殊作用。一直以来完整的细胞核膜内蛋白降解机制是未知的，Boban M等（Boban, Pantazopoulou et al., 2014）研究认为一个细胞核内完整的蛋白Asi2被与液泡无关的蛋白酶体所降解，其降解与泛素-蛋白酶体降解途径有关，对lamu_GLEAN_10002973的深入研究可能对于揭示辣木细胞核内蛋白降解机制具有重要意义。

此外，由表2-4-2可以看出，辣木中特有基因家族的F-box蛋白中F-box结构域除lamu_GLEAN_10002973和lamu_GLEAN_10018269包含39个氨基酸，lamu_GLEAN_10009980包含41个氨基酸外，其余的该结构域都包含40个氨基酸，与曾报道的F-box大约包含50个氨基酸的结果具有差异性。

表2-4-2 辣木特有基因家族中F-box蛋白结构域预测结果

名称	结构域名称	氨基酸起始位点	氨基酸终止位点	E-value
lamu_GLEAN_10002657	FBOX	17	57	0.00023
lamu_GLEAN_10002658	low complexity	14	28	N/A
	FBOX	30	70	0.00557
lamu_GLEAN_10002659	FBOX	19	59	5.61e-8
	low complexity	72	82	N/A
lamu_GLEAN_10018454	F-box associated domain, Type 1			
lamu_GLEAN_10018750	F-box associated domain, Type 1			
lamu_GLEAN_10018782	FBOX	21	61	0.0208
lamu_GLEAN_10018784	low complexity	185	196	N/A
	FBOX	221	261	1.02e-10
lamu_GLEAN_10018785	FBOX	10	50	0.00000335
	low complexity	81	92	N/A
	low complexity	183	194	N/A
lamu_GLEAN_10018786	FBOX	18	58	0.0000287

续表2-4-2

名称	结构域名称	氨基酸起始位点	氨基酸终止位点	E-value
	low complexity	85	100	N/A
	low complexity	109	120	N/A
	low complexity	196	207	N/A
lamu_GLEAN_10018788	FBOX	20	60	8.98e-7
lamu_GLEAN_10018789	FBOX	18	58	0.000303
lamu_GLEAN_10002973	FBOX	23	62	7.04
	LRR_RI	205	235	172
	FBD	320	394	0.199
lamu_GLEAN_10003956	FBOX	5	45	2.03
lamu_GLEAN_10009980	FBOX	15	56	0.00485
lamu_GLEAN_10018269	FBOX	8	47	7.82e-7
lamu_GLEAN_10018270	FBOX	15	55	3.7e-8

FBD结构域是在包含F-box和BRCT结构域的植物蛋白中发现的结构域，其确切的功能未知，被认为与核过程相关；LRR-RI为核糖核酸酶抑制因子类型的亮氨酸富集区域；其中lamu_GLEAN_10018454和lamu_GLEAN_10018450没有预测出F-box结构域，但是根据分析结果，其具有与F-box相关的结构域。

此外，在辣木中也发现了另外的7个SKP1基因和104个F-box结构域基因，前文所述的4个SKP1基因和18个含有F-box结构域的基因可以作为辣木的特异性基因，而剩下的那些基因却不能，这一点值得深思。对此，有两个猜测，一是这些基因是新衍生出来的，可能与辣木的快速生长和热耐受性有关；二是这些基因是冗余的，在自然选择中比较容易被筛选出来。

辣木特异性基因家族中找到了3个Bet v 1蛋白的基因。Bet v 1最初是在桦木花粉中作为过敏原被发现（Breiteneder, Pettenburger et al., 1989），后来才陆续发现了它的更多功能，比如它可以作为类固醇的运输载体（Mogensen, Wimmer et al., 2002; Majoros, Pertea et al., 2004; Mogensen, Ferreras et al., 2007; Radauer, Lackner et al., 2008; Klingler, Batelli et al., 2010; Chakraborty and Dutta, 2011）。Bet v 1基因家族与多配体结合有关，如ABA、脂类、类固醇等，因此Bet v 1可能也是辣木生长迅速的潜在原因。

近年来，许多Bet v 1低序列相似性的不同植物蛋白被鉴定，该家族蛋白属于植物发病相关蛋白家族，是一类在双子叶植物中广泛存在的15~17kd的胞浆蛋白。这些蛋白在桦木及其近源种中主要作为花粉过敏源存在，一种为水果、蔬菜和种子中高水平表达的植物食品过敏源，一种是被病原菌感染、伤害或者非生物逆境诱发表达的发病机制相关蛋白。大多数的该类蛋白主要发现存在于双子叶植物中，此外，通过序列相关在单子叶植物和球果植物中也被鉴定出来。

主要的乳液蛋白（MLP）是一类在植物中发现的蛋白家族，虽然其功能未知，但是与果实、花发育和病原菌防御应答有关。家族成员具有一个或某些情况下具有两个结构域，尽管有一些差异，但是属于类Bet v 1结构域。MLP和成熟相关蛋白第一次在罂粟乳液中被发现，随后的研究发现其在例如草莓、黄瓜中果实成熟期上有表达。

通过结构域预测发现，三个Bet v1蛋白都具有一个Bet v 1结构域，三个蛋白比对结果显示该区域也非常保守，但是预测结果E-value比较高（表2-4-3），辣木的Bet v 1蛋白与其他物种蛋白结构域具有差异，可能是辣木进化中形成的特有蛋白，这也从侧面证明了其为筛选出来的辣木特有基因家族成员。同源比对结果显示，三个蛋白与类MLP蛋白具有很高的同源性，可能辣木中这几个蛋白对果实成熟具有重要作用，三维结构预测结果（如图2-4-6）显示这三个蛋白构型主要为C末端部分存在差异。

表2-4-3　Bet v 1蛋白结构域预测结果

名称	结构域名称	氨基酸起始位点	氨基酸终止位点	E-value
lamu_GLEAN_10009223	Bet_v_1	2	72	1.8
lamu_GLEAN_10009224	Bet_v_1	2	72	271
lamu_GLEAN_10009225	Bet_v_1	2	72	110

对辣木而言，这些特异性基因是极其重要的，进一步的研究对揭示辣木特有性状非常必要。

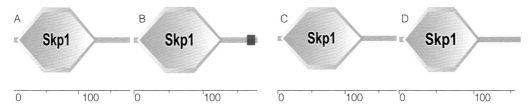

图2-4-4　辣木特有基因家族中SPK1蛋白结构域预测结果

图A为lamu_GLEAN_10008605（Skp1结构域氨基酸位点为aa4-aa128）；图C为lamu_GLEAN_10008606（Skp1结构域氨基酸位点为aa4-aa127）；图B为lamu_GLEAN_10008607（Skp1结构域氨基酸位点为aa4-aa128，C末端具有一个低复杂度结构域，aa164-aa174）；图D为lamu_GLEAN_10008608（Skp1结构域氨基酸位点为aa4-aa109）

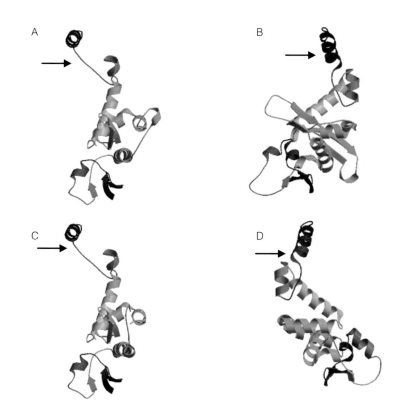

图2-4-5 辣木特有基因家族中SPK1蛋白结构域预测结果

图A为lamu_GLEAN_10008605（aa6-aa178区域结构）；图B为lamu_GLEAN_10008606
（aa6-aa177区域结构）；图C为lamu_GLEAN_10008607（aa6-aa178区域结构）；图D
为lamu_GLEAN_10008608（aa6-aa159区域结构），箭头所示为C末端α螺旋

图2-4-6 三个Bet v 1蛋白三维结构预测结果

从左到右依次为lamu_GLEAN_10009223（aa1-aa71区域结构），lamu_GLEAN_10009224
（aa1-aa70区域结构），lamu_GLEAN_10009225（aa1-aa66区域结构）

辣木基因组中正选择基因

Moringa oleifera Lam.

正选择基因通常在生物生存和繁殖中具有重要的功能（Bersaglieri, Sabeti et al., 2004；Benderoth, Textor et al., 2006；Voight, Kudaravalli et al., 2006），为了进一步阐明辣木基因与其优良性状之间的关系，对其进行正选择分析。通过使用BLAST和计算KaKs值（Zhang, Li et al., 2006）对辣木与番木瓜、酿酒葡萄、苹果之间的直系同源基因进行比较，并控制ka/ks>1和p Value<0.05，从而在辣木中鉴定出与其他物种比较的正选择基因分别为553、399、112个，其中，有4个基因是重叠的，即在每个物种中都有发现（图2-5-1），最后，以对齐长度大于基因总长的一半为筛选条件，确认了两个置信基因（lamu_GLEAN_10016878, Lamu_GLEAN_10011614）。

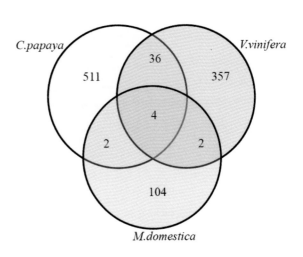

图2-5-1 辣木分别与三个物种比较的直系同源基因中的正选择基因统计

由辣木进化树可以发现，其与番木瓜同源关系较近，葡萄次之，然后是苹果，而与这三个物种比较筛选出的受正选择的同源基因中，最多的也是番木瓜，其次为葡萄和苹果，这也支持了辣木在进化分类中所处的地位。

通过功能注释，发现基因lamu_GLEAN_10016878具有一个类Myb/SANT DNA结合结构域。SANT结构域在核染色质调节蛋白中普遍存在，并且参与组蛋白乙酰化、脱乙酰作用和ATP依赖的染色体重构过程（Boyer, Latek et al., 2004）。SANT结构域为SWI3‐ADA2‐N‐CoR‐TFIIIB（SANT）结构域，是一个在许多真核生物中发现的转录调节蛋白的新基序，存在于核受体共阻遏物和许多染色质重塑复合物亚基中，与Myb相关蛋白的DNA结合结构域具有很高的结构相似性，由三个α螺旋串联重复序列组成，并形成一个螺旋‐转折‐螺旋基序，每一个α螺旋包含保守的芳香族氨基酸残基，对形成螺旋具有重要作用。尽管如此，全部的相似点也存在差异，表明SANT结构域与典型的Myb DNA结合结构域的功能具有差异（Mohrmann, Kal et al., 2002；Barg, Sobolev et al., 2005；Casola, Lawing et al., 2007；Maheshwari, Wang et al., 2008；Sinzelle, Izsvak et al., 2009；Lang and Juan, 2010；Thummer, Drenth‐Diephuis et al., 2010）。

使用SMART重新预测了lamu_GLEAN_10016878的结构域，预测出单个SANT结构域（表2‐5‐1），并且阈值很大，可能在辣木中该结构域与其他研究的物种具有差异性。同时，也预测了氨基酸起止位点为10~79的这一段序列的三维结构（图2‐5‐2），由图中可以看出，这一段序列具有三个α螺旋，这与所报道的SANT结构域结构相同，同时，每个α螺旋中都包含芳香族氨基酸，第一个螺旋中包含Y23（Tyr23）、F24（Phe24），第二个螺旋中包含W47（Trp47）、F54（Phe54）、F58（Phe58），第三个螺旋中包含Y71（Tyr71）、W75（Trp75）。

而与SANT结构域同源性较近的Myb结构域依据包含R重复数的不同，将Myb家族简单地分为三个亚类，只含一个R重复的Myb蛋白为一类，它们一般作为一类端粒结合蛋白参与染色体结构完整性的维持；第二类是包含R2R3两个重复的R2R3 myb类，主要功能是参与细胞形态建成、激素诱导的信号转导和苯丙烷类次生代谢等的调控；第三类是包含三个重复R1R2R3 myb，类似于动物、真菌的Myb成员的结构，主要功能是参与细胞周期调控（陈俊，王宗阳，2002）。预测的辣木中该蛋白只包含一个重复，其主要功能可能是参与染色体结构完整性的维持。

另一方面，不同Myb蛋白成员活性均受磷酸化水平的调节，属于同源性较近的SANT蛋白成员。使用KinasePhos预测该蛋白的磷酸化位点（图2‐5‐3），结果显示其具有20个磷酸化位点，其中Ser磷酸化位点5个，Thr磷酸化位点7个，Tyr磷酸化位点8个，其多磷酸化位点可能对于其活性调节具有重要意义。

此外，Jin等（1999）的研究认为Myb结构域大约在10亿年以前形成，通过复制或者3倍扩增，产生了含有2～3个R重复的结构域。这些Myb基因在生物体内又经过扩增产生了现在的多个Myb基因，这种垄基因形式的扩增在动物和真菌中频率表现较低，而在拟南芥和玉米中急剧增加（Dias et al., 2003）。

但是在辣木中同源的该SANT蛋白并没有产生多余的重复结构域，并且在转录因子家族蛋白中筛选到一个受正选择作用的MYB蛋白lamu_GLEAN_10009440（以番木瓜、苹果、葡萄为参考），结构域预测显示其具有2个SANT结构域（如图2-5-4），推测在辣木进化中，许多类似功能的蛋白同样高度进化，但是也保留了一些特有的蛋白。并且，辣木与番木瓜、苹果、葡萄中的该蛋白的同源蛋白比对结果显示，该蛋白的两端及一些中间区域片段高度保守，然而另一些中间区域部分是变化的（如图2-5-5）。而预测的SANT结构域位于蛋白N端，这段序列同源性非常高，可能该蛋白在一类植物中是受相同生活条件选择所形成的保守蛋白。另外，蛋白的中间区域与其他物种差异性很大，而这一段区域存在一些磷酸化位点，可能是辣木进化形成的特殊区域，对该蛋白的活性调节具有重要影响。

表2-5-1　lamu_GLEAN_10016878结构域预测结果

名称	起始位点	终止位点	E-Value
SANT	12	77	1 560
MHC_II_beta	20	103	101 000
BRIGHT	42	133	996
BH4	69	95	1 390
IFabd	371	490	2 040
DUF1693	412	703	199 000
MADF	412	485	1 870
CVNH	597	719	47 100
CP12	624	685	55 900
ZnF_C4	677	716	1 360
PHD	679	723	1 160
AD	729	793	112 000
POP4	748	817	1 830
low complexity	794	808	N/A
low complexity	821	831	N/A

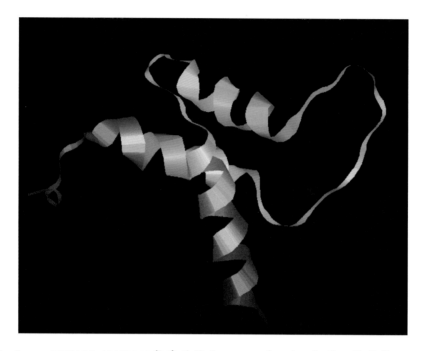

图2-5-2 lamu_GLEAN_10016878氨基酸位点10～79（68个aa）的三维结构

三个螺旋氨基酸序列分别为：17TPTMERYFIDLMLEQ31；47WTDMLTIFNSKF58；

64 KDVLKSRYTNLWKQ77FN79

Summary Result			
Protein Name	Predicted Phosphorylated Sites		
	Serine(S)	Threonine( )	Tyrosine(Y)
LAMU_GLEAN_10016878	5	7	8

LAMU_GLEAN_10016878

1　　　　　　　　　　　　　　　　　　　　833

图2-5-3 lamu_GLEAN_10016878磷酸化位点预测结果

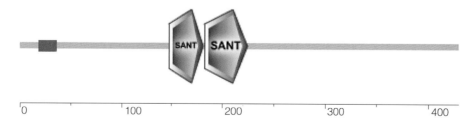

0　　　　100　　　　200　　　　300　　　　400

图2-5-4 lamu_GLEAN_10009440结构域预测结果

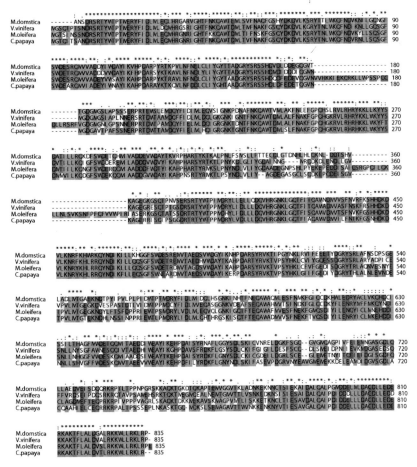

图2-5-5 lamu_GLEAN_10016878辣木与其他三个物种同源基因比对结果

基因lamu_GLEAN_10011614被认为是一个核糖体蛋白S6e（rpS6），该蛋白在脊椎动物、无脊椎动物和真菌中都高度保守（Kundu-Michalik, Bisotti et al., 2008）。真核生物细胞质中合成的核糖体蛋白进入到核原生质中，然后与刚刚转录生成的前rRNA结合形成90S复合物，90S复合物将生成核糖体的一个60S亚基和一个40S亚基，然后输出到细胞质中（Grandi, Rybin et al., 2002；Fromont-Racine, Senger et al., 2003；Milkereit, Kuhn et al., 2003）。核糖体蛋白促进前18S RNA和核糖体成熟和行使功能（Ferreira-Cerca, Poll et al., 2005）。根据Kundu-Michalik的研究，S6e氨基酸序列包含两个核仁结合序列（Nobis）和几个核定位信号序列（NLS）（Kundu-Michalik, Bisotti et al., 2008）。

通过识别（G）RVRL基序鉴定了该蛋白中Nobis1的N端，并且根据较早的研究中揭示的Nobis1长度预测了C端。基于Kundu-Michalik的研究，大致确定了Nobis2结构区（Kundu-Michalik, Bisotti et al., 2008），并且序列中的其他一些信息如NLS和磷酸化位点标注在图2-5-6中，S6磷酸化位点通常通过磷酸化作用担任开关和调节细胞进程（Kruppa, Darmer et al., 1983；Blommaart, Luiken et al., 1995；Williams, Werner-Fraczek et al. 2003；Ruvinsky and Meyuhas, 2006）。

为深入研究lamu_GLEAN_10011614，需进一步寻找辣木中该蛋白的相关信息，为后续研究提供基础信息。

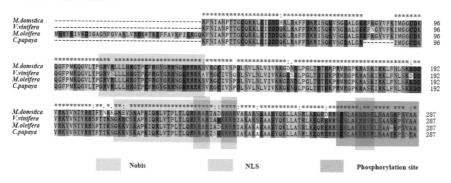

图2-5-6 lamu_GLEAN_10011614序列信息（此图来自辣木基因组文章，后续分析与此图结果有差异）

能够进入细胞核的大分子蛋白质一般都具有核定位信号（nuclear localization signalorsequence，NLS），该核定位信号可被细胞质中的转运因子识别，从而启动主动运输过程。经典的核定位信号包括两种：一种是在SV40大T抗原中发现的PKKKRKV序列，另一种则是含有4~8个碱性氨基酸的KR[PAATKKAGQA]KKKK序列。

此处，根据Schmidt C 和Kundu-Michalik S 等（Kundu-Michalik, S. et al., 2008）的研究结果（人的核糖体蛋白）指出：rpS6 蛋白有三个入核信号（NLS），分别为[167]KKPR[170]（NLS1），[188]KRRR[191]（NLS2）和[230]KRRR[233]（NLS3），它们协同作用，共同决定蛋白的入核，仅单独敲除一种或两种，均不能完全影响蛋白的入核。此外，rpS6 蛋白还有2 个核仁结合序列（Nobis），分别为：[72]RVRLLLSKG HSCYRPRRTG ERKRKSVR[98]（Nobis1）和[173]APKIQRLVTPRVLQHKRRRIALKKQRTK[203]（Nobis2），它们无需协同作用，可单独行使功能，使rpS6 蛋白进入细胞核后，定位于核仁。

根据以上结果，推测出辣木中lamu_GLEAN_10011614蛋白的2个核仁结合序列分别为：Nobis1序列为[110]RVRLLLHRGTPCFRGYGRRNGERRRKSVR[138]，Nobis2为[215]APKIQRLVTPLTLQRKRARIA[235]（DKKKRIAKAKAEAAEYQKLLASR）[259]LKEQRER[265]，与Schmidt C 和Kundu-Michalik S 等研究结果比较（图2-5-7），Nobis1序列其序列差异性主要在于序列中部的氨基酸改变，除了R（Arg）和K（Lys）

之间为碱性氨基酸同义替换，F（Phe）和Y（Tyr）之间为芳香族氨基酸同义替换，其余都为非同义替换，提示辣木中该蛋白核仁结合序列可能具有特异性，而预测的Nobis2与该研究结果差异性较大。但是根据图2-5-6中，辣木与其他三种植物中的该蛋白亲缘关系非常近，并且在推测的Nobis1区域除葡萄有三个氨基酸残基突变外，其他序列都一致，而Nobis2同样只有在辣木中该序列的aa235、aa236、aa246、aa241、aa264四个位点不一致，推测在这一类植物中该蛋白的Nobis非常保守，但是有别于其他真核生物。

同样，根据上述研究，推测的辣木中该蛋白三个NLS位点分别为：^{230}KRAR^{233}、^{237}KKKR^{240}、^{272}KRRSK^{276}。与Schmidt C等研究相比，第一个NLS信号^{167}KKPR^{170}中K变为R为同义替换，P（Pro）变为A（Ala），Ala为脂肪族氨基酸，推测其可能为植物中存在的NLS信号，第二个NLS由KRRR变为KKKR，其改变可能不会改变该序列的生化作用，而第三个NLS信号引入了一个Ser275磷酸化位点，或是由R突变为S。而根据张朵（张朵，2012）的研究结果（以HEK293细胞为研究对象），^{167}KKPR^{170}、^{188}KRRR^{191}和^{230}KRRR^{233}并不是RPS6蛋白的入核信号，其研究的序列包含有4～8个碱性氨基酸的核定位信号215KR[MKEA KEKRQEQIA]K RRR^{233}以及^{223}KR[QEQIA]K RRR^{233}。而在辣木中，对其研究发现^{230}KR[ARIAD]KKKR^{240}、^{265}RR[SESLA]KRRSK^{276}两段富含碱性氨基酸的序列，这两段序列包含根据Schmidt C 和Kundu-Michalik S 等研究结果得出的结论，因此推测辣木中lamu_GLEAN_10011614存在两个核定位信号，即NLS1（^{230}KR[ARIAD]KKKR^{240}）和NLS2（^{265}RR[SESLA]KRRSK^{276}），并且NLS2中的Ser275磷酸化位点可能也不会影响该蛋白入核，其中^{265}RR^{266}与研究报道的KR二肽的差异性，或许是植物与其他真核生物的区别，这还有待进一步验证。同样的，番木瓜、苹果、葡萄与辣木中该蛋白预测的NLS序列完全一致，该蛋白可能在一类植物中非常保守，但有别于其他真核生物。

同时，张朵研究证明了^{188}KRRR^{191}和^{72}RVRLLLSKGHSCYRPRRTG ERKRKSVR^{98}序列与rpS6蛋白在细胞质中的定位有关。而在辣木中则存在^{237}KKKR^{240}和Nobis1 ^{110}RVRLLLHRGTPCFRGYGRRNGERRRKSVR^{138}两段序列，Nobis1序列中含有一个亮氨酸富集区^{113}LLL^{115}，亮氨酸富集区是蛋白出核信号（nuclear exporting sequence, NES）的一个显著特征，推测辣木中该蛋白很可能通过这两段氨基酸序列与核糖体小亚基蛋白rpS18和rpS15形成异二聚体，从而组成核糖体小亚基的中心区。

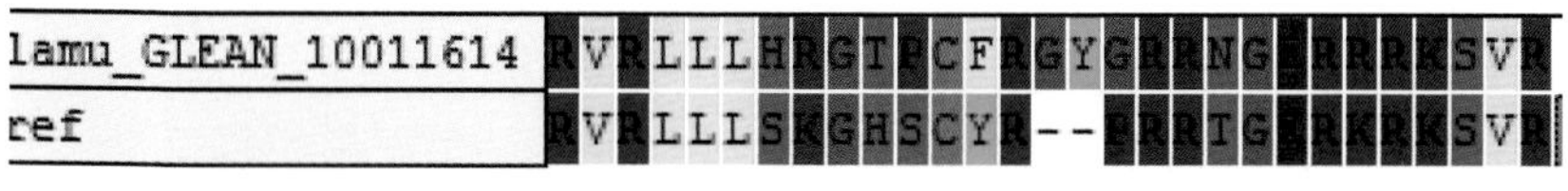

| lamu_GLEAN_10011614 | RVRLLLHRGTPCFRGYGRRNGERRRKSVR |
| ref | RVRLLLSKGHSCYR--RRTGERRKSVR |

图2-5-7 辣木lamu_GLEAN_10011614中Nobis1与Kundu-Michalik S 等研究结果比较

表2-5-2　lamu_GLEAN_10011614磷酸化位点预测结果

Name	Pos	Context	Score	Pred
	71	DKRISQEVS	0.996	★S★
	75	SQEVSGDAL	0.396	.
	136	RRRKSVRGC	0.997	★S★
	143	GCIVSPDLS	0.128	.
	147	SPDLSVLNL	0.281	.
	179	PKRASKIRK	0.991	★S★
	188	LFNLSKEDD	0.996	★S★
	203	TYRRSFTTK	0.059	.
	208	FTTKSGKKV	0.714	★S★
	213	GKKVSKAPK	0.115	.
	257	KLLASRLKE	0.010	.
	267	RERRSESLA	0.987	★S★
	269	RRSESLAKR	0.887	★S★
	275	AKRRSKLSA	0.906	★S★
	278	RSKLSAAKP	0.856	★S★
	283	AAKPSVAA-	0.039	.
	26	RDKWTKEFF	0.041	.
lamu_GLEAN_10011614	47	IANPTTGCQ	0.017	.
	48	ANPTTGCQK	0.176	.
	107	QGVLTPGRV	0.888	★T★
	119	LHRGTPCFR	0.843	★T★
	165	LPGLTDTEK	0.236	.
	167	GLTDTEKPR	0.896	★T★
	199	KYVNTYRRS	0.882	★T★
	205	RRSFTTKSG	0.906	★T★
	206	RSFTTKSGK	0.776	★T★
	223	QRLVTPLTL	0.146	.
	226	VTPLTLQRK	0.129	.
	4	-MERYEIVK	0.980	★Y★
	86	EFKGYVFKI	0.340	.
	125	CFRGYGRRN	0.084	.
	196	DVRKYVNTY	0.904	★Y★
	200	YVNTYRRSF	0.025	.
	251	EAAEYQKLL	0.405	.
	4	-MERYEIVK	0.980	★Y★

表2-5-2中Pos为预测的磷酸化位点在肽链中的位置；Context表示以被分析的磷酸化位点残基为中心延伸的9个氨基酸残基；Score为在0.000～1.000之间的值，临界值为0.5000，大于该值很可能为磷酸化位点。

```
     286 lamu_GLEAN_
MERYEIVKDIGAGNFGVAKLVRDKWTKEFFAVKFIERGQKFNIANPTTGCQKKLEIDDDQKLRAFFDKRISQEVSGDALG      80
EEFKGYVFKIMGGCDKQGFPMKQGVLTPGRVRLLLHRGTPCFRGYGRRNGERRRKSVRGCIVSPDLSVLNLVIVKKGEND     160
LPGLTDTEKPRMRGPKRASKIRKLFNLSKEDDVRKYVNTYRRSFTTKSGKKVSKAPKIQRLVTPLTLQRKRARIADKKKR     240
IAKAKAEAAEYQKLLASRLKEQRERRSESLAKRRSKLSAAKPSVAA                                      320
...Y.......................................................................S...      80
.............................T...........................S....................      160
......T........S.......S.....Y..T.....TT.S...................................      240
.................S.S.....S.S.......                                                 320
Phosphorylation sites predicted:         Ser: 9   Thr: 6   Tyr: 2
```

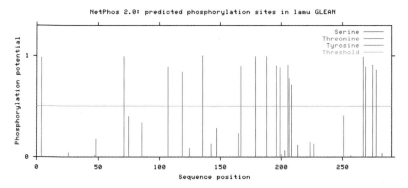

图2-5-8　NetPhos预测的lamu_GLEAN_10011614磷酸化位点预测

```
LAMU_GLEAN_10011614

MERYEIVKDI GAGNFGVAKL VRDKWTKEFF AVKFIERGQK FNIANPTTGC QKKLEIDDDQ 60

KLRAFFDKRI SQEVSGDALG EEFKGYVFKI MGGCDKQGFP MKQGVLTPGR VRLLLHRGTP 120
---------- -S-------- ---------- ---------- ---------- ---------- PKG
---------- -S-------- ---------- ---------- ---------- ---------- ATM
---------- ---------- ---------- ---------- ---------- ------T--- MAPK
---------- ---------- ---------- ---------- ---------- ---------T- PKA

CFRGYGRRNG ERRRKSVRGC IVSPDLSVLN LVIVKKGEND LPGLTDTEKP RMRGPKRASK 180
---------- -----S---- ---------- ---------- ---------- ---------- PKG
---------- -----S---- ---------- ---------- ---------- ---------- PKB
---------- -----S---- ---------- ---------- ---------- ---------- Other_MDD
---------- ------S--- ---------- ---------- ---------- ---------- MAPK

IRKLFNLSKE DDVRKYVNTY RRSFTTKSGK KVSKAPKIQR LVTPLTLQRK RARIADKKKR 240
---------- ----T----- ---------- ---------- ---------- ---------- PKC
---------- ---T------ ---------- ---------- ---------- ---------- PKC
---------- ----T----- ---------- ---------- ---------- ---------- PKA
---------- ---------- ---------- -----S---- ---------- ---------- PKG
---------- ---------- ---------- ---------- --T------- ---------- MAPK
---------- ---------- ---------- ---------- ---T------ ---------- MAPK

IAKAKAEAAE YQKLLASRLK EQRERRSESL AKRRSKLSAA KPSVAA 286
---------- ---------- -------S-- ---------- ------ PKG
---------- ---------- -------S-- ---------- ------ PKB
---------- ---------- ---------- S--------- ------ PKG
---------- ---------- ---------- --S------- ------ PKG
```

图2-5-9　KinasePhos预测的lamu_GLEAN_10011614磷酸化位点

为了进一步研究该蛋白的磷酸化位点，使用NetPhos预测出磷酸化位点17个，其中丝氨酸位点9个，苏氨酸位点6个，酪氨酸位点2个，值都很高（临界值为0.05），这些位点都可能是潜在的磷酸化位点（表2-5-2，图2-5-8）。

由图2-5-8和图2-5-9中可以看出，两个软件预测的磷酸化位点有差异，重合位点为氨基酸位点Ser残基的位点71、136、269、275、278，Thr残基位点107、119、199、205，KinasePhos预测结果（图2-5-9）并没有Tyr残基位点。从NetPhos预测结果看（图2-5-8），在196～208氨基酸位点之间具有相对集中的5个磷酸化位点，包含Tyr、Thr、Ser三种氨基酸残基，分别为Tyr196、Thr199、Thr 205、Thr 206、Ser208，而在C末端的氨基酸位点267～278之间则具有4个Ser残基磷酸化位点，分别为Ser267、Ser269、Ser275、Ser278。这与其他研究所报道的S6蛋白的C端5个磷酸化位点存在差异。在KinasePhos预测结果（图2-5-9）中，196～208氨基酸位点之间有两个Thr磷酸化位点，并且预测的催化激酶分别为PKC、PKC和PKA（PKC同工酶与PKA同源），而在267～278之间则是三个Ser残基磷酸化位点，预测的催化激酶分别为PKG和PKB、PKG、PKG。

在酵母细胞中，rpS6 蛋白由236 个氨基酸组成，C端有2个丝氨酸磷酸化位点，Ser232 和Ser233，可被细胞内的S6K蛋白激酶磷酸化。在人类细胞中，rpS6 蛋白由249个氨基酸组成，C端有5个高度保守的丝氨酸磷酸化位点：Ser235、Ser236、Ser240、Ser244和Ser247。Ser235、Ser236、Ser240 以及Ser244 的磷酸化需要p70 S6K1和p90 S6K2 两种蛋白激酶的联合作用，而Ser247的磷酸化则需要酪蛋白激酶1的催化。有研究表明，rpS6 蛋白C 端的5 个丝氨酸磷酸化位点可能是rpS6蛋白参与30S pre-rRNA 加工成熟的主要功能域。

此外，由图2-5-6中可以看出，此蛋白与苹果、葡萄、番木瓜中同源蛋白相比，辣木中该蛋白具有一段更长的N端（包含39个aa），根据NetPhos磷酸化位点预测结果，该段氨基酸序列具有一个Tyr4磷酸化位点，可能是辣木进化中形成的特异性的酪氨酸残基磷酸化位点，N-端的磷酸化可能对该蛋白活性具有特殊意义，其功能有待进一步研究。

张朵对rpS6 蛋白在核仁中的分布进行精确定位，使用免疫双标技术对野生型HEK293 细胞以及rpS6-1 稳定转染的细胞进行了检测。结果表明：不论是野生型的rpS6 蛋白还是rpS6-EGFP 蛋白均可以与Mpp10 蛋白共定位。Mpp10 蛋白是U3 RNP的标志性蛋白，这表明rpS6 蛋白分布在核仁的U3 RNP 中。此外，在实验中还观察到rpS6 蛋白在U3 RNP中的分布也存在异质性，即在整个细胞群体的U3 RNP中，仅有部分细胞的U3 RNP中可检测到rpS6 蛋白的存在，这与CLSM 观察培养的活细胞中rpS6-EGFP 蛋白在核仁中的分布情况相似。免疫共沉淀实验结果表明，在rpS6-1 稳定转染的细胞中，rpS6-EGFP 蛋白可与Mpp10 蛋白共沉淀。这对辣木中该蛋白的研究具有重要的提示作用。

lamu_GLEAN_10011614蛋白三维结构预测结果如图2-5-10，根据Nobis1序列和三维结构预测结果，Nobis1包含两个β折叠片的一部分及相连的无规则卷曲部分（图2-5-10中图中圆圈表示），而Nobis2则包含一段无规则卷曲和很长一段α螺旋（图2-5-10中两个箭头之间的区域），两部分在空间结构上相距较近，可能通过构象变化从而行使其功能。

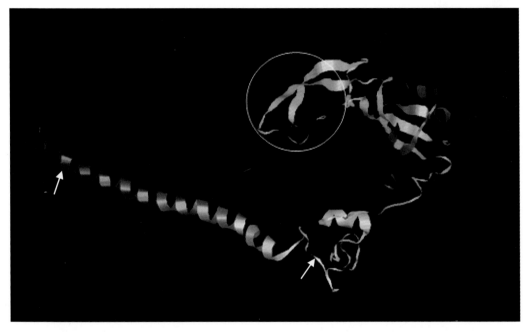

图2-5-10 1lamu_GLEAN_10011614三维结构（aa40-aa270区域结构）

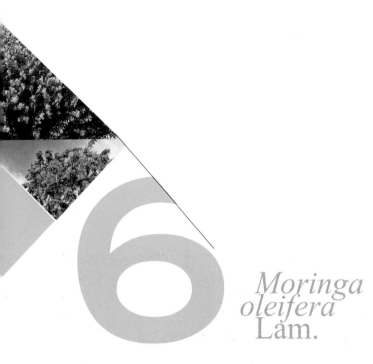

转录因子家族

Moringa oleifera Lam.

转录因子也称为反式作用因子，是指能够与真核基因启动子区顺式作用元件特异性结合并调控基因转录的DNA结合蛋白。其在转录水平上调节基因表达，实现对细胞中特定生理生化过程的调控。从蛋白质结构分析，转录因子一般包含两个必要的功能区：DNA结合区和转录调控区。有些转录因子还有二聚体结构域。对转录因子蛋白结构分析表明，转录因子还包含其他两个功能区，即寡聚化位点和核定位信号。

随着辣木基因组组装的完成，辣木中转录因子家族的分析将为揭示辣木在调控干旱、高盐、低温、激素、病原反应等胁迫应答机制及生长发育相关基因的表达提供坚实的分子基础。在研究过程中，以拟南芥数据库（http://arabidopsis.org/browse/genefamily/index.jsp）（Poole, 2007）为参照，从辣木中鉴定了939个转录因子，分属47个家族。其中转录因子最多的为Trihelix家族（231个）、C2H2（116个）、bHLH（87个）。其他主要包含WRKY、C3H、AP2/EREBP、MYB、Homeobox、NAC几大家族（表2-6-1）。这些转录因子的丰富性，揭示了辣木对于生长环境的适应性及对自然条件变化的抗逆性。

在分子进化中，Ka（nonsynonymous substitution rate）和Ks（synonymous substitution rate）作为评估不同进化距离物种的直系同源基因之间或者同一物种内的旁系同源基因之间选择压力的基本进化动力学参数，对于理解DNA序列水平的进化分歧和达尔文自然选择的作用具有重要意义。为进一步揭示转录因子在辣木生理活动中的重要性，以Ka/Ks>1为条件，筛选了辣木中受正选择的转录因子家族及其成员（表2-6-2）。下面将介绍辣木中几类重要的或是植物所特有的转录因子家族。

表2-6-1　五个物种中转录因子统计表

转录因子家族	辣木	毛果杨	番木瓜	拟南芥	水稻
ABI3VP1	6	16	9	11	9
AP2-EREBP	43	182	85	138	87
ARF	4	39	18	24	27
ARID	5	11	6	7	7
Alfin-like	5	11	4	7	10
AtRKD	1	3	3	5	2
BBR	4	13	3	7	4
BZR	2	11	5	6	4
C2C2-Dof	9	35	18	30	24
C2C2-Gata	11	35	19	30	17
C2C2-YABBY	4	12	6	6	7
C2H2	116	366	207	211	237
C3H	78	280	143	165	148
CAMTA	1	7	7	5	7
CCAAT-DR1	1	2	1	2	0
CCAAT-HAP2	2	11	5	10	9
CCAAT-HAP3	6	17	10	10	9
CCAAT-HAP5	3	16	4	13	9
CPP	4	12	5	8	9
E2F-DP	5	9	7	8	8
EIL	2	7	4	6	7
G2-like	22	67	33	40	42
GRAS	27	89	38	33	46
GRF	4	19	6	9	9
GeBP	4	9	5	16	4
HRT	0	1	1	3	1

续表2-6-1

转录因子家族	辣木	毛果杨	番木瓜	拟南芥	水稻
Heat_Shock	11	32	18	21	23
Homeobox	39	135	70	91	89
JUMONJI	2	6	3	5	3
MADS	23	93	191	109	47
MYB	37	203	83	131	84
MYB−Related	2	3	3	2	1
NAC	26	137	60	96	86
NLP	2	23	4	9	6
Orphan	1	6	4	2	1
PHD	12	35	29	11	13
RAV	2	8	4	11	10
REM	7	17	10	21	16
SBP	5	27	12	16	18
TCP	9	31	18	22	21
TUB	4	14	6	10	14
Trihelix	231	572	338	29	460
VOZ−9	2	4	2	2	2
WRKY	60	333	107	72	142
Whirly	2	3	2	3	2
ZF−HD	6	18	11	15	7
bHLH	87	425	166	161	262
总计	939	3405	1793	1649	2050

表2-6-2 辣木中受正选择的转录因子家族及其成员

基因家族	成员	拟南芥
ABI3VP1	lamu_GLEAN_10004003	AT4G21550.1
	lamu_GLEAN_10004633	AT3G18990.1
AP2−EREBP	lamu_GLEAN_10002717	AT5G18560.1
	lamu_GLEAN_10005738	AT4G11140.1
Alfin−like	lamu_GLEAN_10006517	AT5G26210.1
C2C2−Dof	lamu_GLEAN_10011338	AT3G02380.1

续表2-6-2

基因家族	成员	拟南芥
C2C2－Gata	lamu_GLEAN_10003474	AT3G21175.3
C2H2	lamu_GLEAN_10003291	AT2G23740.2
	lamu_GLEAN_10007064	AT3G05155.1
	lamu_GLEAN_10008972	AT3G50700.1
	lamu_GLEAN_10009025	AT3G20880.1
C3H	lamu_GLEAN_10009025	AT4G33940.1
	lamu_GLEAN_10011317	AT5G15790.1
CPP	lamu_GLEAN_10010708	AT4G29000.1
E2F－DP	lamu_GLEAN_10002138	AT3G48160.1
G2－like	lamu_GLEAN_10009443	AT3G04030.3
GRAS	lamu_GLEAN_10008970	AT4G36710.1
Homeobox	lamu_GLEAN_10005784	AT3G19510.1
MADS	lamu_GLEAN_10005410	AT5G13790.1
	lamu_GLEAN_10007762	AT1G77950.1
	lamu_GLEAN_10007791	AT5G20240.1
MYB	lamu_GLEAN_10009440	AT1G26780.2
NAC	lamu_GLEAN_10005432	AT5G63790.1
PHD	lamu_GLEAN_10011031	AT5G12400.1
Trihelix	lamu_GLEAN_10001382	AT4G32710.1
	lamu_GLEAN_10002352	AT2G38250.1
	lamu_GLEAN_10002396	AT1G70460.1
	lamu_GLEAN_10003669	AT1G70460.1
	lamu_GLEAN_10004177	AT4G32710.1
	lamu_GLEAN_10004260	AT4G32710.1
	lamu_GLEAN_10004999	AT5G38560.1
	lamu_GLEAN_10005687	AT1G70460.1
	lamu_GLEAN_10007414	AT5G38560.1
	lamu_GLEAN_10010383	AT1G70460.1
bHLH	lamu_GLEAN_10002632	AT1G27740.1
	lamu_GLEAN_10002691	AT4G37850.1

续表2-6-2

基因家族	成员	拟南芥
	lamu_GLEAN_10008777	AT5G65320.1
	lamu_GLEAN_10010819	AT2G24260.1
WRKY	lamu_GLEAN_10001503	AT5G46350.1
	lamu_GLEAN_10001790	AT4G12020.2
	lamu_GLEAN_10003929	AT4G12020.2
	lamu_GLEAN_10007906	AT4G12020.2
	lamu_GLEAN_10010604	AT1G68150.1

6.1　ABI3VP1转录因子家族

　　辣木中ABI3VP1转录因子家族被鉴定有6个成员，其中受正选择（与番木瓜相比较ka/ks>1，下同）的成员为lamu_GLEAN_10004633、lamu_GLEAN_10004003，通过与拟南芥中ABI3VP1家族11个成员比对，构建蛋白进化树，由图2-6-1可以看出，lamu_GLEAN_10004003与AT4G32010.1（拟南芥中转录因子家族成员Locus ID，除特别说明，本文中为方便，用于代表相应的蛋白，下同）同源关系较近。AT4G32010.1是VIVIPAROUS（VP1）相似蛋白，VP1基因包含B1、B2、B3三个碱性氨基酸区域，与拟南芥中ABI3（ABSCISIC ACIDINSENSITIVE3）为直系同源基因。根据结构域及相似性研究表明，ABI3/VP1、HSI（High-level expression of sugar inducible Gene）、RAV（Related to ABI3/VP1）、ARF（Auxin Response Factor）和REM（Reproductive Meristem）五类主要的蛋白家族包含有B3结构域，B3结构域结构特征为VP1和ABI3A的C-端含120个氨基酸残基的保守序列。AT4G32010.1蛋白与推定的VP1蛋白相似，具有B3结构域和锌指结构。而与lamu_GLEAN_10004633同源性较近的为AT3G17010.1和AT3G18990.1。AT3G17010.1蛋白属于B3转录因子家族蛋白，在生长发育过程中参与子叶发育、胚成熟、花瓣分化及扩张。AT3G18990.1编码VRN1蛋白，在春化处理植物中对FLC具有完全抑制作用，是组蛋白H3甲基化所必需的一类转录因子（罗光宇，叶玲飞等，2013）。

　　为了进一步细化研究这两个基因所编码的蛋白，把两个基因编码蛋白序列分别在蛋白数据库中进行比对，然后将结果综合构建进化树（图2-6-2）。结果表明，lamu_GLEAN_10004003与可可中HIS蛋白和一个亚型转录因子蛋白、毛果杨及麻风树中假定蛋白同源较近，提示其进化过程中可能受同一环境选择影响较大，lamu_

GLEAN_10004003与AT4G32010.1转录因子位于同一分枝。

通过对lamu_GLEAN_10004003结构域进行预测（图2-6-3）（除非特别说明，本文预测数据库使用SMART数据库，下同），其含有B3、锌指两个蛋白结构域，与近源蛋白AT4G32010.1具有B3结构域和锌指结构的结论相吻合（此处仅列出典型的转录因子家族结构域，其他低于阈值的结构域没有列出来，除非特别说明，下同）。在图2-6-3中B3结构域氨基酸起止位点为290～387，与图2-6-4中lamu_GLEAN_10004003与近源蛋白序列比对结果对比分析可以看出，这些蛋白B3结构域非常保守，但是在B3结构域前端区域，辣木中lamu_GLEAN_10004003和桑树中B3结构域转录因子家族与其他几种近源蛋白相差较大，提示差异性可能是由于B3结构域外的序列发生插入或缺失使ABI3VP1家族基因产生分歧，并且辣木lamu_GLEAN_10004003转录因子受到环境选择性压力相对较小。而从528到572氨基酸位点锌指区域前后氨基酸序列仅少数几个氨基酸插入或缺失，表明锌指结构域在蛋白进化过程中相对保守，但各个蛋白中锌指结构序列会有所差异，推测是由于蛋白进化所致。

lamu_GLEAN_10004633与可可中AP2/B3-like转录因子家族蛋白、一种不典型蛋白、麻风树假定蛋白、ABI3VP1转录因子家族成员AT3G18990.1、巨桉假定蛋白位于同一支，但是比对结果显示这几个蛋白序列间差异较大。推测原因，一方面可能由于lamu_GLEAN_10004633蛋白序列短，比对时被包含在长氨基酸序列的蛋白中可能性增加，去除麻风树假定蛋白、巨桉假定蛋白后，与家族成员AT3G18990.1差异大为减少，并且某些区域同源性较高。预测的lamu_GLEAN_10004633蛋白结构域发现两个B3结构域（图2-6-4），两个B3结构域氨基酸起止位点分别是27～119、212～295。与其他三个近源蛋白在B3结构域上保守性较高，差异区域主要在于保守结构域两端（图2-6-5）。AT3G18990.1在植物生长发育过程中表达于开花期、叶片衰老、种子成熟、从两叶到12叶生长期。可以预测，在进化过程中，辣木lamu_GLEAN_10004633转录因子参与的生物代谢活动受环境胁迫产生的应答机制更加迅速，为辣木环境适应力提供了良好的分子基础。

蛋白质结构决定了功能，蛋白质的生物学活性和理化性质主要决定于空间结构的完整，因此仅仅测定蛋白质分子的氨基酸组成和它们的排列顺序并不能完全了解蛋白质分子的生物学活性和理化性质。为了能更好地为辣木ABI3VP1转录因子家族研究提供基础，对两个正选择成员lamu_GLEAN_10004633、lamu_GLEAN_10004003进行蛋白三维结构预测。lamu_GLEAN_10004003蛋白预测时以拟南芥植物生长素响应因子5的DNA结合结构域的晶体结构为参考（图2-6-6），预测区域为aa291-aa408，根据图2-6-3中B3及锌指结构域的相对位置，三维结构主要为B3结构域结构。并且由图2-6-7和图2-6-8比对结果得出的论据可知，两个结构域之间的序列差异很大，三维结构也存在一定差异。

  lamu_GLEAN_10004633蛋白模拟以拟南芥B3结构域蛋白VERNALIZATION1（VRN1）模型为参考（图2-6-8），预测结果为第二个B3结构域结构。作为同一转录因子家族成员，lamu_GLEAN_10004633第二个B3结构域与VRN1（即AT3G18990.1）结构域结构非常接近，VRN1作为春化作用的调控因子，对植物春化发育特性具有重要作用。在VRN1及其他春化基因的作用模式研究中，VRN1能以春化处理方法诱导表达而促进开花，春化作用特性是很多植物的重要性状，直接影响着植物的种植范围和利用效率（袁秀云，李永春等，2008），lamu_GLEAN_10004633作为辣木进化中受正选择的转录因子，在辣木发育及种群进化中具有重要意义。

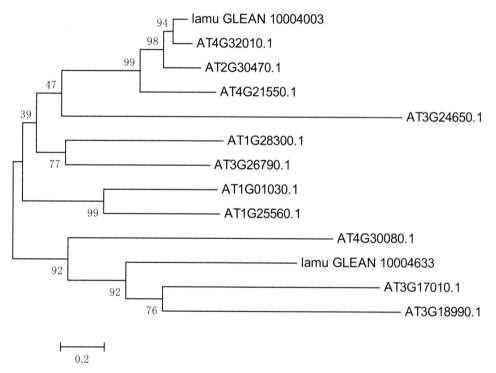

图2-6-1 辣木lamu_GLEAN_10004633、lamu_GLEAN_10004003与拟南芥ABI3VP1转录因子家族成员进化树

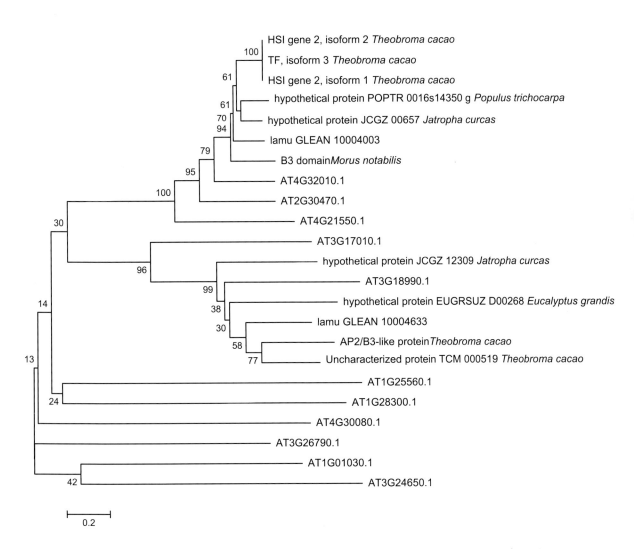

图2-6-2 辣木中lamu_GLEAN_10004633、lamu_GLEAN_10004003进化树

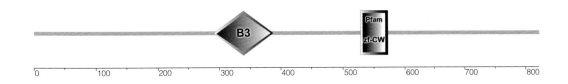

图2-6-3 lamu_GLEAN_10004003结构域预测

预测出B3、锌指两个结构域，B3结构域从290到387位点，锌指结构域从528到572位点

图2-6-4 lamu_GLEAN_10004633结构域预测

预测出两个B3结构域，氨基酸位点分别从27到119、212到295

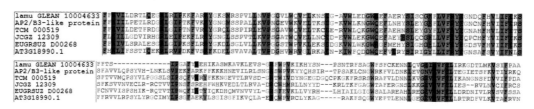

图2-6-5 lamu_GLEAN_10004633两个B3结构域与近源蛋白比对结果

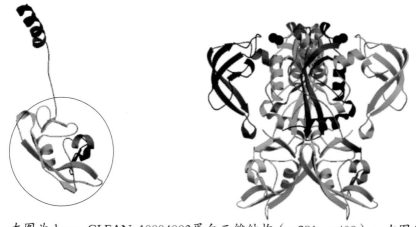

图2-6-6 左图为 lamu_GLEAN_10004003蛋白三维结构（aa291-aa408）；右图为参考蛋白模型，预测的结构主要为B3结构域区域（图中圆圈显示）

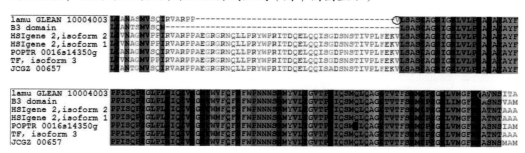

图2-6-7 lamu_GLEAN_10004003与近源蛋白B3结构域序列比对结果

B3结构域从290氨基酸位点（图中圆圈表示）到387氨基酸位点

图2-6-8 左图为lamu_GLEAN_10004633蛋白三维结构（aa215-aa295，为第二个B3结构域）；右图为参考蛋白模型

6.2 AP2-EREBP转录因子家族

AP2-EREBP转录因子最早是由Jofuku和他的同事从拟南芥中发现，他们首次发现了APETALA2（AP2）转录因子并且鉴定出该转录因子的AP2-EREBP结构域。AP2-EREBP结构域是AP2-EREBP家族转录因子结构中的重要组成部分，并且也是核心区域。家族的成员在结构和功能特点上有许多相似之处，但是同时它们之间也还存在一些区别，根据这些差异可以将AP2-EREBP家族细分为若干亚族。

AP2-EREBP家族都含有一个由58或59个氨基酸组成的DNA结合域，且这段序列高度保守，为高等植物所特有的一类转录因子。该结构域可以进一步区分为2个特别保守的元件，分别命名为YRG和RAYD元件。YRG元件由19~22个氨基酸残基组成，该区域是一个碱性亲水区域，对识别各类顺式作用元件并与之结合起到关键作用；RAYD元件含有42~43个氨基酸，其中有一个由18个氨基酸残基组成的高度保守的核心序列，可能参与AP2-EREBP转录因子与其他转录因子或DNA的相互作用（谢永丽，2006）。

AF2-EREBP家族与植物的发育、病源反应及环境胁迫等有关，根据其包含的DNA结合域与DNA结合类型分为5个亚族：DREB亚族、AP2亚族、RAV亚族、ERF亚族及AL079349。AP2亚族转录因子主要参与植物发育调控，如决定花器官的形态和发育、控制花序分生组织的形成及胚珠和种子的正常发育等。EREBP亚族类转录因子调节植物对激素（乙烯）、病原、低温、干旱、高盐及水杨酸等的分子应答（庄静，陈建民等，2009）。

辣木中AP2-EREBP转录因子家族鉴定出43个成员，其中受正选择的成员有两个，分别是lamu_GLEAN_10002717和lamu_GLEAN_10005738。通过与拟南芥AP2-EREBP转录因子家族138个成员进行蛋白序列比对，与lamu_GLEAN_10002717、lamu_GLEAN_10005738同源性较近的两个家族成员分别为AT1G12890.1和AT4G34410.1。两者同为ERF/AP2转录因子家族中乙烯响应因子（ERF）亚家族B-1成员，前者在保卫细胞中表达，后者在整个植物体中都有表达。两个蛋白质AP2结构域三维结构预测结果表明其结构域相似度很高（图2-6-9）。

为进一步研究辣木中这两个家族成员，将其与NCBI数据库进行比对建进化树（图2-6-10），结果表明，lamu_GLEAN_10005738与甜橙中一个乙烯响应转录因子ERF109相似蛋白同源性很高，而lamu_GLEAN_10002717与同一枝上的乙烯响应因子LEP蛋白亲缘关系较远。

lamu_GLEAN_10002717结构域预测出AP2结构域，位于22～86氨基酸位点（图2-6-11）。AP2结构域是一种植物蛋白中的结合DNA的结构域。乙烯是一种影响植物生长发育各个方面的植物内源性激素，植物中许多被乙烯诱导的防御关联基因包含cis调控元件，一种被称作乙烯应答元件（ERE）。各种ERE区域的序列分析表明，其有一个富含G/C核苷酸的短区域，即GCC-box，能对乙烯作出应答。这段短基序能被ERE结合因子（ERF）所识别。ERF蛋白包含一个60个氨基酸组成的结构域，并且这个结构域也在APETALA2（AP2）蛋白中发现。在各类蛋白中的研究都发现这些AP2/ERF结构域对结合GCC-box非常重要。

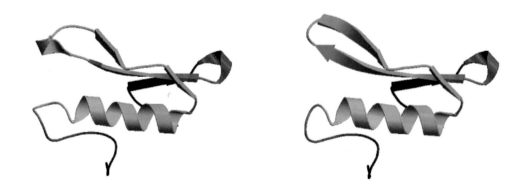

图2-6-9 左图为lamu_GLEAN_10002717三维结构预测（aa21-aa85部分）；右图为lamu_GLEAN_10005738三维结构（aa121-aa182部分）

lamu_GLEAN_10005738结构域预测出一个AP2结构域和一个低复杂度区域（图2-6-12）。AP2结构域氨基酸位点为122到185，低复杂度区域从231位点起始，到254位点结束，序列为DDDIQQWMMMMDFGGDSSDSTTTG。

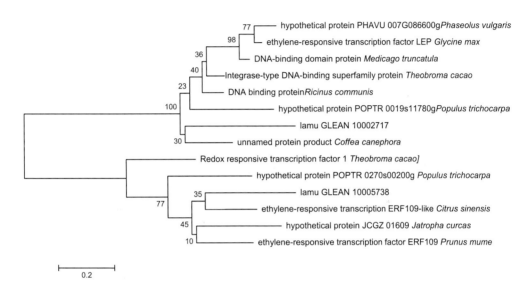

图2-6-10 lamu_GLEAN_10002717和lamu_GLEAN_10005738比对结果进化树

图2-6-11 lamu_GLEAN_10002717结构域预测

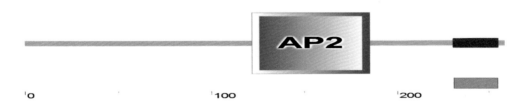

图2-6-12 lamu_GLEAN_10005738结构域预测

6.3 GRAS转录因子家族

GRAS家族是一类植物特有的转录调控因子，GRAS家族分为8个亚家族：DELLA、HAM、LISCL、PAT1、LS、SCR、SHR和SCL3，广泛分布于植物中，在植物根茎的发育、分生组织的形成、赤霉素信号传导、光信号传导、生物及非生物胁迫过程中发挥着重要的作用。目前在拟南芥基因组中已鉴定了33个GRAS家族基因（李桂英，田玉富等，2014）。

GRAS家族的名称是由最先发现的GAI、RGA、SCR 三个成员的特征字母命名，由400～770个氨基酸组成，含有高度变异的N末端结构域和高度保守的C末端结构域，并且C末端具有同源序列，典型的C末端结构还包括LHR I、VHIID、LHR II、PFYRE和SAW。GRAS家族的标志性结构域是在VHIID基序的两边含有2个100个氨基酸残基组成的亮氨酸丰富的区域。VHIID基序存在于GRAS家族的所有成员中，虽然有证据表明该基序中的组氨酸和天冬氨酸可以被缬氨酸和异亮氨

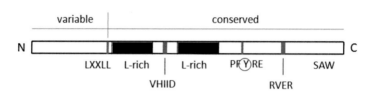

图2-6-13 GRAS家族结构图解（C 2004）

酸代替，但在自然界中它们是完全保守的。VHIID基序代表几个重要的氨基酸，V代表缬氨酸，I代表异亮氨酸，H代表组氨酸，D代表天冬氨酸。在第1个富含亮氨酸区域的前端含有IXXLL序列，PFYRE和RVER基序位于第2个富含亮氨酸的区域（图2-6-13）（李桂英，田玉富等，2014）。

从辣木中鉴定出27个GRAS转录因子家族成员，略少于拟南芥中目前发现的33个该家族的基因，随着辣木基因组的测序，可能更多的该家族基因会被发现。辣木中该家族基因受正选择作用的成员为lamu_GLEAN_10008970，与拟南芥GRAS家族33个成员构建进化树结果表明（图2-6-14），其与AT4G36710.1（AtGRAS-25蛋白）亲缘关系较高，AT4G36710.1包含典型的GRAS家族共有的GRAS结构域，在拟南芥中与家族成员AT4G00150.1最匹配，进化树中也可以看出这几个成员位于同一枝上。其在植物开花期、叶片衰老、子叶扩长期、胚成熟期、2～12叶期、花瓣分化期都具有重要作用（郭华军，焦远年等，2009）。

lamu_GLEAN_10008970结构域预测结果如图2-6-15，可以看出包含一个典型的GRAS结构域（氨基酸起止位点为182～553）和一个低复杂度区域（起止位点为3～20）。

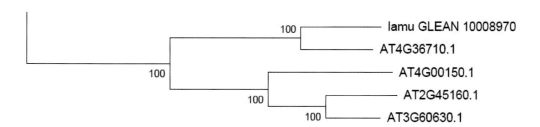

图2-6-14 lamu_GLEAN_10008970与拟南芥GRAS家族进化树（部分）

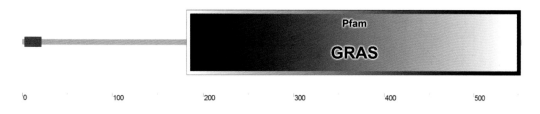

图2-6-15 lamu_GLEAN_10008970结构域预测结果

6.4 Homeobox转录因子家族

同源异型域（Homeobox，HB）转录因子对于植物的生长发育具有重要的调控作用，主要涉及细胞分化、形态建成、内外环境信号应答等多个方面。其包含一个高度保守的同源异型域（Homeodomain，HD），该结构域由60个保守的氨基酸组成。根据HD 基序序列、位置、两侧序列同源性的差异以及HB 中其他保守结构域的不同一般可将植物HB 转录因子家族分为亮氨酸拉链同源异型域转录因子（HD-Zip）、Knotted相关同源异型域转录因子（KNOX）、植物指形同源异型域转录因子（PHD-Finger）、Bell同源异型域转录因子（Bell）、Wuschel相关同源异型域转录因子（WOX）和锌指同源异型域转录因子（ZF-HD）六大类。

HD-Zip是近年来高等植物中发现的一类特有的转录因子，它们在植物的各个组织器官中均有表达。由高度保守的HD结构域和Leu zipper（Zip）元件组成，前者与DNA特异结合，后者介导蛋白二聚体的形成。

从辣木中鉴定出39个Homeobox转录因子家族成员，其中受正选择作用的成员为lamu_GLEAN_10005784，与拟南芥Homeobox家族91个成员构建进化树结果（图2-6-16）表明，其与AT3G19510.1（HAT3.1蛋白）亲缘关系较高，HAT3.1蛋白同源异型结构域在序列甚至位点上高度分歧，但是在同源结构域之间几乎不变，HAT3.1蛋白优先选择T（A/G）（A/C）ACCA序列，这与其他同源异型域是不同的。将lamu_GLEAN_10005784在NCBI中进行blast，结果构建的进化树（图2-6-17）也支持其属于Homeobox家族成员，与可可（Theobroma cacao）中Homeodomain-like蛋白（具有RING/FYVE/PHD型锌指结构域）同源性很高。

lamu_GLEAN_10005784结构域预测结果如图2-6-18，由图中可以看出主要包含两个RPT结构域（内部重复1结构，氨基酸起止位点分别为69～149和249～329）、一个PHD结构域（氨基酸起止位点为549～602）、一个HOX结构域（氨基酸起止位点为936～999）和8个低复杂度结构域。表2-6-3中统计了lamu_GLEAN_10005784中几个主要的结构域，从表中可以看出，根据Pfam数据库结果，预测的PHD结构域氨基酸起止位点为549～604，比SMART数据库中多了两个氨基酸：半胱氨酸和赖氨酸，并且其预测了一个Homeobox结构域和一个Homeobox-KN结构域。其中Homeobox结构域包含于HOX结构域中。

表2-6-3　lamu_GLEAN_10005784结构域统计表

结构域名称	起始位点	终止位点	E-value
RPT（internal repeat）	69	149	5.66e-8
RPT（internal repeat）	249	329	5.66e-8
PHD	549	602	7.12e-10
Pfam：PHD	549	604	5.6e-10
HOX	936	999	2.15e-8
Pfam：Homeobox	946	992	2.9e-9
Pfam：Homeobox-KN	957	990	0.00018

PHD结构域为植物同源异型结构域锌指结构，是核蛋白中发现的C4HC3锌指相似基序，被认为参与表观遗传和核染色质介导的转录调节。PHD锌指使用被称为"cross-brace"的基序来结合两个锌离子，因此在结构上与"RING指"和"FYVE指"有关。PHD指是否具有相同的分子功能还没有被证实，有几个报道认为它能以蛋白-蛋白相互作用域来起作用。最近一项研究证明在离体条件下，p300的PHD指能与

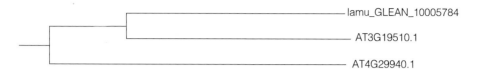

图2-6-16 lamu_GLEAN_10005784与拟南芥中Homeobox家族成员进化树（部分）

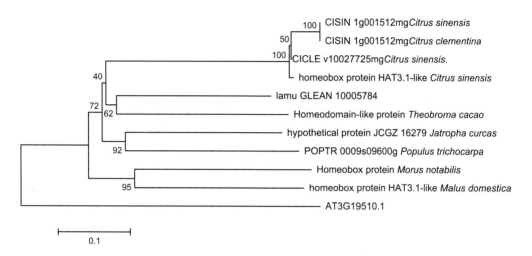

图2-6-17 lamu_GLEAN_10005784 blast结果进化树

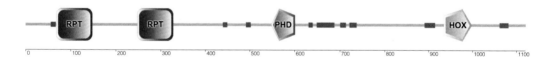

图2-6-18 lamu_GLEAN_10005784结构域预测结果

邻近的BROMO结构域协作参与核小体结合。

　　HOX结构域也是同源异型结构域，是一个DNA结合因子，参与关键发育过程中的转录调节。同源框或同源域第一次在一些果蝇同源异型和细胞分裂蛋白中被鉴定，但现在作为许多动物中保守性都很好而被熟知，包含脊椎动物。HOX结构域通过螺旋-转角-螺旋（HTH）结构与DNA结合。

　　lamu_GLEAN_10005784三维结构预测结果（aa497-aa605部分）如图2-6-19，以E3泛素蛋白质连接酶UHRF1中的ring结构域结构为参考（SMTL id3fl2.1）。该三维结构包含PHD结构域，从侧面证明了其与RING结构域相关，可能结合两个锌离子的方式跟RING结构域相同，推测其分子功能也相似。

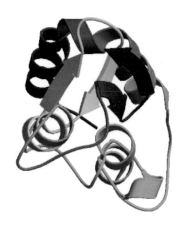 

图2-6-19 左图为lamu_GLEAN_10005784三维结构预测结果（aa497-aa605部分）；右图为参考模型

6.5 NAC转录因子家族

NAC（NAM/ATAF/CUC）转录因子家族是具有多种生物功能的植物特异转录因子，广泛分布于植物中，是目前发现的最大的转录因子家族之一。最初的研究发现，NAC家族和植物顶端分生组织的形成、器官边界的建立有关（陈秀玲，王傲雪等，2014）。

大量研究表明，当植物受到环境胁迫时，NAC转录因子也起着抑制或激活对应基因表达的功能。NAC转录因子的N端含有一个由约150个氨基酸组成的高度保守的NAC结构域，能够特异性结合目标DNA；NAC转录因子的C端具有高度的多样性，会频繁出现一些简单氨基酸的重复序列，是转录激活功能区。NAC转录因子有些亚家族，如ATAF、NAM等，拥有大量的响应非生物胁迫的蛋白。Ernst等（Ernst, Olsen et al. 2004）通过实验证明NAC结构域是一种新的转录因子折叠结构，不含经典的螺旋-转角-螺旋结构，而是由几个螺旋环绕一个反向平行的折叠而成。

NAC转录因子家族在植物的生长发育调控中发挥了重要作用，例如调控顶端分生组织发育、细胞分化、子叶形成、侧根发生、花发育、激素信号传导、植物器官衰老、胚胎发育及次级细胞壁形成和纤维的形成等。此外，NAC转录因子还具有响应病原菌侵染和逆境胁迫应答的作用，当植物受到生物胁迫和非生物胁迫时，会诱导大量NAC转录因子成员的产生，从而调控植物进行胁迫响应（彭辉，于兴旺等，2010；陈秀玲，王傲雪等，2014；杨晓娜，田云等，2014）。

在辣木中鉴定出26个NAC家族成员，与拟南芥（96个）和水稻（86个）相比，该家族成员较少，可能还有一些特别的成员有待发现。其中受正选择作用的是成员lamu_GLEAN_10005432，与拟南芥中96个家族成员构建进化树结果表明（图2-6-20），其与AT5G09330.1和AT5G64060.1亲缘关系较近。这两个成员都是假定蛋白，前者为包含NAC结构域的蛋白82（NAC082），具有与特殊DNA序列结合的转录因子活性，涉及多细胞生物发育和转录调控，在拟南芥中与NAC103（AT5G64060.1）亲缘关系最近。

将lamu_GLEAN_10005432在NCBI数据库进行比对构建进化树（图2-6-21），结果表明，辣木lamu_GLEAN_10005432与拟南芥中两个家族成员和大豆、可可及陆地棉中具有NAC结构域的蛋白差异性相对较大。推测其在自然进化中由于各方面的影响，进化水平相对较低，这可能是辣木没有像其他几种作物由于人类影响大规模迁移所造成。

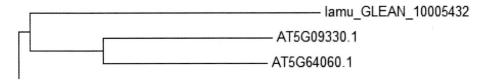

图2-6-20 lamu_GLEAN_10005432与拟南芥中NAC家族成员进化树（部分）

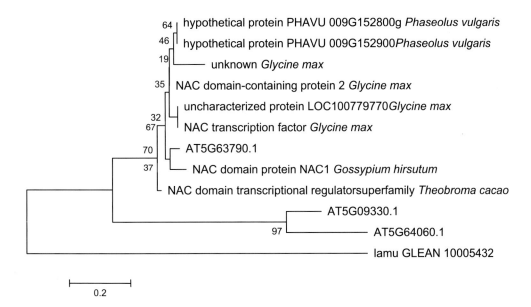

图2-6-21 lamu_GLEAN_10005432 blast结果进化树

图2-6-22 lamu_GLEAN_10005432结构域预测结果

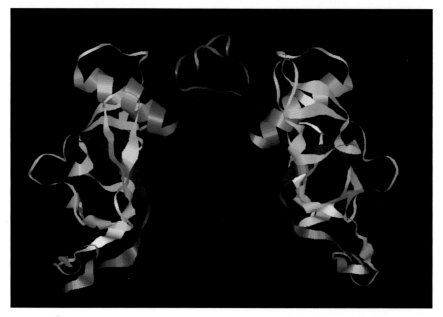

图2-6-23 lamu_GLEAN_10005432三维结构预测结果（aa1-aa146部分）

对lamu_GLEAN_10005432进行结构域预测，结果如图2-6-22，其具有一个典型NAC家族的NAM结构域（氨基酸起止位点为7～84）和两个低复杂度结构域。两个低复杂度结构域位于lamu_GLEAN_10005432末端，氨基酸起止位点分别为147～162（氨基酸序列GAVPGGPADPVAGGHV）和166～179（氨基酸序列AEALLKKAEEARRR）。通常地，NAC转录因子的C端具有高度的多样性，会频繁出现一些简单氨基酸的重复序列，是转录激活功能区。因此，这两个低复杂度区域对lamu_GLEAN_10005432调节功能具有重要作用。在氨基酸2～85位点，预测了一个PDB数据库中的结构域（E-value：5e-27），该结构域存在于一个DNA结合蛋白中，为胁迫应答转录因子NAC1，可能辣木中该蛋白具有更多特殊作用。

以水稻胁迫应答蛋白NAC1的保守区域结构为参照（SMTL id3ulx.1），预测了lamu_GLEAN_10005432蛋白三维结构（aa1-aa146）（图2-6-23）。图中为aa1-aa146部分两种不同的构型，推测该蛋白可能存在不同构型、构象变化从而引起活性变化。

6.6　WRKY转录因子家族

　　WRKY转录因子是近年来在植物中发现的新的转录调控因子，主要存在于高等植物中，在一些低等生物中包括低等藻类及原生动物中也有少量发现。因其N端含有由WRKYGQK 组成的保守氨基酸序列而得名。甘薯SPF1基因是第一个WRKY 转录因子，由Ishiguro 等于1994 年从白薯中得到，其基因产物特异地与甘薯Sporamin基因和

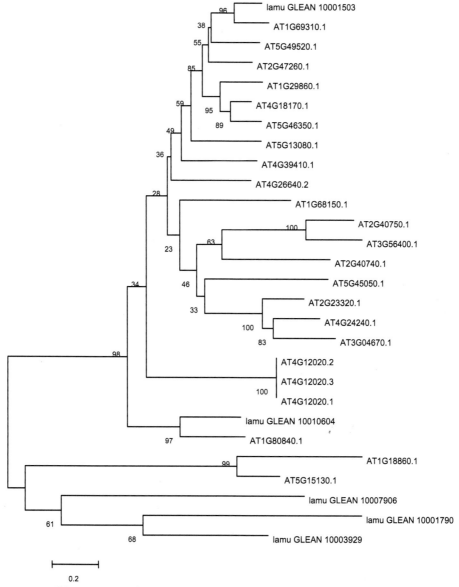

图2-6-24　辣木WRKY家族正选择成员与拟南芥家族成员进化树

β-淀粉酶基因启动子区域的SP8序列识别，从而参与并调控植物糖信号途径的建立。随着研究的深入，相继从烟草、拟南芥、水稻、坚果等植物中克隆到了更多WRKY转录因子。WRKY转录因子与植物的各种生命进程紧密相关，在植物抗逆、抗病、生长发育等方面均起着重要的调控作用（郝林，徐昕，2004；高国庆，储成才等，2005；郝中娜，陶荣祥，2006；沈怀舜，2007；张娟，2009；王磊，高晓清等，2011；黄佳玲，佟少明等，2012；许瑞瑞，张世忠等，2012；黄胜雄，刘永胜，2013；李成慧，蔡斌，2013；王晨，2013；张婷婷，田云等，2014）。

从辣木中总共鉴定出60个WRKY成转录因子家族成员，其中5个受正选择，分别为lamu_GLEAN_10001503、lamu_GLEAN_10001790、lamu_GLEAN_10003929、lamu_GLEAN_10007906、lamu_GLEAN_10010604，与拟南芥中26个家族成员比对分析表明（图2-6-24），lamu_GLEAN_10001503与AT1G69310.1同源性较近，lamu_GLEAN_10010604与AT1G80840.1较近，而其他3个成员位于同一枝下，与其他蛋白亲缘关系较远。

lamu_GLEAN_10001503结构域预测结果如图2-6-25，具有一个典型的WRKY结构域（起止氨基酸位点为167～226）和三个低复杂度结构域（起止氨基酸位点分别为71～86、94～130、260～274），预测结果中包含一个C2H2型锌指结构，E-value为220，由于阈值限制被忽略（氨基酸起止位点为188～229），由于WRKY家族一般WRKY结构域附近都具有一个锌指结构，可能由于辣木中该蛋白结构域与其他物种中结构域差异所造成。低复杂度结构域氨基酸序列依次为LAGNLSGSLLESSSGG、APSGPGGSSSSAAAADVSTSNPSVSSSSSEDPAEKST、PRESPPSIRHSSPIP。WRKY结构域由大约60个氨基酸组成，其N端有WRKYGQK7个氨基酸，紧邻1个锌指结构。WRKY结构域

图2-6-25 lamu_GLEAN_10001503结构域预测

图2-6-26 lamu_GLEAN_10001503三维结构（aa154-aa228部分）；右图为参考蛋白模型（SMTL id 2ayd.1）

属于植物中的转录因子超家族，可包含有1或2个WRKY结构域，涉及的生理活动包含病原防御、衰老、表皮毛发育和次生代谢产物合成。WRKY结构域特异性地结合DNA的W-box（含TTGACC/T序列）。W-box 是WRKY与DNA 特异结合的最小共有序列，其核心序列是TGAC，改变核心序列TGAC中的任意一个碱基，WRKY的识别能力迅速降低甚至失去（郝林，徐昕，2004）。

lamu_GLEAN_10001503三维结构预测如图2-6-26（aa154-aa228部分），该预测结果包含WRKY结构域，与参考模型比较，其上应该也具有一个锌离子结合位点，对蛋白活性具有重要作用。

lamu_GLEAN_10010604结构域预测结果如图2-6-27，具有三个结构域，依次为PP2Ac（起止位点为20～334）、coiled coil（卷曲螺旋，起止位点为452～493）、WRKY（起止位点为543～603）。PP2Ac为蛋白磷酸酶2A的同系物催化区域，在哺乳动物中丝氨酸/苏氨酸磷酸酶家族包含PP1、PP2A、PP2B和PP2C四个不同的家族成员。蛋白磷酸化在各种生化途径中导致酶的活化或抑制，是细胞功能调整中位于中心地位的角色，丝氨酸/苏氨酸磷酸酶催化磷酸苏氨酸和磷酸丝氨酸残基的脱磷酸化，在4个家族成员中，除了PP2C外，其余3个家族成员都与进化有关。这些蛋白的催化区域相对保守，突变速率很缓慢，因此，这个区域大的改变对生物体非常不利。PP2A是一个三聚体的酶，包含一个65KDa调节亚基、一个催化亚基和一个可变亚基。

同样的，一些低于阈值的结构域也存在，表2-6-4中列出了一些转录因子家族所具有的特征结构域。由于WRKY结构域附近有一个锌指结构域，根据各方面考虑，认为BRLZ（转录因子bZIP结构域）可信。同样，辣木该家族蛋白结构域可能与其他物种具有差异，进一步研究对揭示辣木特有性状具有重要意义。

表2-6-4　lamu_GLEAN_10010604超出阈值的结构域

结构域名称	开始位点	结束位点	E-value
Pfam Metallophos（复合磷酸酶中）	52	267	3.3e-29
ZnF_C3H1（锌指）	132	160	2430
TFIIE（转录起始因子）	382	520	151
PfamDUF342（细菌蛋白家族）	397	547	0.081
Pfam HALZ（亮氨酸拉链）	410	433	260
BRLZ（转录因子bZIP结构域）	424	480	61.2
HLH（螺旋-环-螺旋结构域）	462	503	268

★Pfam表明其来自该数据库

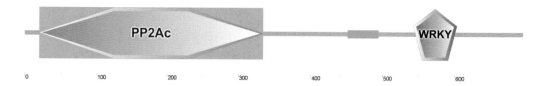

图2-6-27 lamu_GLEAN_10010604结构域预测结果

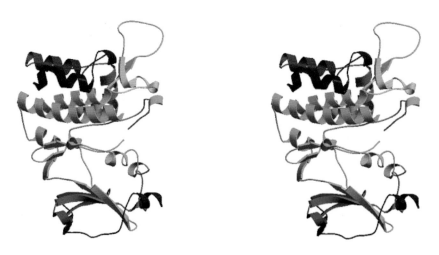

图2-6-28 左图为 lamu_GLEAN_10010604三维结构预测结果（aa306-aa596部分）；右图为lamu_GLEAN_10007906三维结构预测结构（部分序列片段结果）

图2-6-29 lamu_GLEAN_10001790结构域预测

图2-6-30 lamu_GLEAN_10003929结构域预测

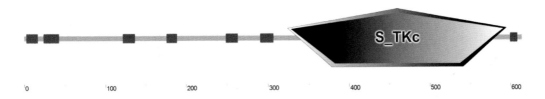

图2-6-31 lamu_GLEAN_10007906结构域预测

lamu_GLEAN_10010604三维结构预测（图2-6-28）（aa306-aa596部分）以钌络合物DW1的PAK1激酶结构域为参照（SMTL id3fy0.1）。预测结果中WRKY结构域由末尾的三个α螺旋组成，与lamu_GLEAN_10001503预测的由折叠片组成的该结构域不同。

lamu_GLEAN_10001790结构域预测结果如图2-6-29，没有发现典型的WRKY结构域，但是有一个S-TKc结构域（起止位点为81～359）。S-TKc结构域也是丝氨酸/苏氨酸蛋白激酶的催化区域。蛋白激酶能催化γ磷酸盐的转移，使其从ATP转移到蛋白底物侧链的一个或多个氨基酸残基上，结果使蛋白构象发生改变，从而导致功能的改变。磷蛋白磷酸酶催化该反应的可逆过程。蛋白激酶根据底物专一性分为三类：丝氨酸/苏氨酸蛋白激酶、酪氨酸蛋白激酶和双特异性蛋白激酶。这些蛋白激酶都有一些保守区域，在催化区域的N端靠近赖氨酸残基附近具有富含甘氨酸残基的区域，这些区域参与ATP结合。而在催化结构域中心具有一个对酶催化活性有重要作用的天冬氨酸残基。S-TKc结构域代表了在许多丝氨酸/苏氨酸蛋白激酶和双特异性蛋白激酶中发现的蛋白激酶催化结构域。

lamu_GLEAN_10003929结构域预测结果如图2-6-30，同样没发现WRKY结构域，只有一个S-TKc结构域（起止位点为55～317）。

lamu_GLEAN_10007906结构域预测结果如图2-6-31，发现一个S-TKc结构域（起止位点为324～595）和7个低复杂度结构域。

从蛋白三维结构预测结果可以看出，lamu_GLEAN_10010604与lamu_GLEAN_10007906（图2-6-28）部分序列结构比较类似，前者含有丝氨酸/苏氨酸磷酸酶家族PP2Ac结构域，后者具有丝氨酸/苏氨酸蛋白激酶S-TKc结构域，蛋白磷酸酶是具有催化已经磷酸化的蛋白质分子发生去磷酸化反应的一类酶分子，与蛋白激酶相对应存在，共同构成了磷酸化和去磷酸化这一重要的蛋白质活性的开关系统。因此可以推测在转录时，lamu_GLEAN_10007906可以特异性地反向去激活本来应该由结构相似的某些WRKY转录因子家族成员磷酸化作用的蛋白，即通过去磷酸化的作用激活蛋白，从而负调控植物应答机制。而lamu_GLEAN_10010604蛋白不仅含有WRKY结构域，还有一段很长的PP2Ac结构域，推测其功能并不仅仅与DNA结合而调控基因转录，可能调控某些转录因子、DNA解旋酶或聚合酶的磷酸化，进而对植物代谢活动进行调控。

从进化树可以看出lamu_GLEAN_10001790、lamu_GLEAN_10003929和lamu_GLEAN_10007906三个蛋白与拟南芥中WRKY转录因子家族无同源蛋白，三个蛋白的结构域预测也没有发现WRKY结构域，都具有丝氨酸/苏氨酸蛋白激酶（S-TKc）结构域，可以确定这三个成员不属于WRKY家族。

Moringa oleifera Lam.

热激蛋白

生物体在高温、盐渍、干旱、饥饿和重金属离子等环境胁迫下会诱导合成的一类应激蛋白——热激蛋白（heat shock protein，HSP）。在逆境条件下，热激蛋白作为分子伴侣促进其他蛋白的重新折叠、稳定、组装、胞内运输和降解，对受损蛋白的修复和细胞的存活都有作用。根据分子量大小，植物热激蛋白家族通常分为五大类：HSP100、HSP90、HSP70、HSP60、HSP40和小分子量的热激蛋白（small heat shock protein，sHSP）。

以拟南芥数据库中热激蛋白序列为参考（http://pdslab.biochem.iisc.ernet.in/hspir/chaperone.php）（R, N et al., 2012），在辣木中共鉴定出133个热激蛋白，根据功能性质和分子质量，其被分别归入到HSP100、HSP90、HSP70、HSP60、HSP40和sHSP 六个家族中，详见表2-7-1。

为进一步研究辣木中热激蛋白的特异性，挑选出与番木瓜具有直系同源性的34个基因与其进行比较分析ka/ks值，结果表明，辣木HSP基因ka/ks平均值高于番木瓜，推测这些基因在辣木的热耐受性具有重要作用。为此，挑选出辣木中ka/ks>1的HSP基因来进一步研究，以期发现更多的辣木在耐热机制方面的分子基础。

从与番木瓜具有直系同源性的34个HSP基因中筛选出5个基因ka/ks>1，ID分别为lamu_GLEAN_10001835、lamu_GLEAN_10003828、lamu_GLEAN_10008141（含N）、 lamu_GLEAN_10009168和lamu_GLEAN_10010532。其中lamu_GLEAN_10003828和lamu_GLEAN_10010532属于HSP100蛋白，其余3个为HSP40蛋白。

表2-7-1　辣木中HSP蛋白统计表

Class	number	Gene ids
hsp100	9	lamu_GLEAN_10002831；lamu_GLEAN_10003828；lamu_GLEAN_10004405；
		lamu_GLEAN_10005337；lamu_GLEAN_10006660；lamu_GLEAN_10008628；
		lamu_GLEAN_10010429；lamu_GLEAN_10010532；lamu_GLEAN_10010612；
hsp40	52	lamu_GLEAN_10000680；lamu_GLEAN_10000763；lamu_GLEAN_10000830；
		lamu_GLEAN_10000963；lamu_GLEAN_10001100；lamu_GLEAN_10001170；
		lamu_GLEAN_10001355；lamu_GLEAN_10001835；lamu_GLEAN_10001913；
		lamu_GLEAN_10002070；lamu_GLEAN_10002101；lamu_GLEAN_10002267；
		lamu_GLEAN_10002421；lamu_GLEAN_10002824；lamu_GLEAN_10003037；
		lamu_GLEAN_10003492；lamu_GLEAN_10004375；lamu_GLEAN_10004468；
		lamu_GLEAN_10004529；lamu_GLEAN_10005016；lamu_GLEAN_10005821；
		lamu_GLEAN_10006454；lamu_GLEAN_10006725；lamu_GLEAN_10007128；
		lamu_GLEAN_10007129；lamu_GLEAN_10007199；lamu_GLEAN_10007373；
		lamu_GLEAN_10007442；lamu_GLEAN_10007523；lamu_GLEAN_10007637；
		lamu_GLEAN_10007670；lamu_GLEAN_10007802；lamu_GLEAN_10007824；
		lamu_GLEAN_10007923；lamu_GLEAN_10007942；lamu_GLEAN_10008111；
		lamu_GLEAN_10008141；lamu_GLEAN_10008346；lamu_GLEAN_10008449；

续表2-7-1

Class	number	Gene ids
		lamu_GLEAN_10008508；lamu_GLEAN_10008608；lamu_GLEAN_10008737；
		lamu_GLEAN_10008878；lamu_GLEAN_10009168；lamu_GLEAN_10009280；
		lamu_GLEAN_10009293；lamu_GLEAN_10009523；lamu_GLEAN_10009562；
		lamu_GLEAN_10009912；lamu_GLEAN_10010253；lamu_GLEAN_10010683；
		lamu_GLEAN_10011027；
hsp60	17	lamu_GLEAN_10002316；lamu_GLEAN_10002742；lamu_GLEAN_10002746；
		lamu_GLEAN_10002747；lamu_GLEAN_10004891；lamu_GLEAN_10005817；
		lamu_GLEAN_10005835；lamu_GLEAN_10006047；lamu_GLEAN_10006115；
		lamu_GLEAN_10006543；lamu_GLEAN_10006795；lamu_GLEAN_10008276；
		lamu_GLEAN_10009739；lamu_GLEAN_10010818；lamu_GLEAN_10010830；
		lamu_GLEAN_10010904；lamu_GLEAN_10011355；
hsp70	25	lamu_GLEAN_10000833；lamu_GLEAN_10002280；lamu_GLEAN_10002388；
		lamu_GLEAN_10002770；lamu_GLEAN_10004341；lamu_GLEAN_10004473；
		lamu_GLEAN_10005184；lamu_GLEAN_10005189；lamu_GLEAN_10005594；
		lamu_GLEAN_10005836；lamu_GLEAN_10006085；lamu_GLEAN_10006324；
		lamu_GLEAN_10006758；lamu_GLEAN_10007469；lamu_GLEAN_10007635；
		lamu_GLEAN_10007688；lamu_GLEAN_10007890；lamu_GLEAN_10008249；
		lamu_GLEAN_10008250；lamu_GLEAN_10009378；lamu_GLEAN_10009415；
		lamu_GLEAN_10009707；lamu_GLEAN_10009964；lamu_GLEAN_10010909；
		lamu_GLEAN_10011322；

续表2-7-1

Class	number	Gene ids
hsp90	3	lamu_GLEAN_10004958；lamu_GLEAN_10006093；lamu_GLEAN_10008341；
shsp	27	lamu_GLEAN_10000163；lamu_GLEAN_10000277；lamu_GLEAN_10000978；
		lamu_GLEAN_10001418；lamu_GLEAN_10001937；lamu_GLEAN_10003443；
		lamu_GLEAN_10003786；lamu_GLEAN_10004403；lamu_GLEAN_10004618；
		lamu_GLEAN_10005278；lamu_GLEAN_10006258；lamu_GLEAN_10006702；
		lamu_GLEAN_10006704；lamu_GLEAN_10007406；lamu_GLEAN_10007419；
		lamu_GLEAN_10007421；lamu_GLEAN_10008013；lamu_GLEAN_10008188；
		lamu_GLEAN_10008189；lamu_GLEAN_10008190；lamu_GLEAN_10008732；
		lamu_GLEAN_10009757；lamu_GLEAN_10010149；lamu_GLEAN_10010350；
		lamu_GLEAN_10010783；lamu_GLEAN_10010784；lamu_GLEAN_10011133；

7.1 HSP100

Clp/HSP100分子伴侣是依赖于ATP的蛋白解聚机器，是细胞内蛋白质量控制体系不可或缺的成员，属于AAA+超家族的成员。这一家族包括了各种酶类，它们作用于大分子底物，催化蛋白的转运、解螺旋、解聚和解折叠等过程。根据功能不同，其可以分为两个亚家族：ClpB/HSP104亚家族具有特异的蛋白解聚活性，与具备蛋白重折叠活性的DnaK/HSP70分子伴侣系统相协作将蛋白从聚集体中分离出来并溶解；ClpA亚家族的成员，包括ClpA、ClpC、ClpX和HslU（ClpY），具有蛋白解折叠活性，主要与自我区隔蛋白酶，例如ClpP和HslV（ClpQ）相协作，催化依赖于ATP的蛋白水解作用（秦佳，2007）。

ClpX和HslU仅有一个AAA模块，而ClpA和ClpB都有两个串联的AAA模块。近N

端的AAA模块被称为核苷酸结合结构域1（NBD1），近C末端的模块，在序列上的分化程度较大，被称为NBD2。在Clp/HSP100蛋白家族的各成员中，虽然AAA模块各有不同，但N和C末端结构域是相当保守的。HslU和ClpB还包含一个特殊的中间结构域，插入了AAA模块上不同区域。近C端的结构域中还可能包含一些较小的结构基序，例如ClpA和ClpX中的ClpP loop，它协助了这些蛋白与功能性协作蛋白的互作。

在辣木中共鉴定出9个HSP100蛋白成员，将其与HSPIR数据库中拟南芥HSP100成员进行了比对，并构建进化树（图2-7-1）。从图2-7-1中可以看出，lamu_

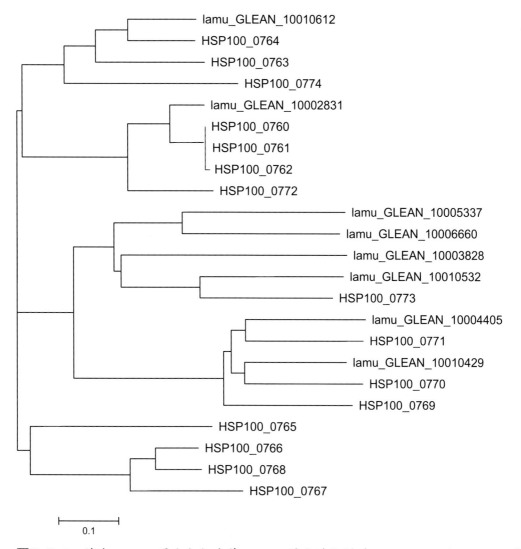

图2-7-1 辣木HSP100蛋白与拟南芥HSP100蛋白进化树（lamu_GLEAN_10008628由于序列中包含N，此处不再进行分析）

GLEAN_10010612与HSP100_0764同源性较近，结构域分析结果也支持这一结论（图2-7-2），HSP100_0764 N端为一段信号肽，而lamu_GLEAN_10010612没有，但是包含两个AAA结构域，中间具有一个卷曲螺旋结构域和一个低复杂度结构域，而在第一个AAA结构域（即NBD1）的N端上游具有两个Clp-N结构域，在细菌和真核生物中ClpA和ClpB中都发现该结构域位于氨基末端，并且具有一个或两个重复，这个结构域的功能目前并不清楚，但是推测其可能是蛋白结合位点。在第二个AAA结构域（NBD2）下游，具有一个小ClpB-D2结构域，是ClpB蛋白C末端的小D2结构域，与α-β结构复合，与包含于AAA结构域中的小D1结构域相比，虽然它缺乏长卷曲螺旋插入，但是用包含β折叠片（e3）的C4螺旋所代替。小D2结构域对寡聚化是必不可少的，其与邻近大D2结构域亚基形成紧密的结构，从而为装配的稳定提供足够的键能。此外，跟AAA和AAA-2一样，该结构域与N末端的两个Clp-N也具有关联。

ATP酶AAA+超家族蛋白具有一个核心区域，叫作AAA+模块，是一个包含250个氨基酸的ATP酶结构域的中心，可以分为两个亚结构：一个N末端的P-loop NTP酶α-β-α亚域和与其相关的一个较小的C末端α亚域。ATP结合在这两个亚结构域之间的具有催化水解作用的氨基酸残基上（WalkerA和B基序），以及一个或多个能够对核苷酸状态发生响应的位点。C末端α亚域不及AAA+蛋白保守。

lamu_GLEAN_10002831结构域预测结果表明，其与lamu_GLEAN_10010612结构域相似，只是少了两个AAA结构域之间和Clp-N结构域前端具有的低复杂度结构域，但是在C末端发现一个（图2-7-3）。

lamu_GLEAN_10004405结构域如图2-7-4，包含一个AAA结构域、一个小ClpB-D2结构域和4个低复杂度结构域，并且N端是一段信号肽，氨基酸起止位点为1~27，序列MSGIGMWRWRRVKDVPLLTSLARSVLP。同样地，其与同源性较近的拟南芥HSP100_0771蛋白具有相同构型，但是辣木该蛋白信号肽包含44个氨基酸，属于ClpX家族成员。

lamu_GLEAN_10010429结构域预测结果如图2-7-5，包含一个AAA结构域和一个小ClpB-D2结构域。而同源性较近的拟南芥HSP100_0770蛋白具有信号肽。

lamu_GLEAN_10005337和lamu_GLEAN_10006660亲缘关系很近，结构域预测结果（图2-7-6）表明这两个蛋白同属HSP100家族，与分枝上的HSP100_0773蛋白结构域相似，只有一个NBD2结构域。辣木中这两个蛋白都包含一个AAA-2结构域和几个低复杂度结构域。虽然AAA-2结构域的作用跟前述的AAA结构域不太相同，但是其在蛋白装配和分解方面具有与分子伴侣相似的功能。

在图2-7-1的进化树中，通过与番木瓜比较ka/ks值并选择出ka/ks>1的两个辣木HSP100家族成员lamu_GLEAN_10003828和lamu_GLEAN_10010532，这两个蛋白跟拟

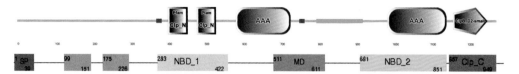

图2-7-2 上图为lamu_GLEAN_10010612结构域预测结果，下图为HSP100_0764结构域

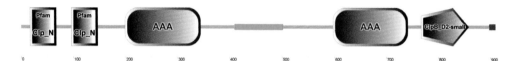

图2-7-3 lamu_GLEAN_10002831结构域

图2-7-4 lamu_GLEAN_10004405结构域

图2-7-5 lamu_GLEAN_10010429结构域

图2-7-6 lamu_GLEAN_10005337和lamu_GLEAN_10006660结构域

图2-7-7 HSP100_0773结构域

Clp_N
Clp_N
0
100
200
300
400
500
600
700
800
900
1000

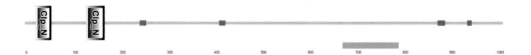

图2-7-8 lamu_GLEAN_10003828结构域

BLAST
0
100
200
300
400
500
600
700
800
900

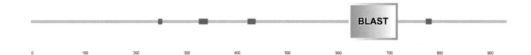

图2-7-9 lamu_GLEAN_10010532结构域

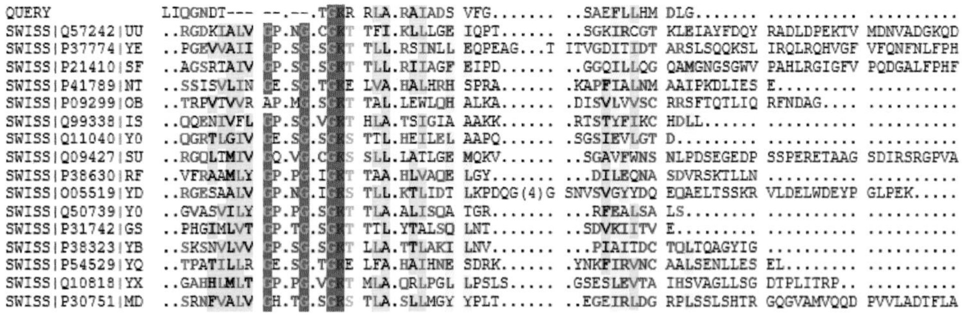

QUERY LIQGNDT--- --.--.TGKR RLA.RAIADS VFG....... ..SAEFLLHM DLG....... ....
SWISS|Q57242|UU ..RGDKIALV GP.NG.CGKT TFI.KLLLGE IQPT...... ..SGKIRCGT KLEIAYFDQY RADLDPEKTV MDNVADGKQD
SWISS|P37774|YE ..PGEVVAII GP.SG.SGKT TLL.RSINLL EQPEAG...T ITVGDITIDT ARSLSQQKSL IRQLRQHVGF VFQNFNLFPH
SWISS|P21410|SF ..AGSRTAIV GP.SG.SGKT TLL.RIIAGF EIPD...... ..GGQILLQG QAMGNGSGWV PAHLRGIGFV PQDGALFPHF
SWISS|P41789|NT ..SSISVLIN GE.SG.TGKE LVA.HALHRH SPRA...... .KAPFIALNM AAIPKDLIES E......... ....
SWISS|P09299|OB ..TRPVTVVR AP.MG.SGKT TAL.LEWLQH ALKA...... .DISVLVVSC RRSFTQTLIQ RFNDAG.... ....
SWISS|Q99338|IS ..QQENIVFL GP.SG.VGKT HLA.TSIGIA AAKK...... .RTSTYFIKC HDLL...... ....
SWISS|Q11040|YO ..QGRTLGIV GE.SG.SGKS TTL.HEILEL AAPQ...... .SGSIEVLGT D......... ....
SWISS|Q09427|SU ..RGQLTMIV GQ.VG.CGKS SLL.LATLGE MQKV...... ..SGAVFWNS NLPDSEGEDP SSPERETAAG SDIRSRGPVA
SWISS|P38630|RF ..VFRAAMLY GP.PG.IGKT TAA.HLVAQE LGY....... ...DILEQNA SDVRSKTLLN ....
SWISS|O05519|YD ..RGESAALV GP.NG.IGKS TLL.KTLIDT LKPDQG(4)G SNVSVGYYDQ EQAELTSSKR VLDELWDEYP GLPEK.....
SWISS|Q50739|YO ..GVASVILY GP.PG.SGKT TLA.ALISQA TGR....... ...RFEALSA LS........ ....
SWISS|P31742|GS ..PHGIMLVT GP.TG.SGKT TTL.YTALSQ LNT....... ..SDVKIITV E......... ....
SWISS|P38323|YB ..SKSNVLVV GP.SG.SGKT LLA.TTLAKI LNV....... ...PIAITDC TQLTQAGYIG ....
SWISS|P54529|YQ ..TPATILLR GE.SG.TGKE LFA.HAIHNE SDRK...... .YNKFIRVNC AALSENLLES EL........ ....
SWISS|Q10818|YX ..GAHHLMLT GP.PG.VGKT MLA.QRLPGL LPSLS..... .GSESLEVTA IHSVAGLLSG DTPLITRP.. ....
SWISS|P30751|MD ..SRNFVALV GH.TG.SGKS TLA.SLLMGY YPLT...... ..EGEIRLDG RPLSSLSHTR GQGVAMVQQD PVVLADTFLA

图2-7-10 lamu_GLEAN_10003828在SWISS数据库中比对结果

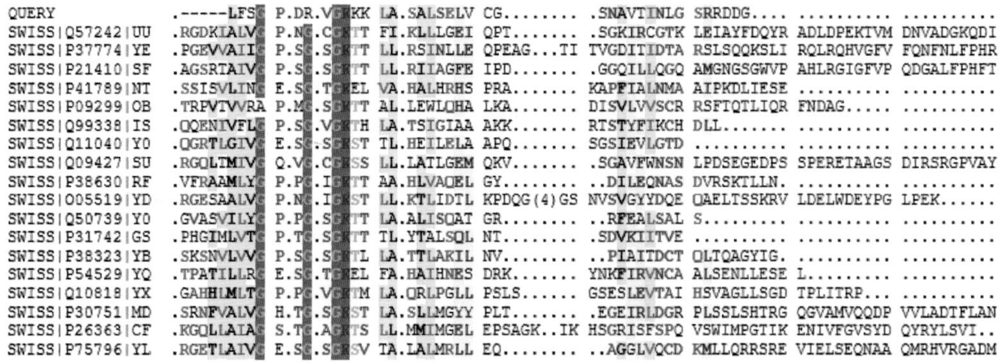

QUERY .-----LFSG P.DR.VGKKK LA.SALSELV CG........ .SNAVTINLG SRRDDG.... ....
SWISS|Q57242|UU .RGDKIALVG P.NG.CGKTT FI.KLLLGEI QPT....... .SGKIRCGTK LEIAYFDQYR ADLDPEKTVM DNVADGKQDI
SWISS|P37774|YE .PGEVVAIIG P.SG.SGKTT LL.RSINLLE QPEAG...TI TVGDITIDTA RSLSQQKSLI RQLRQHVGFV FQNFNLFPHR
SWISS|P21410|SF .AGSRTAIVG P.SG.SGKTT LL.RIIAGFE IPD....... .GGQILLQGQ AMGNGSGWVP AHLRGIGFVP QDGALFPHFT
SWISS|P41789|NT .SSISVLING E.SG.TGKEL VA.HALHRHS PRA....... KAPFIALNMA AIPKDLIESE ....
SWISS|P09299|OB .TRPVTVVRA P.MG.SGKTT AL.LEWLQHA LKA....... DISVLVVSCR RSFTQTLIQR FNDAG..... ....
SWISS|Q99338|IS .QQENIVFLG P.SG.VGKTH LA.TSIGIAA AKK....... RTSTYFIKCH DLL....... ....
SWISS|Q11040|YO .QGRTLGIVG E.SG.SGKST TL.HEILELA APQ....... SGSIEVLGTD ....
SWISS|Q09427|SU .RGQLTMIVG Q.VG.CGKSS LL.LATLGEM QKV....... .SGAVFWNSN LPDSEGEDPS SPERETAAGS DIRSRGPVAY
SWISS|P38630|RF .VFRAAMLYG P.PG.IGKTT AA.HLVAQEL GY........ ..DILEQNAS DVRSKTLLN. ....
SWISS|O05519|YD .RGESAALVG P.NG.IGKST LL.KTLIDTL KPDQG(4)GS NVSVGYYDQE QAELTSSKRV LDELWDEYPG LPEK......
SWISS|Q50739|YO .GVASVILYG P.PG.SGKTT LA.ALISQAT GR........ ..RFEALSAL S......... ....
SWISS|P31742|GS .PHGIMLVTG P.TG.SGKTT TL.YTALSQL NT........ .SDVKIITVE ....
SWISS|P38323|YB .SKSNVLVVG P.SG.SGKTL LA.TTLAKIL NV........ ..PIAITDCT QLTQAGYIG. ....
SWISS|P54529|YQ .TPATILLRG E.SG.TGKEL FA.HAIHNES DRK....... YNKFIRVNCA ALSENLLESE L......... ....
SWISS|Q10818|YX .GAHHLMLTG P.PG.VGKTM LA.QRLPGLL PSLS...... GSESLEVTAI HSVAGLLSGD TPLITRP... ....
SWISS|P30751|MD .SRNFVALVG H.TG.SGKST LA.SLLMGYY PLT....... .EGEIRLDGR PLSSLSHTRG QGVAMVQQDP VVLADTFLAN
SWISS|P26363|CF .KGQLLAIAG S.TG.AGKTS LL.MMIMGEL EPSAGK..IK HSGRISFSPQ VSWIMPGTIK ENIVFGVSYD QYRYLSVI..
SWISS|P75796|YL .RGETLAIVG E.SG.SGKSV TA.LALMRLL EQ........ ..AGGLVQCD KMLLQRRSRE VIELSEQNAA QMRHVRGADM

图2-7-11 lamu_GLEAN_10010532在SWISS数据库中比对结果

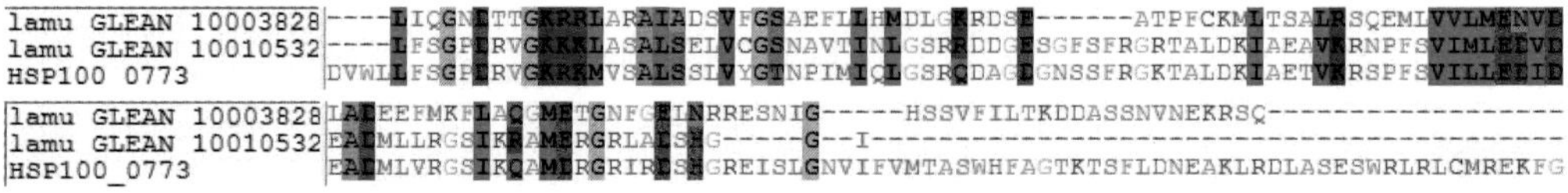

lamu GLEAN 10003828 ----LIQGNDTTGKRRLARAIADSVFGSAEFLLHMDLGKRDSE-------ATPFCKMLTSALRSQEMLVVLMENVD
lamu GLEAN 10010532 ----LFSGPLRVGKKKLASALSELVCGSNAVTINLGSRRDDGESGFSFRGRTALDKIAEAVKRNPFSVIMLEEVD
HSP100 0773 DVWILFSGPTRVGKRKMVSALSSLVYGTNPIMIQLGSRQDAGDGNSSFRGKTALDKIAETVKRSPFSVILLEEID
lamu GLEAN 10003828 LAEEEFMKFLACGMETGNFGRINRRESNIG-----HSSVFILTKDDASSNVNEKRSQ------------------
lamu GLEAN 10010532 LAEMLLRGSIKRAMERGRLALSHG-----G--I---
HSP100_0773 EAEMLVRGSIKQAMERGRIRLSHGREISLGNVIFVMTASWHFAGTKTSFLDNEAKLRDLASESWRLRLCMREKFG

图2-7-12 lamu_GLEAN_10003828、lamu_GLEAN_10010532、HSP100_0773中AAA-2结构域氨基酸比对结果

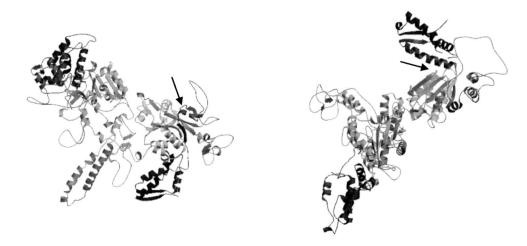

图2-7-13 左图为lamu_GLEAN_10003828三维结构预测结果；右图为lamu_GLEAN_10010532三维结构预测结果

南芥HSP100_0773蛋白位于同一枝，但是lamu_GLEAN_10010532与HSP100_0773蛋白同源性更近。图2-7-9为lamu_GLEAN_10010532蛋白结构域，图中Blast模块为AAA结构域，E-value为4e-8，氨基酸起止位点为626～723，与SWISS数据库其他蛋白中相同结构域比对，结果表明其差异较大（图2-7-11）。

lamu_GLEAN_10003828结构域预测结果如图2-7-8。N末端具有两个Clp-N结构域，在蓝条带表示区域（氨基酸起止位点为674～791）是一个通过Blast得到的AAA结构域，E-value为3.00e-4，其结构域序列在SWISS中比对结果如图2-7-10，可以看出其氨基酸有一段缺失。图2-7-12同样表明了这两个蛋白在保守的AAA-2结构域序列上差异也较大。

通过与番木瓜比较并挑选出的ka/ks>1的两个辣木HSP100家族成员，发现保守性最高的AAA结构域与其他物种相比差异较大。推测辣木在进化中，由于生长环境的自然选择，要求适应更高的温度，在参与对蛋白的转运、解螺旋、解聚和解折叠等过程中不断进化，以适应生存环境的变化。

为进一步解析这两个蛋白信息，对其进行了三维结构预测，都以ClpB蛋白结构为参考（SMTL id1qvr.1）。由图2-7-13可以看出，两个蛋白在空间结构上差异不明显。通过与AAA结构域对比分析，其AAA结构域位于图中箭头标注处。

7.2 HSP40

分子伴侣HSP40是一种以二聚体的形式调控非天然多肽折叠的热激蛋白，在原核细胞和真核细胞中广泛存在，它作为HSP70的辅助伴侣可以与HSP70共同参与多种重要的生命活动，如非天然多肽的折叠、多聚体的组装、细胞器蛋白的转运及错误折叠蛋白的降解等（王浩，徐利楠等，2013）。

DnaJ最初在大肠埃希氏杆菌中被发现，在真核生物中称为HSP40，是DnaK/HspT0亚类的辅助因子，主要调节Hsp70的ATP酶活性，从而使得HSP70构象发生改变，最终使得HSP70结合的底物多肽发生折叠。根据同源性序列分析可以发现DnaJ分子中的4个保守区域：J结构域、甘氨酸/苯丙氨酸（G/F）富含结构域、锌指样结构域（半胱氨酸富含重复序列）、保守的C末端（图2-7-14）。J功能域又根据其螺旋可分为4个保守的亚结构：螺旋Ⅰ、Ⅱ、Ⅲ、Ⅳ。其中位于螺旋Ⅱ和Ⅲ之间HPD形成的三肽对于DnaJ的分子伴侣功能是必须的（韩超峰，2005；Stark, Mehla et al., 2014）。根据4个结构域，将DnaJ分子划分为4个亚类：Ⅰ型（A型）含有J结构域、甘氨酸/苯丙氨酸（G/F）富含结构域、锌指样结构域（半胱氨酸富含重复序列）；Ⅱ型（B型）包含J结构域和G/F富含结构域，但是缺省锌指样结构域；Ⅲ型（c型）只包含J结构域；Ⅳ型是最新发现的一组蛋白，其初级序列中缺乏HPD，但是其中含有几个保守的DKE（图2-7-15）。

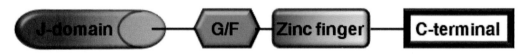

图2-7-14 HSP40结构域示意图（引自HSPIR）

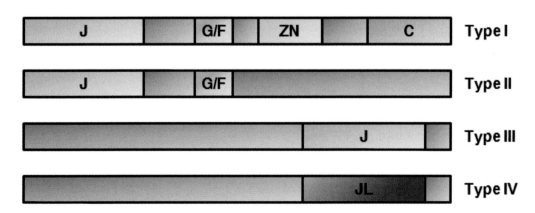

图2-7-15 HSP40各亚类结构（引自HSPIR）

在辣木中共鉴定出52个HSP40家族成员，是辣木中HSP家族最多的一个家族。通过筛选与番木瓜具有同源性的HSP蛋白基因进行KA/KS分析后，挑选了ka/ks>1的三个HSP40家族成员，由于基因组拼接后lamu_GLEAN_10008141含有多个N，此处不再进行分析，仅对其他两个成员Nlamu_GLEAN_10001835和lamu_GLEAN_10009168进行分析。

通过与HSPIR数据库中拟南芥HSP40家族成员比对分析，发现lamu_GLEAN_10009168与HSP40_1921同源性较高，而lamu_GLEAN_10001835与HSP40_1919、HSP40_1922、HSP40_1923有一定差异（图2-7-16）。

lamu_GLEAN_10001835结构域预测结果如图2-7-17。N端具有一个DnaJ结构域（氨基酸起止位点为1~64），C端具有一个跨膜的螺旋结构域（氨基酸起止位点为116~138），中间有一个低复杂度结构域。DnaJ是分子伴侣HSP40家族成员，也叫J蛋白家族，能调节HSP70的活性。DnaJ（HSP40）结合到DnaK（HSP70）并刺激ATP酶活性，生成DnaK束缚态ADP，与多肽底物稳定地作用。

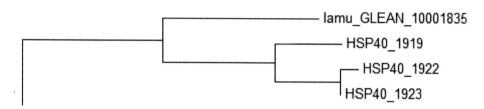

图2-7-16 辣木lamu_GLEAN_10001835与拟南芥HSP40家族成员进化树（部分）

图2-7-17 lamu_GLEAN_10001835结构域预测

lamu_GLEAN_10001835三维结构预测结果如图2-7-18（aa1-aa76部分），以DnaJ同源蛋白亚族B成员8的J结构域为参考（SMTL id2 dmx.1）。

lamu_GLEAN_10009168结构域预测结果如图2-7-19，包含一个典型的DnaJ结构域（氨基酸起止位点为361~420），在N端为一个信号肽，包含MDSVAWRGAVYTV

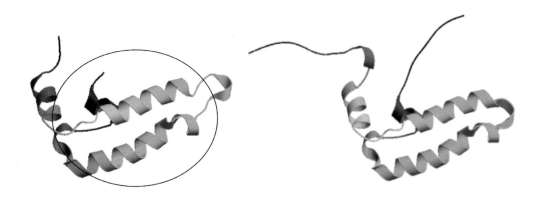

图2-7-18 左图为lamu_GLEAN_10001835三维结构预测结果（aa1—aa76部分）；右图为参考，图中圆圈所示为DnaJ结构域

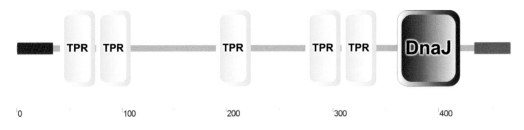

图2-7-19 lamu_GLEAN_10009168结构域预测结果

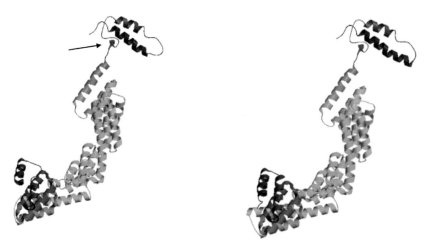

图2-7-20 左图为lamu_GLEAN_10009168三维结构预测结果（aa10—aa421部分序列）；右图为参考，图中箭头所示两个α螺旋部分为DnaJ结构域

FILHFVCACQLLLLQPLVSA 33个氨基酸，在C端为一段低复杂度区域，信号肽与DnaJ之间为5个TPR结构域。在表2-7-2列出而图2-7-19中没有显示的结构域或其同源序列，但是还有大量的Pfam TPR结构域没有被统计。TPR是广泛存在于蛋白中的结构基序，调节蛋白与蛋白相互作用和多蛋白复合物的装配，包含3～16个由34个氨基酸残基组成的串联重复序列，每个重复通过"knobs and holes"途径自我联系。TPR结构域序列比对揭示其共有序列由小的和大的氨基酸模式所决定，涉及各种生物活动，像细胞周期控制、转录调控、线粒体和过氧化物酶病蛋白运输、神经发育和蛋白折叠。蛋白磷酸酶5中一个包含3个TPRs的结构域结构显示，TPR是螺旋-转角-螺旋结构，跟邻近的TPR基序平行的包裹，导致一个重复的反向平行的α螺旋成螺旋形。此外，由于该蛋白属于HSP40蛋白家族成员并且含有多个TPR，推测在蛋白跨膜组装、折叠、运输都具有重要作用，是辣木进化中形成的具有更复杂调控蛋白形成功能的分子伴侣。

lamu_GLEAN_10009168三维结构预测结果如图2-7-20（aa10-aa421部分序列），以人CO-分子伴侣P58lpk蛋白为参考（SMTL id2y4t.3），由图可以看出，两者结构非常相似。图中lamu_GLEAN_10009168由多个α螺旋构成，两个α螺旋之间形成其螺旋-转角-螺旋结构，与TPR是螺旋-转角-螺旋结构，跟邻近的TPR基序平行的包裹，导致一个重复的反向平行的α螺旋成螺旋形的结论一致。并且，与图2-7-18比较，DnaJ结构域主要由两个α螺旋组成。

通过结构域分析，推测该蛋白N端信号肽接收信号，通过多次跨膜结构，DnaJ结构域与HSP70作用，从而介导体内蛋白活动。

表2-7-2　lamu_GLEAN_10009168中预测的结构域（图2-7-19中没有显示的）

名称	序列	起始位点	结束位点	E-value
PDB结构域 2Y4UIA	2y4u	35	427	1e-47
SCOP d1ld8a结构域	d1ld8a_	40	341	1e-24
SCOP d1gh6a结构域	d1gh6a_	358	464	4e-26
跨膜区域		5	27	N/A
Pfam TPR-11		39	106	1.6e-7
PfamBTAD		233	357	0.000017
Pfam DnaJ		362	425	1.4e-26

油菜素类固醇信号转导途径

油菜素类固醇（Brassinosteroids，BRs）是一种结构类似于昆虫和动物类固醇的植物生长激素。它在细胞信号传导中发挥了关键的作用。BRs在植物体内以纳摩的浓度存在，调控植物的生长和发育。BBRs在调节细胞增殖、形态建成、顶端优势、叶与叶绿体衰老、基因表达中起关键作用。细胞内BR生物合成或信号转导缺陷往往导致细胞增殖异常，从而引起典型的矮化表型（范玉琴，2007）。

油菜素类固醇信号转导途径主要是在感知BRs后，BRI1通过包括基因表达变化和涉及V-ATPase的快速生长诱导反应的磷酸化级联放大作用传递信号。在BRs缺乏或浓度较低时，BKI1与BRI1同源二聚体相互作用，抑制BRI1与BAK1的相互作用。而负调节子BIN2被激活，使BES1和BZR1磷酸化，BZR1因磷酸化而被降解并失去对BR合成基因表达的抑制，而BES1因磷酸化而抑制BR诱导基因的表达，从而抑制BR信号转导。相反，当有BRs或BRs浓度较高时，BRI1与BKI1分离，并与BAK1相互作用，激活受体激酶，钝化BIN2，引起去磷酸化的BES1和BZR1增加并在核内累积，从而完成其信号转导。BIN3和BIN5具有激活油菜素类固醇应答基因表达的作用（范玉琴，2007；王婷婷，2008）（图2-8-1）。

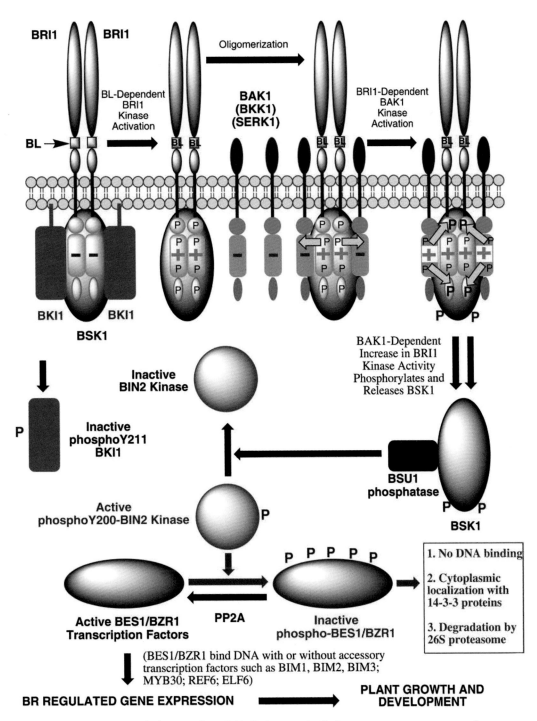

图2-8-1 油菜素类固醇信号转导途径示意图（Steven D.Clouse，2011）

在辣木中鉴定出了与油菜素类固醇信号转导途径相关的基因（表2-8-1），但是没有发现BKI1、BES1和BIN3三种蛋白，其中，BKI1（BRI1 kinase inhibitor 1）是一类质膜相关蛋白，它与BRI1的胞内激酶区直接作用来负调控BRs的信号传导。当不存在BRs时，BRI1的活性受到BKI1的抑制。BZR1和BZR2/BES1编码同源性达89%的蛋白质，并且都是BIN2的底物。离体研究表明，BIN2不仅能与BES1/BZR1相互作用，也能够磷酸化BES1/BZR1。BES1和BZR1经BR处理后，该蛋白质在细胞核中累积。在缺乏BRs的情况下，这两个基因的相同区域发生突变，能够稳定相应的蛋白质并增加其在核内的累积。BZR1和BES1虽然没有明显的DNA结合区域，但均参与BL介导的基因的调节作用。BIN3（Brassinosteroid insensitive 3）与BIN5都介导油菜素类固醇响应基因表达的核内复制（王婷婷，2008）。由此可以推测，在辣木进化过程中并没有进化出BZR1和BIN5的同源蛋白BES1和BIN3，其途径可能较其他物种简单，并且该途径中重要的BRI1抑制物BKI1也找不到相应的编码序列，可能是由于测序问题所导致，也可能是辣木中油菜素类固醇信号转导途径具有特殊性，对辣木生长迅速具有重要意义。

表2-8-1　辣木中油菜素类固醇信号转导途径相关的基因

名称	数量	基因ID
BRI1	7	lamu_GLEAN_10002558；lamu_GLEAN_10003429；lamu_GLEAN_10004345；lamu_GLEAN_10004554；lamu_GLEAN_10006468；lamu_GLEAN_10009056；lamu_GLEAN_10011234；
BKI1		
BAK1	29	lamu_GLEAN_10003335；lamu_GLEAN_10008824；lamu_GLEAN_10009673；lamu_GLEAN_10010546；lamu_GLEAN_10002358；lamu_GLEAN_10006588；lamu_GLEAN_10007080；lamu_GLEAN_10009582；lamu_GLEAN_10002175；lamu_GLEAN_10002718；lamu_GLEAN_10002978；lamu_GLEAN_10003728；lamu_GLEAN_10006123；lamu_GLEAN_10006589；lamu_GLEAN_10009541；lamu_GLEAN_10009656；lamu_GLEAN_10010204；lamu_GLEAN_10010251；lamu_GLEAN_10011323；lamu_GLEAN_10011339；lamu_GLEAN_10001050；lamu_GLEAN_10000490；lamu_GLEAN_10001402；lamu_GLEAN_10003218；lamu_GLEAN_10003655；lamu_GLEAN_10005687；lamu_GLEAN_10007250；lamu_GLEAN_10008802；lamu_GLEAN_10011373；
BIN2	5	lamu_GLEAN_10007777；lamu_GLEAN_10011162；lamu_GLEAN_10003258；lamu_GLEAN_10008538；lamu_GLEAN_10010415；
BSU1	1	lamu_GLEAN_10009064；
BZR1	1	lamu_GLEAN_10008513；

续表2-8-1

名称	数量	基因ID
BES1		
BIN3		
BIN5	2	lamu_GLEAN_10004907；lamu_GLEAN_10009189；

为进一步研究辣木油菜素类固醇转导途径的关键蛋白，对其中的一些蛋白进行了结构域分析，进而为辣木研究提供一定的参考信息。

8.1 BRI1

在BR途径中最先开始的是信号的接收，BRs是通过位于细胞质膜上的穿膜受体BRI1（brassinosteroid insensitive 1）感受的。图2-8-2到图2-8-5为辣木中4个BRI1蛋白结构域预测结果（其余3个因为序列中含有N，此处不进行分析），与拟南芥BRI1蛋白结构具有差异。

拟南芥BRI1基因编码一个位于膜上的类受体激酶（receptor-likekinase，RLK），该蛋白含有25个富亮氨酸重复序列（LRRs）的胞外域（BRs的结合位点是胞外LRRs区内一个94个氨基酸的亚区，其中包含一个位于LRR20和非典型的LRR21之间的70个氨基酸的"岛"区）、跨膜域和具有丝氨酸/苏氨酸激酶活性的胞内域，其活性被其后的一段41个氨基酸的C-末端尾巴所抑制（王婷婷，2008）。

在辣木中鉴定的4个TRI1蛋白中，lamu_GLEAN_10004345、lamu_GLEAN_10003429和lamu_GLEAN_10006468都具有N端LRRs胞外域、跨膜域（蓝色条块）、蛋白激酶结构域（STYKc）和一些低复杂度结构域（红色条块）（图2-8-2，图2-8-4，图2-8-5）（后两个蛋白LRRs区域由于阈值限制，没有在图中显示，表2-8-2~表2-8-5中列出了各蛋白更详细的LRRs区域，以供参考，其他高E-value的结构域没有详细列出）。蛋白激酶结构域（STYKc）的特征不能预测，可能是由于具有丝氨酸/苏氨酸和酪氨酸激酶的双重特征。由表2-8-5可以看出，蛋白激酶结构域（STYKc）和S-TKc（丝氨酸/苏氨酸蛋白激酶活性结构域）预测结果比较相似，前者E-value比后者小，在辣木中该途径可能与拟南芥不同，STKc结构域可能提示辣木除了具有丝氨酸/苏氨酸激酶活性外，还具有酪氨酸激酶活性，这可能是在辣木中进化形成的特异代谢途径，但进一步结论有待进行试验验证。此外，lamu_GLEAN_10011234

没有跨膜区域，但是在LRR区域的上游具有一个卷曲螺旋区域，氨基酸起止位点为434～470，使用TMHMM预测了跨膜区，结果显示没有跨膜区（图2-8-6），根据这一结论，推测其结构的LRR区域并没有位于胞外，而是处于胞内，这也是一个值得研究的内容，可能对于辣木该途径的特异性具有重要意义。

此外，对4个蛋白进行三维结构预测（图2-8-7），lamu_GLEAN_10004345、lamu_GLEAN_10003429预测结构主要包含LRR胞外域，两者结构大体呈螺管状，并且大螺管与其后的小螺管由一段不规则卷曲（lamu_GLEAN_10004345还具有一段α螺旋）所连接（图中箭头所示），与结构域预测结果比较，发现该区域为LRR区域，这与其他形成螺管的LRR区域结构不同。同时，在lamu_GLEAN_10004345的aa24和lamu_GLEAN_10003429的aa26开始，都形成一个α螺旋（图中圆圈所示），可能对于蛋白结合BRs具有重要作用。lamu_GLEAN_10006468预测结果为STYKc结构域结构，与拟南芥BRI1激酶结构域同源性较高，而lamu_GLEAN_10011234预测结果也主要是胞外LRR区域结构，呈螺管状。同样的，LRR区域形成的前端也具有一个α螺旋（图中圆圈所示），推测其功能也在于胞外域结合BRs，但具体功能有待深入研究。

表2-8-2　lamu_GLEAN_10004345中LRR区域、跨膜域和蛋白激酶结构域

名称	起始氨基酸位点	结束氨基酸位点	E-value
LRR	139	163	24.7
LRR	187	210	84.9
LRR	234	261	40.9
LRR	279	302	1.07
transmembrane region	392	414	N/A
STYKc	483	748	2.1e-10
S-TKc	483	751	2.48e-10
LRR_CC	139	169	2480
LRR_SD22	139	165	190
LRR_SD22	187	202	244
LRR_RI	187	210	352
LRR_SD22	211	239	195
LRR_BAC	234	254	662
LRR_SD22	279	311	190
LRR_SD22	327	353	306

图2-8-2 lamu_GLEAN_10004345结构域预测结果

表2-8-3 lamu_GLEAN_10011234中LRR区域、跨膜域和蛋白激酶结构域

名称	起始氨基酸位点	结束氨基酸位点	E-value
coiled coil	434	470	N/A
LRR	677	700	158
LRR	701	724	20.3
LRR	749	773	10.6
LRR	797	821	8.72
LRR	869	893	39.8
LRR	894	917	97.7
LRR	938	962	197
STYKc	1020	1288	5.25e-18
S-TKc	1020	1290	1.21e-40
LRR_CC	677	704	508
LRR_BAC	677	697	204
LRR_BAC	701	720	520
LRR_SD22	701	727	117
LRR_CC	773	800	7.97
LRR_SD22	797	823	570
LRR_SD22	845	868	406
LRR_SD22	869	898	14.5
LRR_RI	869	892	109
LRR_RI	893	916	98.6

图2-8-3 lamu_GLEAN_10011234结构域预测结果

表2-8-4 lamu_GLEAN_10003429中LRR区域、跨膜域和蛋白激酶结构域

名称	起始氨基酸位点	结束氨基酸位点	E-value
transmembrane region	390	412	N/A
STYKc	477	751	0.00000224
S-TKc	477	754	8.1e-9
LRR_TYP	152	176	57.3
LRR_TYP	223	246	101
LRR_SD22	223	245	324
LRR_RI	223	254	58.5
LRR_CC	268	295	1960
LRR_BAC	292	312	1040

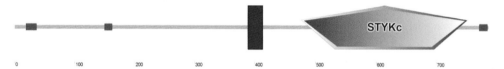

图2-8-4 lamu_GLEAN_10003429结构域预测结果

表2-8-5 lamu_GLEAN_10006468中LRR区域、跨膜域和蛋白激酶结构域

名称	起始氨基酸位点	结束氨基酸位点	E-value
transmembrane region	239	261	N/A
STYKc	345	615	3.48e-9
S-TKc	345	616	1.21e-9
LRR_TYP	117	141	10.9
LRR_BAC	166	186	1210
LRR_RI	188	211	1680

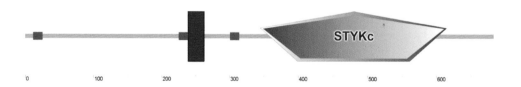

图2-8-5 lamu_GLEAN_10006468结构域预测结果

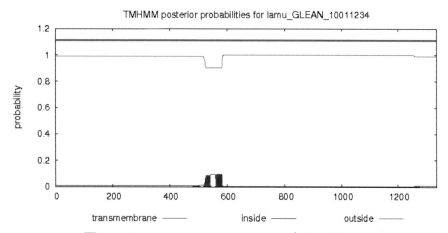

图2-8-6 lamu_GLEAN_10011234跨膜区预测结果

图2-8-7 左上图为lamu_GLEAN_10004345三维结构预测结果（aa24−aa367部分序列），箭头所示为一个LRR区域；右上图为lamu_GLEAN_10011234三维结构预测结果（aa605−aa957部分序列）；左下图为lamu_GLEAN_10003429三维结构预测结果（aa26−aa356部分序列），箭头所示为一个LRR区域；右下图为lamu_GLEAN_10006468三维结构预测结果（aa350−aa620部分序列，STYKc结构域区域为aa345−aa615）

8.2　BAK1

在辣木中鉴定了29个BAK1基因。在拟南芥中，当BRs结合到BRI1同型寡聚物时，导致了BKI1从质膜上的迅速脱离（目前由于辣木中没有发现BKI1相关基因，可能结合后即发生磷酸化），位于BRI1胞内激酶区的丝氨酸和苏氨酸发生自磷酸化（由上一节推测，可能辣木中存在酪氨酸磷酸化），从而C-末端尾巴对激酶活性的自抑制作用解除，使得BRI1发生进一步的自磷酸化，导致了其与BAK1（BRI1-associated receptor kinase 1）的亲和性增强。

拟南芥中BAK1蛋白是另一类位于质膜上的LRR-RK成员。它具有一个较短的胞外区，由5个LRRs构成的，但是缺乏BRs结合所需的关键的70个氨基酸的"岛"区，BRI1与BAK1形成的异型寡聚物可以作为有活性的信号传导复合体向下传递信号（王婷婷，2008；杨辉，闵东波等，2012；陈现朝，周永力，2013）。

为研究辣木中该途径的特异性，将29个BAK1蛋白构建了进化树（图2-8-8），然后根据进化树预测了每一个蛋白的结构域（表2-8-6），其结构域的相似性也支持进化树结果。

表2-8-6中，只有BAK1蛋白单一结构域特征的蛋白认为其应该不属于BAK1蛋白。具有两个结构域的蛋白，没有LRRs或者没有跨膜区，对于没有跨膜区的蛋白，使用TMHMM预测其跨膜区，得到了其可能的跨膜区（图2-8-14～图2-8-16），lamu_GLEAN_10002978没有预测到跨膜区，其与BRI1蛋白lamu_GLEAN_10011234相似，都没有跨膜区，推测其主要在胞内发生作用，进一步的研究对于揭示辣木该信号转导途径具有重要意义。

对于无LRRs区域的蛋白，推测可能是由于辣木进化过程中形成的特异性，具体结构和功能有待进一步研究。值得注意的是，其中一个蛋白lamu_GLEAN_10009673虽然没有LRRs区域，但是具有一个LysM（Lysin motif），这是一个大约40个氨基酸残基长、在各种涉及细菌细胞壁降解酶中都有发现的结构域。这个结构域可能具有普遍的肽聚糖结合功能，推测在辣木进化中形成的具有特殊功能的BAK1蛋白，也有可能是目前没有发现的BAK1蛋白（图2-8-9）。

此外，还有一些辣木BAK1蛋白预测的结构域并不是与BRI1蛋白一样的STYKc结构域，而是跟拟南芥相同蛋白中存在的S-TKc结构域一样。说明辣木中具有更多的调控机制，各种生物大分子更加多样性。此外，lamu_GLEAN_10006123和lamu_GLEAN_10003335具有两个跨膜区（图2-8-10，图2-8-11），这可能也从侧面证明了辣木BRs信号转导途径与拟南芥的差异性，并且，lamu_GLEAN_10003335的一个跨膜区位于C末端，而该蛋白并不具备LRRs的胞外域，这意味着其可能通过尾部接受

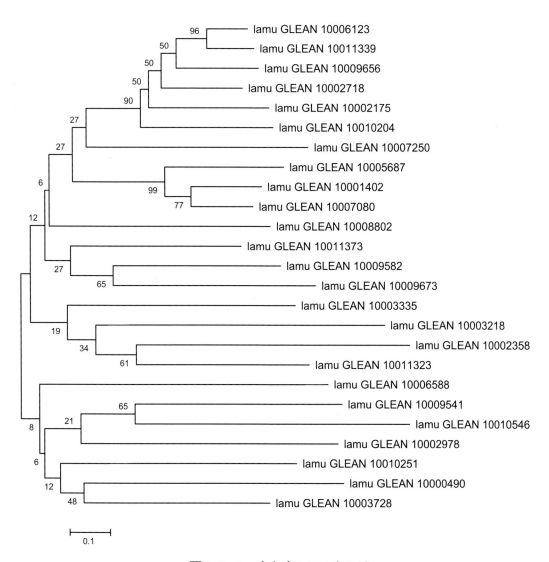

图2-8-8 辣木中BAK1进化树

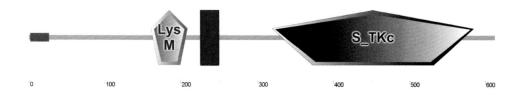

图2-8-9 lamu_GLEAN_10009673结构域预测结果

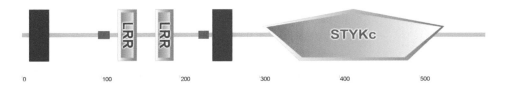

图2-8-10 lamu_GLEAN_10006123结构域预测结果

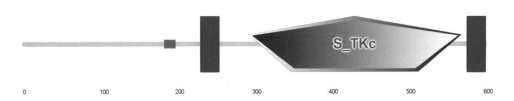

图2-8-11 lamu_GLEAN_10003335结构域预测结果

图2-8-12 lamu_GLEAN_10011323结构域预测结果（绿灰色条块为LRR-RI区域）

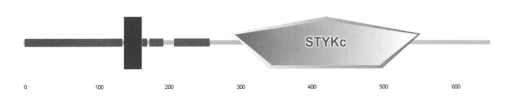

图2-8-13 lamu_GLEAN_10007080结构域预测结果

BRs信号，从而激活胞内域的活性，而不是跟其他蛋白一样C末端用于自抑制胞内域活性，但也有可能，其C末端通过跨膜区与细胞膜结合，进而抑制胞内域活性。另外，lamu_GLEAN_10011323（图2-8-12）跨膜区在N端，LRR-RI在中间，可能是辣木中特殊存在的可以通过感受细胞膜内的某些物质进行信号转导途径的调控。另一个特殊的蛋白是lamu_GLEAN_10007080（图2-8-13），没有LRR区域，但是跨膜区的上游N端，具有一段很长的低结构复杂度的区域（氨基酸起止位点为2～139，SSTPSPGTAPAPTSPPPPTASAPPPSTPSSPPPSTPSVPPPSTPSAPPPTTPSPPTSSSPSPATPSGSPPPPTTPSASPPPPSSTSSTPPSSTPSPPSSTTPSTPAGRSPPPPASSRTPSTPAARSPPPPPASEPSSS），富含丝氨酸、苏氨酸、脯氨酸和少量丙氨酸，与富亮氨酸重复序列（LRRs）结构域相比，可能其能受某些特殊信号的调节，推测可能是辣木BRs信号转导途径中的特殊调控物质，进一步的研究将对揭示辣木进化具有重要作用。

表2-8-6　辣木中BAK1蛋白结构域预测结果

名称	特征结构	特异性
lamu_GLEAN_10006123	LRR、跨膜区、STYKc	具有两个跨膜区
lamu_GLEAN_10011339	LRR、跨膜区、S-TKc（丝氨酸/苏氨酸蛋白激酶催化区）	
lamu_GLEAN_10009656	LRR、STYKc	无跨膜区（TMHMM预测结果显示具有跨膜区）
lamu_GLEAN_10002718	跨膜区、STYKc	无LRR
lamu_GLEAN_10002175	LRR、S-TKc	无跨膜区（TMHMM预测结果显示具有跨膜区）
Lamu_GLEAN_10010204	LRR、跨膜区、STYKc	
lamu_GLEAN_10007250	STYKc	
lamu_GLEAN_10005687	S-TKc	
lamu_GLEAN_10001402	S-TKc	
lamu_GLEAN_10007080	跨膜区、STYKc	具有一段很长的低复杂度结构域
lamu_GLEAN_10008802	S-TKc	
lamu_GLEAN_10011373	跨膜区、S-TKc	无LRRs
lamu_GLEAN_10009582	STYKc	
lamu_GLEAN_10009673	LysM（Lysin motif）、跨膜区、S-TKc	无LRRs，但是具有LysM

续表2-8-6

名称	特征结构	特异性
lamu_GLEAN_10003335	跨膜区、S-TKc	两个跨膜区，无LRRs
lamu_GLEAN_10003218	LRR、跨膜区、S-TKc	跟拟南芥一致，具有5个LRRs
lamu_GLEAN_10002358	LRR、跨膜区、S-TKc	跟拟南芥一致，具有5个LRRs（但是E-value较高）
lamu_GLEAN_10011323	LRR、跨膜区、S-TKc	跨膜区在N端，LRR-RI在中间
lamu_GLEAN_10006588	LRR、跨膜区、STYKc	
lamu_GLEAN_10009541	LRR、跨膜区、STYKc	
lamu_GLEAN_10010546	LRR、跨膜区、STYKc	
lamu_GLEAN_10002978	LRR、STYKc	无跨膜区（TMHMM预测结果显示没有有跨膜区）
lamu_GLEAN_10010251	跨膜区、STYKc	无LRRs
lamu_GLEAN_10000490	跨膜区、S-TKc	无LRRs
lamu_GLEAN_10003728	跨膜区、TyrKc（酪氨酸激酶催化区）	无LRRs

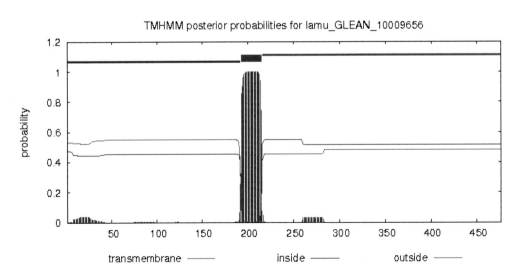

图2-8-14 lamu_GLEAN_10009656跨膜区预测

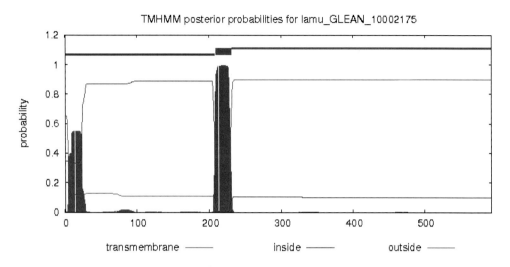

图2-8-15 lamu_GLEAN_10002175跨膜区预测

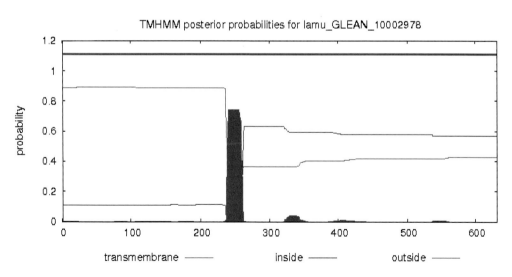

图2-8-16 lamu_GLEAN_10002978跨膜区预测

8.3 BIN2、BSU1和BZR1

在辣木鉴定出5个BIN2基因（其中2个序列含有N，此处分析其余三个lamu_GLEAN_10003258、lamu_GLEAN_10008538和lamu_GLEAN_10010415），而BSU1和BZR1分别只有一个。拟南芥中由BRI1-BAK1异型寡聚物传导的信号会负调控BIN2（brassinosteroid insensitive 2）的活性。BES1和BZR1是一类植物特异性的转录因子，其结构包含多个糖原合成酶激酶的磷酸化位点。不存在BRs时，BIN2会使核内的BES1和BZR1磷酸化，从而抑制后两者与BR调控基因启动子的结合活性及其转录活性，从而抑制了BRs信号的传递。当存在BRs时，BIN2的活性被抑制，并且一类位于核内的蛋白磷酸酶BSU1（Bri1 suppressor 1）的活性被诱导。在两者的共同调控下，BES1和BZR1进行了脱磷酸化（范玉琴，2007；王婷婷，2008）。

辣木中没有找到BRI1的抑制物BKI1，而转导途径中的另一个抑制物BIN2却鉴定出5个基因，推测辣木中该途径的抑制点为BIN2调控BZR1磷酸化，从而抑制BRs信号的传递。BIN2是一种糖原合成酶激酶，糖原合成酶激酶是一种多功能的丝氨酸/苏氨酸蛋白激酶，辣木中的三个BIN2蛋白结构域预测显示其都具有一个S-TKc结构域（苏氨酸/苏氨酸蛋白激酶结构域）（图2-8-17～图2-8-19），并且lamu_GLEAN_10008538具有一个跨膜区域和一个EGF结构域（类表皮生长因子结构域），根据表皮生长因子的作用，该蛋白可能通过跨膜区连接细胞膜内外，与应答细胞表面的特异性受体结合，促进受体二聚化并使细胞质位点磷酸化，被激活的受体与具有不同信号序列的蛋白结合，进行信号转导，在翻译水平上对蛋白质的合成起调节作用，推测辣木中其不仅受BRI1传导的信号（辣木中可能不存在BAK1）的负调控，而且可以感受细胞膜外的BRs浓度，进而对该信号转导途径进行调控。

BSU1磷酸酶是BRs信号传导的正调控物。它能与BIN2的作用相反，调控BES1和BZR1的磷酸化水平。在拟南芥中，脱磷酸化的BES1和BZR1能够形成同型二聚物或者与另一种转录因子BIM1形成异型二聚物，有效地结合在BR诱导基因启动子的E-Box元件上，进而调控基因的表达。辣木中鉴定出一个BSU1蛋白lamu_GLEAN_10009064，蛋白结构域预测如图2-8-20，具有PP2Ac结构域，这是一个蛋白磷酸酶2A同源物催化区结构域。

辣木中只存在BZR1，其调控方式可能相对简单，换言之，其调控比较迅速。BZR1是一类植物特异性的转录因子，但是辣木BZR1蛋白lamu_GLEAN_10008513结构域预测没有发现典型的结构域，只有几个低复杂度结构域。为进一步挖掘其更多信息，对其在NCBI数据库进行blast，并构建进化树（图2-8-21），从进化树中可以看出，其与拟南芥中油菜素类固醇信号转导途径中正调节蛋白同源性较高（At1g75080也是拟南芥中BRs转导途径的正调节蛋白），但是有一定差异，推测在进化中两个物种在该途径上产生了较大差异，这也从侧面预测辣木中BRs信号转导途径与拟南芥存在很大分歧。

图2-8-17 lamu_GLEAN_10003258结构域预测结果

图2-8-18 lamu_GLEAN_10008538结构域预测结果

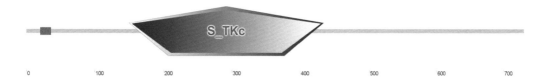

图2-8-19 lamu_GLEAN_10010415结构域预测结果

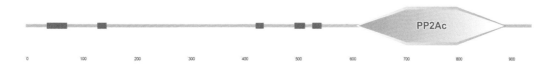

图2-8-20 lamu_GLEAN_10009064结构域预测结果

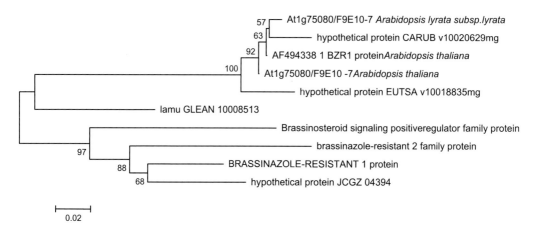

图2-8-21 lamu_GLEAN_10008513进化树

8.4 BIN5

辣木中鉴定了两个BIN5蛋白，lamu_GLEAN_10009189和lamu_GLEAN_10004907，BIN5位于细胞核内，调节油菜素类固醇响应基因表达。分别对其构建了进化树（图2-8-22，图2-8-23），lamu_GLEAN_10009189与可可属DNA拓扑异构酶VI SPO11亲缘关系较近，而lamu_GLEAN_10004907与番木瓜减数分裂重组蛋白关系较近，在其他较近的枝上也具有SPO11-1蛋白，而在拟南芥中，BIN5编码DNA拓扑异构酶VI SPO11-3，参与核内复制。由此可以推测两种植物中DNA拓扑异构酶在进化过程中产生的差异并不明显，其保守性相对较高。

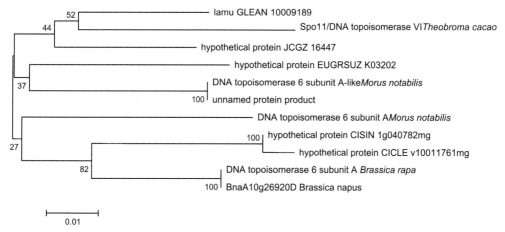

图2-8-22 lamu_GLEAN_10009189进化树

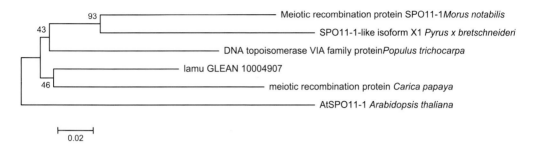

图2-8-23 l amu_GLEAN_10004907进化树

　　以DNA拓扑异构酶Ⅱ为参考，预测了辣木中两个BIN5蛋白三维结构（图2-8-24），lamu_GLEAN_10009189预测结果为aa70-aa422区域结构（氨基酸序列总长为422），Lamu_GLEAN_10004907预测结果为aa6-aa343区域结构（氨基酸序列总长为343），两个蛋白的两个区域三维结构比较相似，从预测结果看，两个蛋白可能具有相同的功能。

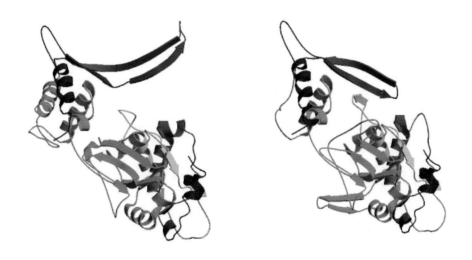

图2-8-24　　左图为lamu_GLEAN_10009189三维结构（aa70-aa422区域结构）；右图为lamu_GLEAN_10004907三维结构（aa6-aa343区域结构）

辣木中GABA生物合成

γ-氨基丁酸（γ-aminobutyric acid，GABA）)是普遍存在于生物体内的一类四碳非蛋白质氨基酸，其合成与代谢主要是通过三羧酸循环的一个旁路，即γ-氨基丁酸旁路（GABA-shunt）进行的，其生物学功能十分广泛，主要参与植物的生长发育、碳/氮源营养平衡、逆境胁迫响应和信号传递等一系列重要生命活动（杨泽伟，王龙海等，2014）。

研究表明GABA的生理作用主要与植物在逆境条件下的应激有关，逆境胁迫会导致植物体内大量积累GABA（Narayan and Nair, 1990；Bown and Shelp, 1997）。植物在正常生长条件下其体内GABA含量通常比较低，一般维持在$0.03 \sim 32.5$ μmol/g·FW范围内，当植物受到逆境胁迫如机械损伤、干旱、盐碱、缺氧、冷害、高温及病虫侵袭等时，体内GABA会大量合成，其浓度能快速增加几倍甚至几十倍以上（苏国兴，董必慧等，2003）。

通过鉴定辣木中GABA合成路径中关键的酶合成基因，并综合其他报道，得出了辣木GABA合成途径（图2-9-1）。该途径具有位于胞质中的谷氨酸脱羧酶（glutamate decarboxylase，GAD）（Chung, Bown et al., 1992；Tuin and Shelp, 1994）、位于胞质或线粒体中的γ-氨基丁酸转氨酶（GABA transaminase，GABA-T），以及定位于线粒体中的琥珀酸半醛脱氢酶（succinic semialdehyde dehydrogenase，SSADH）三种关键

酶（Tuin and Shelp，1994）。此外也鉴定了植物中谷氨酸代谢中重要的谷氨酸脱氢酶
（glutamate dehydrogenase，GDH）。

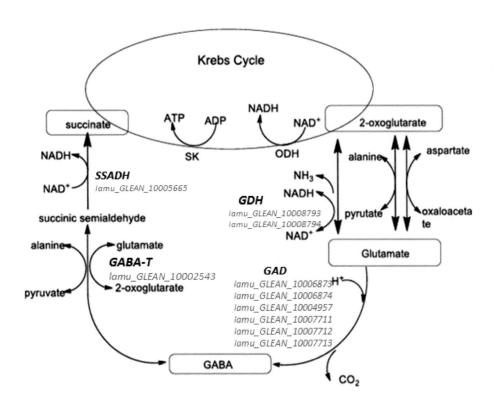

图2-9-1 辣木中GABA合成途径

其基本流程为L-谷氨酸在GAD催化下经不可逆的α脱羧产生GABA，GABA再在GABA-T的催化下与丙酮酸发生转氨作用生成琥珀酸半醛和丙氨酸；最后琥珀酸半醛在SSADH的作用下氧化生成琥珀酸盐后进入三羧酸循环（Krebs Cycle）。

对鉴定的5个GAD蛋白预测了结构域，lamu_GLEAN_10006873、lamu_GLEAN_10007713没有预测出结果，因此对其进行了blast。结果表明，这两个蛋白分别与毛果杨中50S核糖体蛋白L3-2和可可中与黑色素瘤关联的抗原G1具有很高的同源性，因此把这两个蛋白排除，认为不参与GABA合成。而lamu_GLEAN_10007712预测出一个跨膜区，blast结果也没有发现其与GAD蛋白具有亲缘关系。lamu_

GLEAN_10007711具有一个偏好A/T丰富区域的DNA结合结构域和两个C2H2锌指结构（图2-9-2），通过blast结果发现与GABA合成关联不大，但没有找出明显的高同源的蛋白。这有可能是辣木进化中形成的特殊蛋白，有待进一步研究。

lamu_GLEAN_10006874与lamu_GLEAN_10004957预测结果显示都包含3个EFh结构域（钙结合基序）（图2-9-3，图2-9-4）。有研究表明，GAD主要由4个典型的结构域组成：①N端结构域Ⅰ：由第1～57氨基酸残基组成，该结构域对GAD二聚和六聚体的形成与稳定至关重要；②大结构域Ⅱ：由第8～347氨基酸残基组成，其中包含1个磷酸吡哆醛酶类（pyridoxal 5'-phosphate，PLP）所特有的α/β折叠结构以及1个辅因子的结合位点；③小结构域Ⅲ：由第348～448氨基酸残基组成，包括3个α-螺旋结构和4个反向平行的β折叠片；④C端结构域Ⅳ：由1个pH感应位点和1个钙调素结合结构域（calmodulin binding domain，CaMBD）组成，能够感知胞质周围环境pH的

图2-9-2 lamu_GLEAN_10007711结构域预测结果

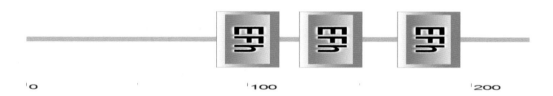

图2-9-3 lamu_GLEAN_10004957结构域预测结果

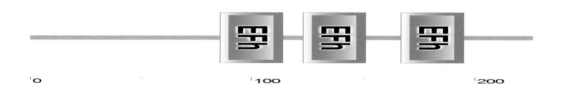

图2-9-4 lamu_GLEAN_10006874结构域预测结果

变化，或与钙黏蛋白CaM结合，通过Ca^{2+}/CaM调节酶活性变化（杨泽伟，王龙海等，2014）。GAD活性受细胞环境pH和/或Ca^{2+}/CaM调节。预测的EFh结构域（EF手）证明其具有3个钙结合基序。对这两个蛋白进行三维结构预测结果表明（图2-9-5，图2-9-6）（两个蛋白的aa32-aa214区域结构，序列总长都为226），两个蛋白结构非常相似，N端具有一段残基，然后由无规则卷曲连接8个α螺旋结构，最后是一段很短的螺旋结构，每两个螺旋都是反向的，但不平行。不同的是，lamu_GLEAN_10006874每隔两个α螺旋的卷曲连接处是钙离子结合基序（图2-9-5），而lamu_GLEAN_10004957第1跟第2个螺旋之间没有钙离子结合基序（图2-9-6），推测其对于接受不同Ca^{2+}浓度的调节具有重要的意义。

该路径中另一个重要的关键酶为GABA-T，辣木中鉴定出一个蛋白lamu_GLEAN_10002543，构建进化树（图2-9-7）表明，其

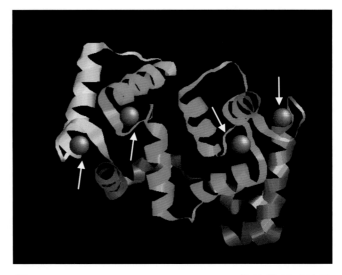

图2-9-5 lamu_GLEAN_10006874三维结构预测结果（aa32-aa214区域结构，箭头为EF手）

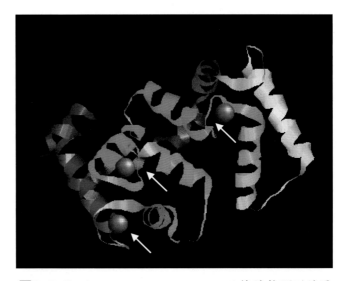

图2-9-6 lamu_GLEAN_10004957三维结构预测结果（aa32-aa214区域结构，图中箭头为EF手）

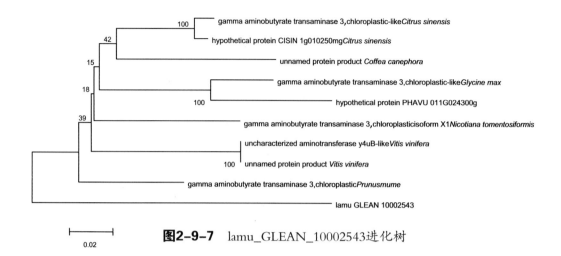

图2-9-7 lamu_GLEAN_10002543进化树

与梅花、大豆、烟草、甜橙中的γ-氨基丁酸转氨酶3都具有同源性，特别地，与存在于梅花中的GABA-T同源性最高。这提示在木本植物中由于同属于同一进化单元，许多物质代谢及合成途径机制都具有较高的同源性，进一步的研究将对辣木GABA合成及代谢起关键作用。

SSADH也是GABA合成的关键酶，在辣木中鉴定了一个蛋白lamu_GLEAN_10005665，进化树结果表明（图2-9-12），其与蓖麻中的琥珀酸半醛脱氢酶具有很高的同源性。以羊布鲁氏杆菌变种2308中的醛脱氢酶（SMTL id3ek1.1）为参考模型，预测了其三维结构（图2-9-13），图中结构由该蛋白的4种不同构型组成，推测存在不同构象，通过构象改变来调节酶活性，催化机制有待进一步研究。

GDH能催化谷氨酸脱氨生成α-酮戊二酸和氨，是一种不需氧的脱氢酶，在氨基酸代谢中占有重要地位。辣木中具有两个GDH蛋白，lamu_GLEAN_10008793和lamu_GLEAN_10008794，分别对其构建进化树（图2-9-8，图2-9-9）。结果表明，lamu_GLEAN_10008793与葡萄、甜橙、海枣、番茄、烟草中的脱氢酶具有同源性，但有一定差异，而lamu_GLEAN_10008794与陆地棉中3-羟烷基-CoA脱氢酶同源性最高。GDH是存在于线粒体中的酶，两个蛋白的结构域预测结果显示（图2-9-10），lamu_GLEAN_10008793具有1个跨膜区，lamu_GLEAN_10008794具有3个跨膜区，线粒体是具有双层膜的细胞器，并且内膜折叠成嵴，跨膜区结构对两个脱氢酶蛋白行使功能具有特殊的意义。两个蛋白三维结构预测结果如图2-9-11，都由α螺旋组成。

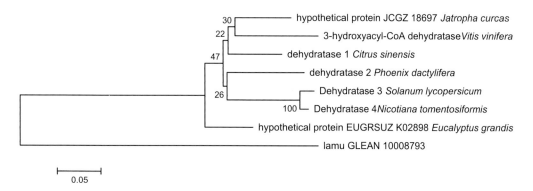

图2-9-8 lamu_GLEAN_10008793进化树

dehydratase 1表示very-long-chain（3R）-3-hydroxyacyl-[acyl-carrier protein] dehydratase PASTICCINO 2A-like isoform X1（Citrus sinensis），dehydratase 2表示 very-long-chain（3R）-3-hydroxyacyl-CoA dehydratase PASTICCINO 2A（Phoenix dactylifera），dehydratase 3表示very-long-chain（3R）-3-hydroxyacyl-[acyl-carrier protein] dehydratase PASTICCINO 2-like（Solanum lycopersicum），dehydratase 4表 示very-long-chain（3R）-3-hydroxyacyl-CoA dehydratase PASTICCINO 2A-like （Nicotiana tomentosiformis）

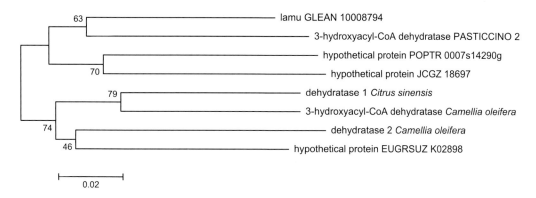

图2-9-9 lamu_GLEAN_10008794进化树

dehydratase 1表示very-long-chain（3R）-3-hydroxyacyl-[acyl-carrier protein] dehydratase PASTICCINO 2A-like isoform X1（Citrus sinensis），dehydratase 2表示 very-long-chain（3R）-3-hydroxyacyl-CoA dehydratase PASTICCINO 2A（Pyrus x bretschneideri），3-hydroxyacyl-CoA dehydratase PASTICCINO 2在陆地棉中被发现

图2-9-10 上图为lamu_GLEAN_10008793结构域预测结果；下图为lamu_GLEAN_10008794结构域预测结果

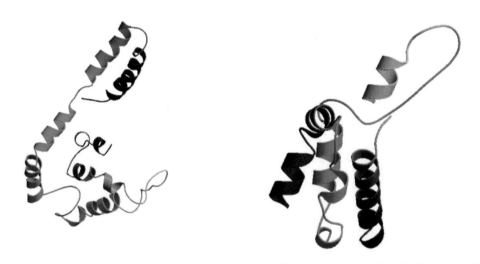

图2-9-11 左图为lamu_GLEAN_10008793三维结构（aa15–aa165区域结构）；右图为lamu_GLEAN_10008794三维结构（aa21–aa118区域结构，aa117与aa118之间连接方式不确定）

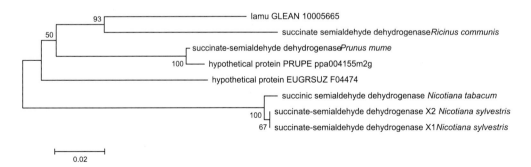

图2-9-12 lamu GLEAN 10005665进化树

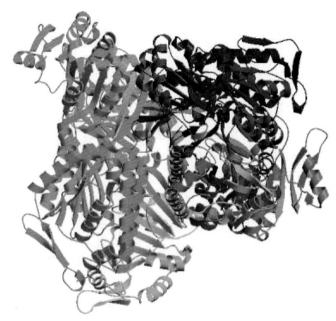

图2-9-13 lamu GLEAN 10005665三维结构预测结果（该蛋白的4种可能构象组成）

辣木中谷甾醇生物合成
（Sitosterol bio-synthesis）

　　作为菜油甾醇的扩展，谷甾醇（Sitosterol）是一种典型的植物膜强化物，菜油甾醇能用于合成油菜素类固醇，在大多数植物中具有明显的促生长作用，但是在环阿屯醇（cycloartenol）合成菜油甾醇（Campesterol）的过程中，有一个重要的分枝，24-亚甲基胆甾烯醇（24-methylene lophenol）具有两条代谢途径，一条经SMT2（sterol methyltransferase 2，甾醇甲基转移酶）催化合成24-亚乙基胆甾烯醇（24-ethylidene-lophenol），最终合成谷甾醇；一条经4SMO（4 sterol 4-methyl oxidase，4甾醇-4-甲基氧化酶）催化合成5α-ergosta-7，24-dien-3β-ol，进而合成菜油甾醇（图2-10-1）。

　　该途径中第一步反应由环阿屯醇经SMT1催化合成24-亚甲基环木菠萝烷醇（24-methylene-cycloartanol），辣木中鉴定出4个蛋白，其中，lamu_GLEAN_10000607和lamu_GLEAN_10008294同时被鉴定属于SMT2蛋白。

　　拟南芥中SMT1蛋白为AT5G13710，具有两个剪切变体，主要控制植物中胆固醇水平，参与甾醇合成，具有甲基转移酶活性。而在该合成途径中，重要的催化分歧支路合成的蛋白为SMT2，为了在满足植物生长需求的同时还必须保持膜完整性，SMT2

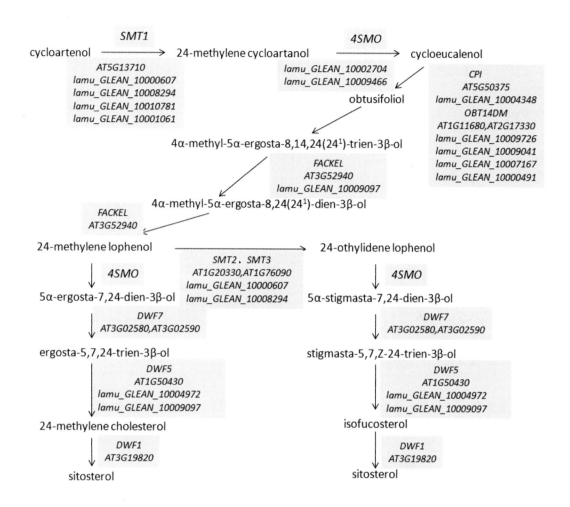

图2-10-1 辣木中谷甾醇合成途径

SMT（sterol methyltransferase）：甾醇甲基转移酶；SMO（sterol 4-methyl oxidase）：甾醇-4-甲基氧化酶；CPI（cyclopropyl sterol isomerase）：环丙基甾醇异构酶；OBT14 dM（obtusifoliol-14-demethylase）：钝叶醇（4α-甲基甾醇）-14-脱甲基酶；FACKEL（gene coding the Δ8, 14-sterol-Δ14-reductase）:基因编码的Δ8, 14-甾醇-Δ14-还原酶；HYDRA1（gene coding the Δ8-Δ7-sterol isomerase）：基因编码的Δ8-Δ7-甾醇异构酶；DWF5（gene coding the Δ5, 7-sterol-Δ7- reductase）：基因编码的Δ5, 7-甾醇-Δ7-还原酶；DWF7（Δ7-sterol-C5（6）-desaturase）：Δ7-甾醇-C5（6）去饱和酶

在平衡菜油甾醇和谷甾醇具有重要的作用。在拟南芥中，SMT2蛋白是由AT1G20330.1编码甾醇-C24-甲基转移酶参与甾醇生物合成，突变体研究表明甾醇成分发生了改变，形成锯齿状的花瓣和萼片，并且造成子叶导管形状改变，同样也使核内复制异常。这表明核内复制受到抑制对花瓣形态发生非常重要，正常的甾醇成分对这种抑制是必须的。STM3蛋白是由AT1G76090编码甾醇生物合成途径中的S-腺苷-甲硫氨酸-甾醇-C-甲基转移酶，具有甾醇-24-C甲基转移酶活性。对拟南芥中SMT1、SMT2、SMT3序列进行分析发现，SMT2和SMT3相似性非常高，但是与SMT1差异性较大。

分别对辣木中鉴定的4个蛋白构建进化树分析表明（图2-10-2～图2-10-5），lamu_GLEAN_10000607与环阿屯醇-C-24-甲基转移酶、类环阿屯醇-C-24-甲

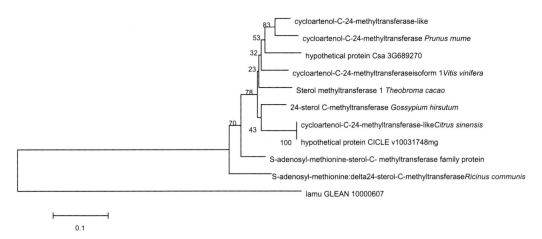

图2-10-2　lamu_GLEAN_10000607进化树

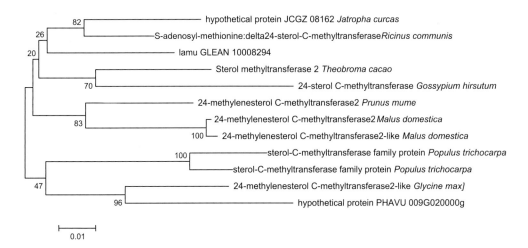

图2-10-3　lamu_GLEAN_10008294进化树

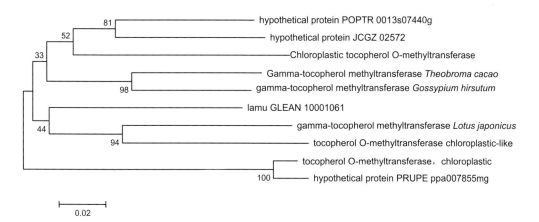

图2-10-4 lamu_GLEAN_10001061进化树

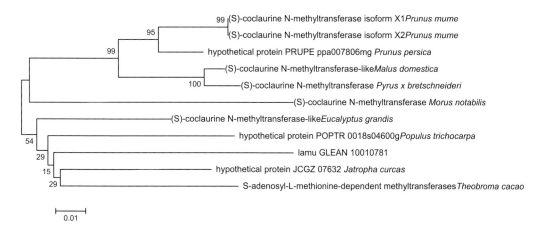

图2-10-5 lamu_GLEAN_10010781进化树

基转移酶、甾醇甲基转移酶1等都具有同源性。特别的，与蓖麻中S-腺苷-甲硫氨酸-Δ24-甾醇-C-甲基转移酶同源性相对较高，而lamu_GLEAN_10008294进化树中，亲缘关系较近的包括24-亚甲基甾醇-C-甲基转移酶、甾醇甲基转移酶2等甲基转移酶。同样的，与蓖麻中S-腺苷-甲硫氨酸-Δ24-甾醇-C-甲基转移酶同源性相对较高。

　　而lamu_GLEAN_10001061与γ-生育酚甲基转移酶（gamma-tocopherol methyltransferase）和类叶绿体中的生育酚-O-甲基转移酶（tocopherol O-methyltransferase，chloroplastic-like）同源性较高，lamu_GLEAN_10010781与假定蛋

白JCGZ 07632（hypothetical protein JCGZ 07632）、S-腺苷-L-甲硫氨酸依赖性的甲基转移酶（S-adenosyl-L-methionine-dependent methyltransferases）亲缘关系较近。

可以看出，虽然4个蛋白都具有甲基转移酶活性，但lamu_GLEAN_10000607、lamu_GLEAN_10008294、lamu_GLEAN_10010781都与S-腺苷-甲硫氨酸甲基转移酶亲缘关系较近，而lamu_GLEAN_10001061与生育酚甲基转移酶同源性较高，但是4个序列之间差异性比较大，只有一段氨基酸序列相对保守（图2-10-6）。

推测辣木中lamu_GLEAN_10000607、lamu_GLEAN_10008294相对偏向催化24-亚甲基胆甾烯醇合成24-亚乙基胆甾烯醇，lamu_GLEAN_10010781对于底物环阿屯醇和24-亚甲基胆甾烯醇都具体催化活性，而推测的lamu_GLEAN_10001061根据作用底物位点可能具有O-甲基转移酶（O-MT）活性，但催化作用机制有待进一步研究。

此外，对辣木中这4个蛋白的三维结构实行预测（图2-10-7），可以看出，虽然lamu_GLEAN_10008294 与lamu_GLEAN_10001061进化树分析结果不一样，但是三维结构预测结果非常相似，特别是后者可能存在O-甲基转移酶活性，其催化机制的研究将对揭示辣木该合成途径具有重要意义。

4SMO（甾醇-4-甲基氧化酶）可以催化24-methylene cycloartanol、24-methylene lophenol、24-ethylidene-lophenol分别合成cycloeucalenol、5α-ergosta-7, 24-dien-3β-ol、5α-stigmasta-7, Z-24-dien-3β-ol，在拟南芥中存在的SMO1、SMO2为甾醇4-α-甲基氧化酶（sterol 4-alpha-methyl-oxidase），其中SMO1具有4, 4-二甲基-9β，19-环丙基甾醇-4α-甲基氧化酶（4, 4-dimethyl-9beta, 19-cyclopropylsterol-4alpha- methyl oxidase）和C4-甲基甾醇氧化酶（C-4 methylsterol oxidase）活性，而SMO2具有4-α-甲基-Δ7-甾醇-4α-甲基氧化酶（4-alpha-methyl-delta7-sterol-4alpha-methyl oxidase）和C4-甲基甾醇氧化酶活性。以拟南芥中SMO蛋白为参考，搜寻到同源性较高的两个蛋白lamu_GLEAN_10002704和lamu_

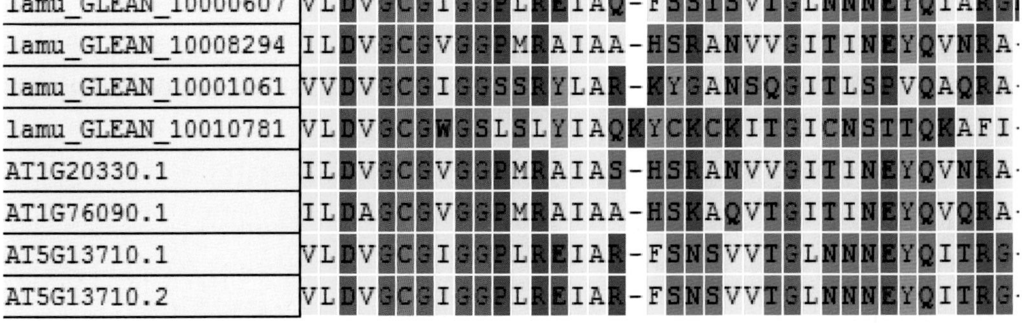

lamu_GLEAN_10000607	VLDVGCGIGGPLREIAQ-FSSTSVTGLNNNEYQIARG
lamu_GLEAN_10008294	ILDVGCGVGGPMRAIAA-HSRANVVGITINEYQVNRA
lamu_GLEAN_10001061	VVDVGCGIGGSSRYLAR-KYGANSQGITLSPVQAQRA
lamu_GLEAN_10010781	VLDVGCGWGSLSLYIAQKYCKCKITGICNSTTQKAFI
AT1G20330.1	ILDVGCGVGGPMRAIAS-HSRANVVGITINEYQVNRA
AT1G76090.1	ILDAGCGVGGPMRAIAA-HSKAQVTGITINEYQVQRA
AT5G13710.1	VLDVGCGIGGPLREIAR-FSNSVVTGLNNNEYQITRG
AT5G13710.2	VLDVGCGIGGPLREIAR-FSNSVVTGLNNNEYQITRG

图2-10-6 辣木与拟南芥中SMT蛋白序列比对结果片段

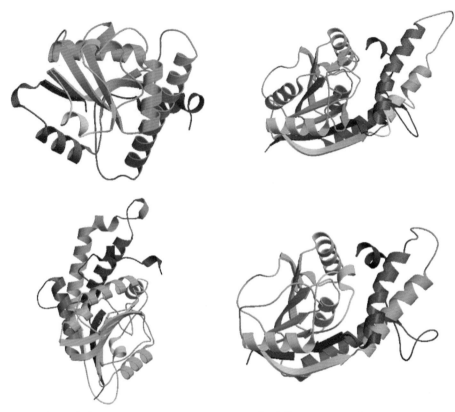

图2-10-7 左上图为lamu_GLEAN_10000607三维结构预测结果（aa17–aa220区域结构）；右上图为lamu_GLEAN_10008294三维结构预测结果（aa82–aa355区域结构）；左下图为lamu_GLEAN_10010781三维结构预测结果（aa79–aa356区域结构）；右下图为lamu_GLEAN_10001061三维结构预测结果（aa57–aa310区域结构）

GLEAN_10009466，分别对其构建进化树（图2-10-8，图2-10-9）。结果表明，lamu_GLEAN_10002704与类鞘氨醇C（4）单加氧酶1（sphinganine C（4）–monooxygenase 1–like）同源性较近，并且进化树中的这些单加氧酶或羟化酶主要差异集中在N端，中部和C端相似性非常高，在lamu_GLEAN_10009466中具有同样的情形。

结合以上结果，推测辣木中谷固醇合成途径的起始两步可能先由lamu_GLEAN_10010781、lamu_GLEAN_10001061催化底物合成24–methylene cycloartanol，然后再由单加氧酶lamu_GLEAN_10002704和lamu_GLEAN_10009466合成cycloeucalenol，以便进行下一步反应，机制可能与其他物种存在很大差异，具体作用有待进一步验证。

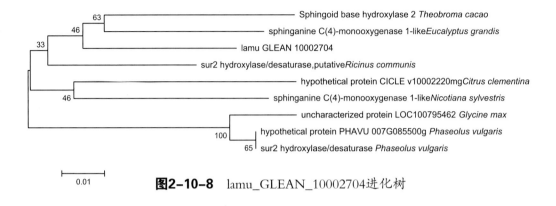

图2-10-8 lamu_GLEAN_10002704进化树

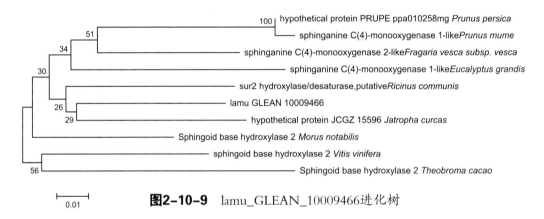

图2-10-9 lamu_GLEAN_10009466进化树

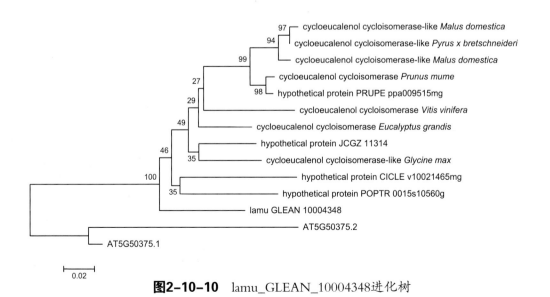

图2-10-10 lamu_GLEAN_10004348进化树

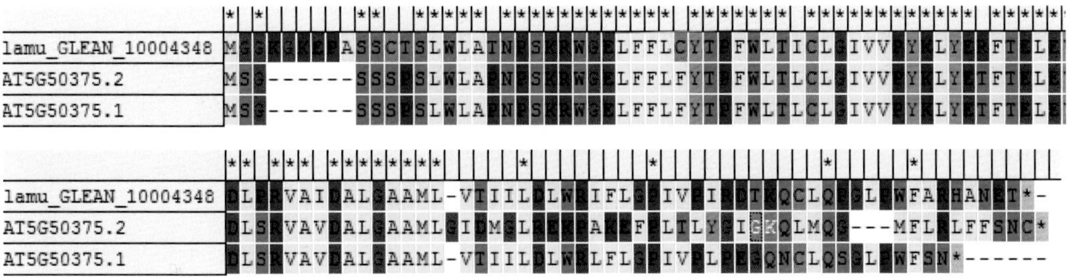

图2-10-11 lamu_GLEAN_10004348与拟南芥中VPI蛋白比对结果，上图为蛋白N端；下图为蛋白C端

该合成途径中从环桉树醇（cycloeucalenol）合成钝叶醇（obtusifoliol）由CPI和OBT14 dM催化，辣木中鉴定的CPI蛋白为lamu_GLEAN_10004348，进化树结果（图2-10-10）表明该酶与环桉树醇环异构酶（cycloeucalenol cycloisomerase）同源性较高，虽然与拟南芥中的CPI（环丙基甾醇异构酶）不在同一分枝上，但是差异性并不明显，其差异性主要集中在N端和C端（图2-10-11）。结构域预测结果表明，拟南芥中两个CPI蛋白具体6个跨膜区，但是辣木中lamu_GLEAN_10004348具有7个跨膜区。

该反应中另外一个催化蛋白OBT14 dM在辣木中鉴定出5个蛋白（lamu_GLEAN_10007167序列中具有N，此处不再进行分析），比对结果证明都与细胞色素P450蛋白家族具有很高同源性，拟南芥中两个蛋白AT1G11680和AT2G17330属于细胞色素P450（cytochrome P450）家族蛋白，是甾醇合成中推定的钝叶醇-14-α-脱甲基酶。P450 家族的进化与高等植物中许多具有防御功能的次生产物的代谢有紧密的关系，如对杀虫剂、除草剂、污染物等的解毒反应以及生物体内一些具有防御功能的物质甾醇、黄酮类、生物碱和萜类等的合成反应。由于细胞色素P450家族蛋白功能众多，并且虽然其折叠结构也高度保守，但也有足够的差异，因此辣木中鉴定的参与从环桉树醇合成钝叶醇的蛋白有待进一步筛选，以确定真正催化该反应的酶。

辣木中鉴定的FACKEL蛋白为lamu_GLEAN_10009097，拟南芥中该蛋白由AT3G52940编码，是一个甾醇C-14还原酶，是细胞分裂和生长所必须的，并且参与胚组织分化。同时辣木中鉴定出的该FACKEL蛋白与拟南芥中DWF5蛋白亲缘关系也很近，在拟南芥突变体中DWF5蛋白AT1G50430在合成油菜素类固醇过程中无法还原$^{\Delta}$7-甾醇-C7，造成植株矮化。

由24-亚甲基胆甾烯醇分别合成菜油甾醇和谷甾醇过程中，依次由酶4SMO、DWF7、DWF5、DWF1催化，这几个酶都可以催化不同的底物而生成不同的终产物。在辣木中并没有鉴定出4SMO、DWF7和DWF1，只鉴定出两个DWF5蛋白lamu_

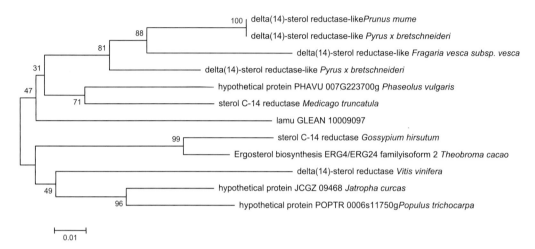

图2-10-12 lamu_GLEAN_10009097进化树

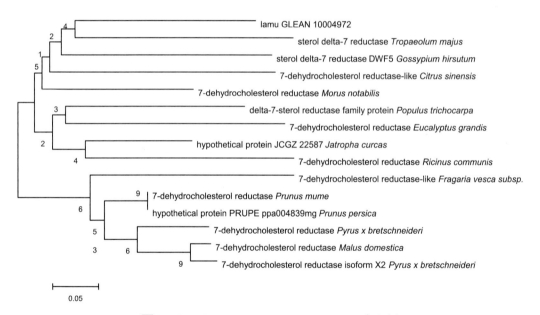

图2-10-13 lamu_GLEAN_10004972进化树

图2-10-14 lamu_GLEAN_10004972蛋白结构域预测结果

GLEAN_10004972和lamu_GLEAN_10009097，分别对两个蛋白进行比对并构建进化树分析（图2-10-12，图2-10-13）。结果表明lamu_GLEAN_10009097与Δ14甾醇还原酶、甾醇C-14还原酶亲缘关系较近，但是具有一定差异，而lamu_GLEAN_10004972与甾醇-Δ7还原酶（sterol delta-7 reductase）同源性较高，而谷甾醇合成途径中FACKEL为基因编码的Δ8，14-甾醇-Δ14-还原酶，DWF5为基因编码的Δ5，7-甾醇-Δ7-还原酶。因此认为辣木中lamu_GLEAN_10009097为FACKEL蛋白，催化4α-methyl-5α-ergosta8，14，24（241）-dien-3β-ol合成4α-methyl-5α-ergosta8，24（241）-dien-3β-ol，而lamu_GLEAN_10004972为DWF5蛋白，催化24-亚甲基胆甾烯醇合成菜油甾醇或经SMT作用后催化24-亚乙基胆甾烯醇合成谷甾醇。辣木中该途径的两个甾醇终产物的平衡性则受SMT蛋白调控，具体机制有待进一步研究。对lamu_GLEAN_10004972蛋白结构域预测结果显示，该蛋白具有多个跨膜区（图2-10-14），拟南芥中DWF5蛋白AT1G50430有9次跨膜，DWF7两个蛋白分别有1次、3次跨膜，而DWF1具有4次跨膜。这些信息也对于推测上述只由两个蛋白催化的机制进行了支持。

参考文献

Steven D. Clouse.2011. "Brovssionosteroid Signal Transduction: From Receptor kinase Activation to Transcriptional Networks Regulating Plant Development." The Plant Cell 23: 1219－1230.

The Arabidopsis Genome Initiative.2000. "Analysis of the genome sequence of the flowering plant Arabidopsis thaliana." Nature408（6814）: 796－815.

Ashburner, M., C. A. Ball, J. A. Blake, et al. 2000. "Gene ontology: tool for the unification of biology. The Gene Ontology Consortium." Nat Genet25（1）: 25－29.

Bai, C., P. Sen, K. Hofmann, et al.1996. "SKP1 connects cell cycle regulators to the ubiquitin proteolysis machinery through a novel motif, The F－box." Cell86（2）: 263－274.

Banks, J. A., T. Nishiyama, M. Hasebe, et al.2011. "The Selaginella genome identifies genetic changes associated with the evolution of vascular plants." Science332（6032）: 960－963.

Barg, R., I. Sobolev, T. Eilon, et al.2005. "The tomato early fruit specific gene Lefsm1 defines a novel class of plant－specific SANT/MYB domain proteins." Planta221（2）: 197－211.

Bauer, S., et al.2008. "Ontologizer 2.0－a multifunctional tool for GO term enrichment analysis and data exploration." Bioinformatics24,（14）: 1650－1651.

Benderoth, M., S. Textor, A. J. Windsor, T. et al.2006. "Positive selection driving diversification in plant secondary metabolism." Proc Natl Acad Sci U S A103（24）: 9118－9123.

Benson, G. 1999. "Tandem repeats finder: a program to analyze DNA sequences." Nucleic Acids Res27（2）: 573－580.

Bersaglieri, T., P. C. Sabeti, N. Patterson, T. et al. 2004. "Genetic signatures of strong recent positive selection at the lactase gene." Am J Hum Genet74（6）: 1111－1120.

Birney, E., M. Clamp and R. Durbin. 2004. "GeneWise and Genomewise." Genome Res14（5）: 988－995.

Blommaart, E. F. C., J. J. F. P. Luiken, et al. 1995. "Phosphorylation of Ribosomal－Protein S6 Is Inhibitory for Autophagy in Isolated Rat Hepatocytes." Journal of Biological Chemistry270（5）: 2320－2326.

Boban, M., M. Pantazopoulou, A. Schick, et al. 2014. "A nuclear ubiquitin－proteasome pathway targets the inner nuclear membrane protein Asi2 for degradation." J Cell Sci127（Pt 16）: 3603－3613.

Boeckmann, B., A. Bairoch, R. Apweiler, et al. 2003. "The SWISS－PROT protein knowledgebase and its supplement TrEMBL in 2003." Nucleic Acids Res31（1）: 365－370.

Boetzer, M., C. V. Henkel, H. J. Jansen, et al. 2011. "Scaffolding pre－assembled contigs using SSPACE." Bioinformatics27（4）: 578－579.

Bown, A. W. and B. J. Shelpet al. 1997. "The Metabolism and Functions of [gamma]－Aminobutyric Acid." Plant Physiol115（1）: 1－5.

Boyer, L. A., R. R. Latek and C. L. Peterson et al. 2004. "The SANT domain: a unique histone－tail－

binding module?" Nat Rev Mol Cell Biol5（2）: 158−163.

Breiteneder, H., K. Pettenburger, A. Bito, et al. 1989. "The Gene Coding for the Major Birch Pollen Allergen Betvl, Is Highly Homologous to a Pea Disease Resistance Response Gene." Embo Journal8（7）: 1935−1938.

Burge, S. W., J. Daub, R. Eberhardt, et al. 2013. "Rfam 11.0: 10 years of RNA families." Nucleic Acids Res41（Database issue）: D226−232.

C, B. 2004. "The role of GRAS proteins in plant signal transducfion and development[J]." Planta218: 683−692.

C., G. and a. A. J. 1982. "Organization and expression of tRNA genes in Sacchharomyces cerevisiae." Broach eetabolism and gene expression: 487−528.

Camon, E., D. Barrell, C. Brooksbank, et al. 2003. "The Gene Ontology Annotation（GOA）Project−−Application of GO in SWISS−PROT, TrEMBL and InterPro." Comp Funct Genomics4（1）: 71−74.

Casola, C., A. M. Lawing, E. Betran et al. 2007. "PIF−like transposons are common in drosophila and have been repeatedly domesticated to generate new host genes." Mol Biol Evol24（8）: 1872−1888.

Chakraborty, J. and T. K. Dutta. 2011. "From Lipid Transport to Oxygenation of Aromatic Compounds: Evolution within the Bet v1−like Superfamily." Journal of Biomolecular Structure & Dynamics29（1）: 67−78.

Christophides, G. K., E. Zdobnov, et al. 2002. "Immunity−related genes and gene families in Anopheles gambiae." Science298（5591）: 159−165.

Chung, I., A. W. Bown et al. 1992. "The production and efflux of 4−aminobutyrate in isolated mesophyll cells." Plant Physiol99（2）: 659−664.

Connelly, C. and P. Hieter. 1996. "Budding yeast SKP1 encodes an evolutionarily conserved kinetochore protein required for cell cycle progression." Cell86（2）: 275−285.

D'Hont, A., F. Denoeud, et al. 2012. "The banana（Musa acuminata）genome and the evolution of monocotyledonous plants." Nature488（7410）: 213−217.

Dai, X. and P. X. Zhao. 2011. "psRNATarget: a plant small RNA target analysis server." Nucleic Acids Res39（Web Server issue）: W155−159.

De Bie, T., N. Cristianini, et al. 2006. "CAFE: a computational tool for the study of gene family evolution." Bioinformatics22（10）: 1269−1271.

Edgar, R. C. 2004. "MUSCLE: multiple sequence alignment with high accuracy and high throughput." Nucleic Acids Res32（5）: 1792−1797.

Efstratiadis, A., J. W. Posakony, et al. 1980. "The structure and evolution of the human beta−globin gene family." Cell21（3）: 653−668.

Ernst, H. A., A. N. Olsen, S. Larsen et al. 2004. "Structure of the conserved domain of ANAC, A member of the NAC family of transcription factors." EMBO reports5（3）: 297−303.

Ferreira–Cerca, S., G. Poll, et al. 2005. "Roles of eukaryotic ribosomal proteins in maturation and transport of pre–18S rRNA and ribosome function." Mol Cell20 (2): 263–275.

Fromont–Racine, M., B. Senger, et al. 2003. "Ribosome assembly in eukaryotes." Gene313: 17–42.

Goff, S. A., D. Ricke, et al. 2002. "A draft sequence of the rice genome (Oryza sativa L. ssp. japonica)." Science296 (5565): 92–100.

Grandi, P., V. Rybin, J. Bassler, et al. 2002. "90S pre–ribosomes include the 35S pre–rRNA, The U3 snoRNP, And 40S subunit processing factors but predominantly lack 60S synthesis factors." Mol Cell10 (1): 105–115.

Griffiths–Jones, S., H. K. Saini, et al. 2008. "miRBase: tools for microRNA genomics." Nucleic Acids Res36 (Database issue): D154–158.

Hua, J. and E. M. Meyerowitz. 1998. "Ethylene responses are negatively regulated by a receptor gene family in Arabidopsis thaliana." Cell94 (2): 261–271.

Jaillon and O. 2007. "The grapevine genome sequence suggests ancestral hexaploidization in major angiosperm phyla." Nature449 (7161): 463–467.

Jaillon, O., J. M. Aury, et al. 2007. "The grapevine genome sequence suggests ancestral hexaploidization in major angiosperm phyla." Nature449 (7161): 463–467.

Jurka, J., V. V. Kapitonov, A. Pavlicek, et al. 2005. "Repbase Update, A database of eukaryotic repetitive elements." Cytogenet Genome Res110 (1–4): 462–467.

Kajitani, R., K. Toshimoto, et al. 2014. "Efficient de novo assembly of highly heterozygous genomes from whole–genome shotgun short reads." Genome Res24 (8): 1384–1395.

Kanehisa, M. and S. Goto. 2000. "KEGG: kyoto encyclopedia of genes and genomes." Nucleic Acids Res28 (1): 27–30.

Klingler, J. P., G. Batelli et al. 2010. "ABA receptors: the START of a new paradigm in phytohormone signalling." J Exp Bot61 (12): 3199–3210.

Kovach, A., J. L. Wegrzyn, et al. 2010. "The Pinus taeda genome is characterized by diverse and highly diverged repetitive sequences." BMC Genomics11: 420.

Kruppa, J., D. Darmer, et al. 1983. "The Phosphorylation of Ribosomal Protein–S6 from Progesterone–Stimulated Xenopus–Laevis Oocytes – Kinetic–Studies and Phosphopeptide Analysis." European Journal of Biochemistry129 (3): 537–542.

Kundu–Michalik, S. and e. al. 2008. "Nucleolar binding sequences of the ribosomal protein S6e family reside in evolutionary highly conserved peptide clusters." Mol Biol Evol25 (3): 580–590.

Kundu–Michalik, S., M. A. Bisotti, et al. 2008. "Nucleolar binding sequences of the ribosomal protein S6e family reside in evolutionary highly conserved peptide clusters." Mol Biol Evol25 (3): 580–590.

Lang, M. and E. Juan. 2010. "Binding site number variation and high–affinity binding consensus of Myb–SANT–like transcription factor Adf–1 in Drosophilidae." Nucleic Acids Res38 (19): 6404–6417.

Li, L., C. J. Stoeckert, et al. 2003. "OrthoMCL: identification of ortholog groups for eukaryotic genomes." Genome Res13（9）: 2178-2189.

Lowe, T. M. and S. R. Eddy. 1997. "tRNAscan-SE: a program for improved detection of transfer RNA genes in genomic sequence." Nucleic Acids Res25（5）: 955-964.

Luo, R., B. Liu, et al. 2012. "SOAPdenovo2: an empirically improved memory-efficient short-read de novo assembler." Gigascience1（1）: 18.

Maheshwari, S., J. Wang et al. 2008. "Recurrent positive selection of the Drosophila hybrid incompatibility gene Hmr." Mol Biol Evol25（11）: 2421-2430.

Majoros, W. H., M. Pertea and et al. 2004. "TigrScan and GlimmerHMM: two open source ab initio eukaryotic gene-finders." Bioinformatics20（16）: 2878-2879.

Milkereit, P., H. Kuhn, et al. 2003. "The pre-ribosomal network." Nucleic Acids Res31（3）: 799-804.

Ming and R. 2008. "The draft genome of the transgenic tropical fruit tree papaya （Carica papaya Linnaeus）." Nature452（7190）: 991-996.

Ming, R., S. Hou, et al. 2008. "The draft genome of the transgenic tropical fruit tree papaya （Carica papaya Linnaeus）." Nature452（7190）: 991-996.

Mogensen, J. E., M. Ferreras, et al. 2007. "The major allergen from birch tree pollen, Bet v 1, Binds and permeabilizes membranes." Biochemistry46（11）: 3356-3365.

Mogensen, J. E., R. Wimmer, et al. 2002. "The major birch allergen, Bet v 1, Shows affinity for a broad spectrum of physiological ligands." J Biol Chem277（26）: 23684-23692.

Mohrmann, L., A. J. Kal et al. 2002. "Characterization of the extended Myb-like DNA-binding domain of trithorax group protein Zeste." J Biol Chem277（49）: 47385-47392.

Narayan, V. S. and P. M. Nair. 1990. "Metabolism, Enzymology and Possible Roles of 4-Aminobutyrate in Higher-Plants." Phytochemistry29（2）: 367-375.

Nawrocki, E. P. and S. R. Eddy. 2013. "Infernal 1.1: 100-fold faster RNA homology searches." Bioinformatics29（22）: 2933-2935.

Paterson, A. H., J. E. Bowers, et al. 2009. "The Sorghum bicolor genome and the diversification of grasses." Nature457（7229）: 551-556.

Poole, R. L. 2007. "The TAIR database." Methods Mol Biol406: 179-212.

Price, A. L., N. C. Jones and P. A. Pevzner. 2005. "De novo identification of repeat families in large genomes." Bioinformatics21 Suppl 1: i351-358.

Quevillon, E., V. Silventoinen, et al. 2005. "InterProScan: protein domains identifier." Nucleic Acids Res33（Web Server issue）: W116-120.

R, R. K., S. N. N, et al. 2012. "HSPIR: a manually annotated heat shock protein information resource." Bioinformatics28（21）: 2853-2855.

Radauer, C., P. Lackner et al. 2008. "The Bet v 1 fold: an ancient, Versatile scaffold for binding of large,

Hydrophobic ligands." BMC Evol Biol8.

Ronquist, F., M. Teslenko, et al. 2012. "MrBayes 3.2: Efficient Bayesian Phylogenetic Inference and Model Choice Across a Large Model Space." Syst Biol61（3）: 539-542.

Ruvinsky, I. and O. Meyuhas. 2006. "Ribosomal protein S6 phosphorylation: from protein synthesis to cell size." Trends Biochem Sci31（6）: 342-348.

Schmutz, J., S. B. Cannon, et al. 2010. "Genome sequence of the palaeopolyploid soybean." Nature463（7278）: 178-183.

Shuai, B., C. G. Reynaga-Pena and P. S. Springer. 2002. "The lateral organ boundaries gene defines a novel, Plant-specific gene family." Plant Physiol129（2）: 747-761.

Sinzelle, L., Z. Izsvak et al. 2009. "Molecular domestication of transposable elements: from detrimental parasites to useful host genes." Cell Mol Life Sci66（6）: 1073-1093.

Stanke, M., R. Steinkamp, et al. 2004. "AUGUSTUS: a web server for gene finding in eukaryotes." Nucleic Acids Res32（Web Server issue）: W309-312.

Stark, J. L., K. Mehla, et al. 2014. "Structure and Function of Human DnaJ Homologue Subfamily A Member 1（DNAJA1）and Its Relationship to Pancreatic Cancer." Biochemistry53（8）: 1360-1372.

Thummer, R. P., L. J. Drenth-Diephuis, et al. 2010. "Functional characterization of single-nucleotide polymorphisms in the human undifferentiated embryonic-cell transcription factor 1 gene." DNA Cell Biol29（5）: 241-248.

Tuin, L. G. and B. J. Shelp. 1994. "In-Situ [C-14] Glutamate Metabolism by Developing Soybean Cotyledons .1. Metabolic Routes." J Plant Physiol143（1）: 1-7.

Tuskan, G. A., S. Difazio, et al. 2006. "The genome of black cottonwood, Populus trichocarpa（Torr. & Gray）." Science313（5793）: 1596-1604.

Varshney, R. K., W. Chen, et al. 2012. "Draft genome sequence of pigeonpea（Cajanus cajan）, An orphan legume crop of resource-poor farmers." Nat Biotechnol30（1）: 83-89.

Velasco and R. 2010. "The genome of the domesticated apple（Malus x domestica Borkh.）." Nat Genet42（10）: 833-839.

Velasco, R., A. Zharkikh, et al. 2010. "The genome of the domesticated apple（Malus x domestica Borkh.）" Nat Genet42（10）: 833-839.

Voight, B. F., S. Kudaravalli, et al. 2006. "A map of recent positive selection in the human genome." PLoS Biol4（3）: e72.

Weintraub, H., R. Davis, et al. 1991. "The myoD gene family: nodal point during specification of the muscle cell lineage." Science251（4995）: 761-766.

Williams, A. J., J. Werner-Fraczek, et al. 2003. "Regulated phosphorylation of 40S ribosomal protein S6 in root tips of maize." Plant Physiol132（4）: 2086-2097.

Xu, Z. and H. Wang 2007. "LTR_FINDER: an efficient tool for the prediction of full-length LTR retrotransposons." Nucleic Acids Res35（Web Server issue）：W265-268.

Yang, Z. H. 2007."PAML 4: Phylogenetic analysis by maximum likelihood."Mol Biol Evol24（8）：1586-1591.

Zhang, Q., W. Chen, et al. 2012."The genome of Prunus mume."Nat Commun3: 1318.

Zhang, Z., J. Li, et al. 2006."KaKs_Calculator: calculating Ka and Ks through model selection and model averaging."Genomics Proteomics Bioinformatics4（4）：259-263.

艾对元. 2008. 基因组中重复序列的意义. 283（343-345）.

别墅, 王坤波, 孔繁玲, 等. 2003. 棉花基因组重复序列研究进展. 分子植物育种, 1（3）：373-379.

陈俊, 王宗阳. 2002. 植物MYB类转录因子研究进展. 植物生理与分子生物学学报, 28（2）：81-88.

陈随清, 王利丽. 2003. rRNA基因（rDNA）序列分析在中药品种鉴定中的应用及研究进展. 河南中医学院学报, 18（105）：86-88.

陈现朝, 周永力. 2013. BAK1调控植物免疫信号识别和转导的分子机制. 植物遗传资源学报, 14（6）：1102-1107.

陈秀玲, 王傲雪, 张珍珠. 2014. 番茄NAC转录因子家族的鉴定及生物信息学分析. 植物生理学报, 50（4）：461-470.

范玉琴. 2007. 植物中油菜素类固醇信号转导与细胞增殖（综述）. 亚热带植物科学, 36（3）：80-84.

高国庆, 储成才. 2005. 植物WRKY转录因子家族研究进展. 植物学通报, 22（1）：11-18.

高焕, 孔杰. 2005. 串联重复序列的物种差异及其生物功能. 动物学研究, 26（5）：555-564.

郭华军, 焦远年, 邸超, 等. 2009. 拟南芥转录因子GRAS家族基因群响应渗透和干旱胁迫的初步探索. 植物学报, 44（3）：290-299.

韩超峰. 2005. 新型人源C型DnaJ/Hsp40家族成员HDJC9的生物学功能初步研究. 硕士论文, 浙江大学.

韩丽娟. 2012. 比较研究啮齿类动物基因组中的散在重复序列. 科技通报, 28（12）：30-31.

郝林, 徐昕. 2004. 植物转录因子WRKY家族的结构及功能. 植物生理学通讯, 40（2）：260-265.

郝中娜, 陶荣祥. 2006. WRKY转录因子超家族的研究. 生命科学, 18（2）：175-179.

黄佳玲, 佟少明, 侯和胜. 2012. 植物WRKY转录因子家族研究综述. 安徽农学通报, 18（2）：19-19, 71.

黄胜雄, 刘永胜. 2013. 土豆WRKY转录因子家族的生物信息学分析. 应用与环境生物学报, 19（2）：205-214.

霍冬英, 郑炜君, 李盼松, 等. 2014. 谷子F-box 家族基因的鉴定、分类及干旱响应. 作物学报, 40（9）：1585-1594.

李成慧, 蔡斌. 2013. 葡萄WRKY转录因子家族全基因组分析. 经济林研究, 31（4）：127-131.

李桂英, 田玉富, 杨成君. 2014. 植物GRAS家族转录因子的研究现状. 安徽农业科学, 42（14）：4207-4210.

李莉, 李懿星, 夏凯, 等. 2010. 植物F-Box蛋白及其生物学功能研究. 安徽农业科学, 38（35）：19879-19882.

刘卫霞，彭小忠，袁建刚，等. 2002. SCF（Skp1-Cul1-F-box蛋白）复合物及其在细胞周期中的作用. 中国生物工程杂志，22（3）：1-3.

罗光宇，叶玲飞，陈信波. 2013. 拟南芥B3转录因子基因超家族. 生命的化学，33（3）：287-293.

秘彩莉，刘旭，张学勇. 2006. F-box蛋白质在植物生长发育中的功能. 遗传HEREDITAS（Bcijing），28（10）：1337-1342.

彭辉，于兴旺，成慧颖，等. 2010. 植物NAC转录因子家族研究概况. 植物学报，45（2）：236-248.

秦佳. 2007. 组成型表达LeHSP100/ClpB对番茄耐冷性的影响硕士，山东师范大学.

沈怀舜. 2007. WRKY家族调控植物抗逆信号途径分子机制的初步研究.

苏国兴，董必慧，刘友良，等. 2003. γ-氨基丁酸在高等植物体内的代谢和功能. 植物生理学通讯，39（6）：670-675.

王晨. 2013. 小麦基因组中WRKY转录因子家族基因鉴定、克隆和TaWRKY10基因的功能分析博士，华中科技大学.

王浩，徐利楠，孙玉娜，等. 2013. Ydj1p二聚体中β14～β15与domain-Ⅲ分离的拉伸分子动力学模拟研究. 生物信息学，11（3）：167-171.

王磊，高晓清，朱苓华，等. 2011. 植物WRKY转录因子家族基因抗病相关功能的研究进展. 植物遗传资源学报，12（1）：80-85.

王婷婷. 2008. 油菜素类固醇的信号传导. 考试周刊，（20）：212.

谢永丽. 2006. 一类植物中特有的转录因子——AP2/EREBP转录因子家族. 青海师范大学学报（自然科学版），（3）：80-83.

许瑞瑞，张世忠，曹慧，等. 2012. 苹果WRKY转录因子家族基因生物信息学分析. 园艺学报，39（10）：2049-2060.

杨辉，闵东波，黄吉，等. 2012. 拟南芥BAK1基因转化及防御作用." 生物技术通报，（8）：71-74.

杨晓娜，田云，卢向阳. 2014. NAC转录因子在植物生长发育中的调控作用. 化学与生物工程，31（1）：1-5，25.

杨泽伟，王龙海，朱莉，等. 2014. γ-氨基丁酸代谢旁路在植物响应逆境胁迫中的作用机制研究. 生物技术进展，4（2）：77-84.

袁秀云，李永春，孟凡荣，等. 2008. 九个春化作用特性不同的小麦品种中VRN1基因的组成和特性分析. 植物生理学通讯，44（4）：699-704.

张朵. 2012. 核糖体蛋白S6在U3核蛋白复合体中的定位及功能.

张娟. 2009. WRKY转录因子功能研究进展. 西北植物学报，29（10）：2137-2145.

张婷婷，田云，卢向阳. 2014. WRKY 转录因子在植物生长发育中的调控作用. 化学与生物工程，（8）：1-5.

庄静，陈建民，彭日荷，等，2009. 一个小麦AP2／ERF转录因子家族单独亚族基因的克隆及分析. 麦类作物学报，29（5）：752-759.

第三章
DISANZHANG
辣木的育种、栽培及病虫害防治

*Moringa
oleifera
Lam.*

辣木育种

辣木（*M. oleifera*）原产于印度南部地区，在印度、古巴及我国有栽培，主要以幼嫩的叶片和果荚作为食用部位，另外种子、根等也可作为收获部位。辣木属植物13个种中，辣木是最具利用价值的种，原产于埃塞俄比亚和肯尼亚北部的非洲辣木（*M. stenopetala*）功能和用法与辣木一致，也具有一定的用途，其余种则较少应用，尚无栽培。

1.1　繁育特性

辣木的花为圆锥花序，单花白色或乳白色，有香味，形状类似于倒置的豆科植物的花。萼片披针形或长披针形，常被微绒毛。花瓣匙形，无毛或基部被微绒毛。雄蕊数10，其中有5枚正常，5枚退位，花丝分离，基部具毛；雌蕊数1，多毛。如PKM-1在云南西双版纳，周年均可开花，春、夏两季为盛花期，特别是春季辣木树上全是花（刘昌芬，2013）。单花花期持续7天，集中在上午开放。花药先熟，花粉活性持续时间为花开放至开花后48h，柱头可授期为开花后24~72h。成熟的花药和柱头在空间和时间上分离。花的香味在开花后即出现，并可持续48h。辣木花杂交指数为5，花粉—胚珠比为988.9±564.4，从而认为繁育系统为异交为主，部分自交亲和（吴疆翀，2010），但也具有自交不亲和性特征，并属于配子体型的自交不亲和。有研究表明，辣木的传粉昆虫主要有紫木蜂（*Xylocopa valga*）、黄叶带土蜂（*Scolia vittifornis*）和蜜蜂等。

辣木异交为主并具有部分自交的繁育系统特性，要求在进行选择的过程中要采取有效的隔离措施，以防止串粉。在长期的开花授粉条件下，辣木种质或品种的基因型高度杂合，且在群体内个体间基因型异质，无基因型完全相同的个体。这样的群体属于典型的异质杂合群体，其表现型是多种多样，缺乏整齐一致性，且基因型与表现型不一致，根据表现型选择的优良性状常常不能在子代重现。新基因进入和原有部分基因丢失，都会不同程度地改变群体遗传组成。辣木品种特别容易退化，需要严格的良种繁育程序。

1.2　育种目标

1.2.1　优质

优质是辣木育种的首要目标。辣木主要作为食用和功能性食品使用，用途多样。其全株均可利用，富含维生素A、B、C、E及钙、钾、铁等元素，还含有人体必需的各种氨基酸和微量元素等（刘昌芬，2002）。辣木还具有抗氧化、降血糖、消炎杀菌、抗癌等生物功能（Popoola and Obembe，2013；Hussain et al.，2014）。辣木油还可以作为食用油或者工业用油使用（刘子记等，2014）。营养成分和活性成分的高低是衡量辣木品质优劣的重要标志。尽管辣木用途广泛，但其品质育种应结合收获部位加以考虑。按采收部位和功能划分，辣木品质育种主要定位于叶用型、果用型、种用型等三种品质专用型品种。

叶用型品种是指以采收叶片为主要收获目标的辣木品种。辣木叶食用广泛，特别是印度、菲律宾群岛、夏威夷及部分非洲国家，将其作为高营养蔬菜的补充（Babu and Rajan，1996）；辣木的绿色叶粉是印度主要的出口商品，辣木鲜叶则可直接用作动物家畜的饲料（吴颋等，2013）。辣木叶具有丰富的营养价值，各种矿物质、维生素和人体必需氨基酸的含量比世界卫生组织（WHO）推荐摄取标准高。很多发展中国家用辣木叶粉来改善儿童营养不良，对于现代越来越注重健康的人们来说，辣木叶产品将会有广阔的市场前景。除此之外，辣木叶片还具有较高的药用价值，含有调节甲状腺激素和肝脂过氧化作用的超氧化物歧化酶和过氧化氢酶（Gilani et al.，1994；Tahiliani and Kar，2000），叶片的提取物可治疗发烧、溃疡、炎症与传染性疾病等一系列并发症，如心血管、胃肠、血液、肝肾等方面的疾病（Kooltheat et al.，2014）。因此，有必要培育叶用型辣木品种以满足市场需求。辣木叶一般为三回羽状复叶，羽片4～10对，绿色，薄纸质，长25～75 cm，顶端小叶倒卵形（张燕平等，2004）。由于复叶柄、小叶、小叶柄均可作为采收部位，因此单株复叶数和复叶干重应作为主要性状加以选择。

果用型品种是指以产出鲜嫩果荚为主要目标的辣木品种。在树体的各个部分当中，果荚是最有价值和应用最广的部分。辣木嫩果荚略带芦笋味，是味道鲜美的蔬菜，营养价值高，富含人体必需的氨基酸，其加工和食用方法似青豌豆、绿豆。最早食用辣木豆荚的人群是亚洲人，欧美地区的食用人群正在不断增加，现在的国际市场对新鲜和罐头豆荚的需求量稳定增长。英国大量进口辣木豆荚罐头和鲜荚果，印度则是辣木豆荚罐头的主要输出国（党选民等，2004）。由此可见，果用型品种也是辣木育种的目标之一。辣木果荚三棱状，下垂，长30～120 cm，果荚两端尖细，早期浅绿色，细软，后变为深绿色，成熟后呈褐色（张燕平等，2004）。单株果枝数、单果枝荚数、单荚鲜重是果用型品种选育的主要目标性状。

种用型品种指以产出种子为主要目标的辣木品种。辣木种子富含油脂，辣木油呈淡黄色，具坚果味（张燕平等，2004），种仁平均含油量40%，脂肪酸的种类组成与橄榄油极其相似，含量又显著高于橄榄油，经精制加工后可作为高级食用油（Abdulkapim et al.，2007）。由于辣木油不易氧化，具强效的洗涤和造泡作用，是制皂、化妆品、润滑剂、防腐剂和香料的优质原料（Makkar and Becker，1997）。榨油后剩下的油饼中粗蛋白含量高达56%以上，可以作为净化水源的媒介用于污水处理（Bhuptawat and Folkard，2007），还可以用作高蛋白动物饲料或生物有机肥料。因此，种用型也应作为辣木育种目标之一。辣木种子深褐色，近球形，其上3个纸质白翼，拨开外壳可以看到乳白色的种仁。种用型品种与果用型品种在单株果枝数、单果枝荚数两个性状的选择上一致。另外还应注重单荚种子数、种子千粒重、种仁平均含油量等目标性状。

1.2.2 高产

辣木为多年生热带落叶乔木，根据上述品质专用型划分，主要收获叶片、鲜嫩果荚、种子进行利用。辣木的产量构成因素主要有单株枝叶分枝数、叶片着生数量及重量、开花数量、坐果率及果荚重量、种子结实率及种子重量。高产是优良品种最基本的条件，在保证质量的前提下，应选育具有高产、稳产性能的品种。印度泰米尔纳都农业大学园艺学院所选育的两个早熟辣木栽培品种（PKM-1、PKM-2）经济性状明显优于其他多年生品种，适应性强，是商业化种植面积最大的品种（陆斌等，2005）。

1.2.3 抗逆性强

辣木育种除上述目标以外，培育抗逆性强的品种也是育种目标之一，如抗病、抗虫、抗寒、抗旱等。在我国辣木主要产于华南、西南等地的云南、海南、广东、四川、广西及台湾等省区海拔1 600 m以下的热带地区。产区内生态条件主要分为干热河谷区和湿热坝区两类。干热河谷生态区的辣木应重点突出耐旱、抗虫两个目标性状。但随着社会需求量增加，辣木种植应向高海拔地区布局，因此还应突出耐寒性状。湿热产区，辣木病害危害较重，应突出抗病性，尤其是根腐病等。

1.3 种质资源

1.3.1 属内种质资源

辣木为双子叶植物，辣木科（Moringaceae），辣木属（*Moringa* Adans）植物，为单科单属植物。目前辣木科共13个种，分为纤细型、粗壮型和块根型三种类型，主要分布于印度、非洲等地（赵翠翠，2012），见表3-1-1。由于该属植物中仅辣木（*M. oleifera*）和非洲辣木（*M. stenopetala*）有使用，其余种则较少受人们关注，种质资源特性也缺乏相应研究。

1.3.2 种内种质资源

辣木（*M. oleifera*）选育有PKM-1和PKM-2两个栽培品种，均是由印度泰米尔纳都农业大学园艺学院选育出来的。PKM-1是通过传统方式选育的变异体，可用种子繁殖，主要特点为主干比较矮，分枝多，生长速度快，种子结实早、产量高，适宜截杆栽培，病虫害少，适应热带各种土壤类型。PKM-2是MP31×MP28杂交产生的，该品种种子少，果荚肉香味浓适合在印度热带平原生长，可以在结实前期与可可等热带作物间种，也可以庭院种植。除以上两种外，还有一些利用较少的品种。Jaffna生长在印度南部不同区域，果实长60～90 cm，柔软，肉香味。据推测该品种来自斯里兰卡，从其豆荚颜色及长度可分出3种类型。Chavakacherimurungai原产于斯里兰卡，引种果实长90～120 cm。Chennurungai（红斜果）是一种地方型品种，可整年开花，产量较高。Kadumurungai是一种野生型豆荚，品质较差。还有种植极少的品种类型，如Palmurungai和Punamurungai果肉较厚，有点苦涩。Kodikkal生长在泰米尔纳都的攀缘植物，是高度杂合体，其基因在遗传改良上有一定的利用价值（陆斌等，2005）。

表3-1-1　辣木属种质资源分布及特点

类型	学名	分布	特点
纤细型	*M. oleifera*	印度南部等地区	根在苗期为肉质块根，成年后肉质块根消失，花朵为白色或粉红色二对称花
	M. concanensis	印度、孟加拉等地	
	M. peregrina	红海、阿拉伯半岛、索马里、埃塞俄比亚等地	
粗壮型	*M. stenopetala*	肯尼亚、埃塞俄比亚	有用于储水的瓶形树干，花朵小且不对称
	M. drouhardii	马达加斯加岛等地	
	M. hildebrandtii	马达加斯加岛等地	
	M. ovalifolia	纳米比亚、安哥拉等地	
块根型	*M. arborea*	肯尼亚东北地区	根苗期、成年均为肉质块根，花色多样，为两对称花朵
	M. rivae	肯尼亚、埃塞俄比亚	
	M. borziana	肯尼亚、索马里	
	M. pygmaea	索马里北部	
	M. longituba	肯尼亚东北部、索马里、埃塞俄比亚东南部	
	M.ruspoliana	肯尼亚东北部、索马里北部、埃塞俄比亚东南部	

1.4　育种途径和方法

1.4.1　引种

辣木分布区域广泛，栽培历史悠久，各地有许多优良品种和突变类型，如辣木的改良品种PKM-1、PKM-2，故可因地制宜地将其他地区的优良品种引种到本地区，以丰富本地种质资源。同时，通过品种比较试验，筛选出适合本地区的优良品种，为进一步选择育种和杂交育种提供原始材料。为确保引种成功，引种时必须按照引种的基本原则，明确引种目标和任务，并按一定的步骤进行：

（1）引种计划的制定和引种材料收集

引种的第一步是收集品种材料，引入品种材料时，首先应从生育期上估计哪些品种类型能适应本地自然条件和生产要求，而后确定从哪些地区引种和引入哪些品种。引入品种材料尽量多一些，能满足初步试验需要即可。

（2）引种材料的检疫

引种往往是传播病、虫、杂草的一个主要途径。为避免引入新的病、虫、杂草，凡引进的植物材料，都要严格检疫。对检疫对象及时用药处理，清除杂草杂物。引入后要在检疫圃隔离种植，一旦发现新的病、虫、杂草要彻底清除，以防蔓延。

（3）引种材料的试验鉴定和评价

为确定某一引进品种能否直接用于生产，必须通过引种试验鉴定。只有对引入品种进行试验鉴定，了解该品种的生长发育特性，对它们的使用价值做出正确的判断后，再决定推广，不可盲目利用，以免造成损失。

①观察试验　将引入的少量种子按品种种成单行或双行（小区），以当地推广的优良品种为对照进行比较，初步观察它们对本地生态条件的适应性、丰产性和抗逆性等，选择表现好、符合要求的材料留种，供进一步比较试验用。

②品种比较试验和区域试验　对于在观察试验中获得初步肯定的品种，进行品种比较试验和区域试验，了解它们在不同自然条件、耕作条件下的反应，以确定最优品种及其推广范围，同时加速种子繁殖。

③栽培试验　对已确定的引入品种要进行栽培试验，以摸清品种特性，制订适宜的栽培措施，发挥引进品种的生产潜力，以达到高产、优质的目的。

云南省芒市是我国引种辣木最早的地区，1900年前后肖应祥从印度引种辣木到芒市种植，目前仅存一棵古树，距今110～115年。台湾是我国较早引种辣木的地区，1910年日本人藤根吉春氏从新加坡引进印度辣木在中国台湾试种，当时只作为标本植物栽培。目前台湾种植面积已达3万hm^2，主要用于商业性开发。1940～1944年，日本人曾将辣木作为经济植物引种到海南；云南西双版纳热带作物研究所于20世纪60年代初进行了辣木的引种栽培试验。此后，中国林业科学院资源昆虫研究所相继从海南、中国台湾、缅甸、印度等地引进不同地方种源在元江、元阳、元谋等地开展了辣木的引种试验工作。引进的品种主要为印度传统辣木（*M. oleifera*）及其改良的两个栽培品种（PKM-1、PKM-2）。引种试验的初步结果表明辣木在云南干热河谷区可以正常生长、开花、结实、繁育（罗云霞等，2006）。

1.4.2 选择育种

（1）集团选育

辣木是一种以异花授粉为主，部分自交的兼性异交植物，更多情况下可视为异花授粉植物。针对这一特点，在辣木中开展集团选择（选择流程如图3-1-1），即从混杂群体中按不同的性状分别选择属于各种类型的单株，并将同一类型植株的种子混合组成若干个集团，将这些种子集团分别播种在不同的小区上加以比较、鉴定，是辣木培育新品种简单易行、见效快的有效方法。需要注意的是，辣木繁育以异花授粉为主，所以在各集团与原始群体进行比较试验的同时，各集团应分别隔离留种，在集团内自由授粉，以避免集团间的互交，对当选的集团则以隔离留种的种子进行繁殖。

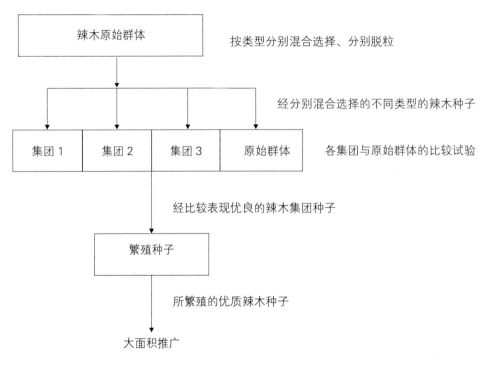

图3-1-1 辣木集团混合选择育种流程图

（2）系统选育

系统选择育种是通过个体选择、株行试验和品系比较试验到新品种育成一系列过程（图3-1-2），系统育种的基本工作环节如下：

①优良变异个体的选择 从种植推广品种群体的大田中选择符合育种目标的变异个体，经室内复选，淘汰不良个体，保留优良个体分别脱粒，并记录其特点和编号，

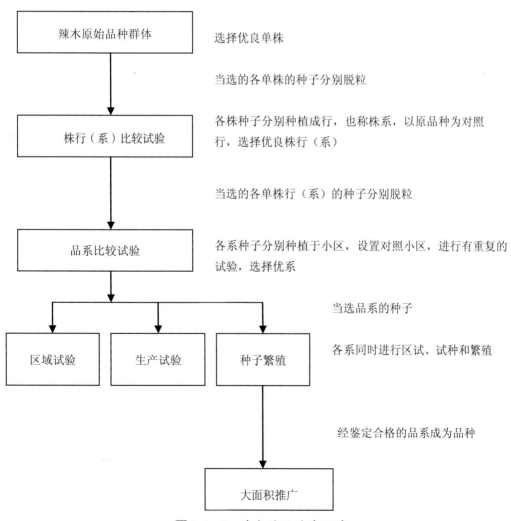

以备检测其后代表现。田间选择应在具有相对较多变异类型的大田中进行，选择个体数量的多少应由这些变异类型的真实遗传程度而定。受主基因控制的或不易受环境影响的明显变异其选择数量可从少，而受多基因控制或易受环境影响的性状其选择数量可从多。

②株行比较试验　将入选的优良个体，分系单行种植，每隔一定数量的株行设置对照品种以便对比。通过田间和室内鉴定，从中选择优良的株系。当系内植株间目标性状表现整齐一致时，即可进入来年的品系比较试验；若系内植株间还有分离，根据情况还可再进行一次个体选择。

图3-1-2　辣木系统选育程序

③品系比较试验　当选品系种成小区，并设置重复，提高试验的精确性。试验环境应接近生产大田的条件，保证试验的代表性。品系比较试验要连续进行两年，并根据田间观察评定和室内考种，选出比对照品种优越的品系1～2个参加区域试验。

④区域试验和生产试验　在不同的自然区域进行区域试验，测定新品种的适应性和稳定性。并在较大范围内进行生产试验，以确定其适宜推广的地区。

⑤品种鉴定与推广　经过上述程序后综合表现优良的新品种，可报请品种鉴定委员会鉴定，鉴定合格并批准后，定名推广。对表现优异的品系，从品系比较试验阶段开始，就应加速繁殖种子，以便及时大面积推广。

在系统选择的过程中，要注意以下几个问题。

第一，为了获得优良遗传的变异单株，选择要建立在对群体混杂情况进行调查的基础上，并在掌握优良性状比较评价方法的基础上进行。

第二，为了获得优良遗传性状的变异单株，应适当扩大选择目标，少则几百个，多达数千个优良单株。注意研究各性状间的关系以及性状间相互影响，掌握性状选择的关键；淘汰那些与原品种无差异的单株或株系，减少不必要的工作量；性状选择应在表现最明显和便于了解其发展变化的时期进行观察与选择；注意优良单株或株系的选择和培育。

第三，辣木主要为异花授粉，部分自交亲和，所以在系统选择的过程中，要注意各株行（系）之间的隔离，在各株行（系）内自由授粉，以避各株行（系）间的互交。

辣木在长期的栽培过程中产生了许多变异和类型，在此基础上选择、培育有优良性状的植株，继而培育成新品种是获得辣木新品种的主要途径。

1.4.3　杂交育种

杂交育种是不同类型或基因型品种杂交，将不同亲本优良性状组合到杂种中，对后代进行多代选择、培育和比较鉴定，获得纯合基因型新品种或不育系的育种途径。

（1）亲本选配

亲本选配是杂交育种成败的关键，应注意以下几个环节：

①全面熟悉和掌握亲本的特性，注意重点考虑育种目标的核心问题，选择主要性状突出、缺点少且易克服的种质材料作为亲本，而且双亲的主要性状的优缺点要能相互弥补。

②最好选用当地推广品种作为亲本之一，因为当地推广品种曾在本地有较长的栽培历史，综合性状较好，对当地自然、栽培条件有一定的适应性，所以成功率较高。

③选用生态型差异较大，亲缘关系较远的材料做亲本，成功率往往较大。

④选用一般配合力好的材料做亲本，往往会得到好的后代，容易选出好的品种。

（2）杂交技术

辣木杂交育种可以采用单交、回交、轮回杂交等方式进行。在充分了解辣木花器官的构造、开花时间、开花顺序等的基础上，对选择好的亲本进行杂交。杂交时要注意以下技术问题。

①杂交用花的选定　同一植株上不同部位的花朵结实率有较大的差异，杂交时，要选择健壮、容易结实的花枝和花蕾。

②选择杂交时间　辣木花刚开放后花粉活力最高，为96.53%，而此时柱头不具可授性。当花开放24h后，少于一半的花粉还有活性，此时柱头表现出很强的可授性，花粉与柱头在开花后24～48h间有24h的活性期重叠。因此，对于每一朵花来说，最好在开花后的第24h到48h内进行杂交。同时还要注意采取必要的措施进行花期调节，使杂交亲本花期相遇。

③去雄　去雄主要是对选择的亲本的母本进行。在开花的前一天下午，花瓣刚露出花萼，第二天能够开放的花上进行。剪除未露出花瓣花朵，用镊子尖部轻轻分开花冠，或将花冠轻轻挑破，小心地用镊子取出花药，注意不能将花粉囊夹破。去完雄后立即套袋。

④授粉　在选择好的父本的植株上采集花粉，放在干燥洁净的小酒杯中，用毛笔蘸取花粉或用镊子夹起花粉囊，在母本雌蕊的柱头上涂几下，使花粉落在柱头上，然后在套好纸袋，挂上标签，标明父本、母本名称或代号以及去雄授粉的日期。

（3）杂交后代的选择

杂交后代的选择方法和选择育种的选择方法基本相同，只是杂交后代选择的时间需要更长一些。

1.4.4　倍性育种

利用化学药剂诱发辣木树体（植株、枝、芽、花粉等）产生变异，在变异体或其后代中加以人工选择，从而培育出新品种。辣木四倍体新种质诱导技术研究中利用0.1%的秋水仙素溶液处理辣木幼苗茎尖24h效果最好，四倍体诱导率达到19%。秋水仙素诱导获得了纯合的四倍体（2n=4x=56）和少许嵌合体。多倍体辣木在二倍体的最适增殖培养基和生根培养基上增殖与生根情况良好，移栽四倍体初步获得成功。四倍体植株的叶片增厚，叶长变短，叶形指数变小，叶厚和叶宽分别是二倍体的325%和165%，叶长为二倍体的94%，略小于二倍体。四倍体的气孔密度是二倍体的75.8%；保卫细胞明显增大，长度和宽度分别为二倍体的121.8%和138.7%，叶绿素数目是二倍体的182.3%（张洁，2007）。

1.4.5　分子育种

辣木基因组的解析，为辣木的育种、药理研究、病虫害防治等提供了重要的依据，将辣木研究带入到分子育种时代。分子育种克服了辣木常规育种方法周期长、选择效率低的局限性，实现优良基因重组和聚合，能够对辣木新品种定向选育。主要包括基因工程育种、分子标记辅助育种（MAS）和分子设计育种等，此技术不经过有性过程，将外源DNA导入植物，产生可遗传的变异，以选育带有目的性状的优良品种，提高辣木抗性或增加功效成分等。辣木基因转化受体系统的建立主要包括器官发生途径和胚状体发生途径，建立良好的受体系统是辣木基因转化成功的关键。目前关于分子育种的报道不多，只有少数报道取得了一定的进展，成功地建立了辣木不定芽诱导的器官发生途径（罗云霞等，2007；王洪峰和韦强，2008a）。但只有建立良好胚状体途径，在进行目的基因转化时才能获得纯合体。因此，建立良好的胚状体再生体系是辣木分子育种的必要条件。

1.5 品质育种

以实现辣木优质为主要目标的品种改良和种质创新的技术与方法对提高辣木有益成分，增进人体健康，发展食品加工业、医药保健产业以及其他行业的开发，提高经济效益，都有重要的作用。

1.5.1 辣木品质性状

① 外在品质 指辣木作为商品能被人感知的外观特征，比如叶片和果荚的大小、种子的成熟度、色泽等。外在品质不但与辣木有效成分有一定关系，而且对产品的销售与价格影响极大，在制定育种目标时应尽可能考虑外在品质。

② 内在品质 指辣木及其产品质量的所有内含特性，特别是化学成分的种类和含量。辣木不仅营养物质种类多，富含维生素A、B、C、E、蛋白质及钙、钾、铁等元素，还含有人体必需的各种氨基酸和微量元素等物质；辣木还具有抗氧化、降血糖、消炎杀菌、抗癌等生物功能。因此，内在品质是辣木育种的重要目标。

1.5.2 辣木优质品种的选育

① 辣木优质种源的收集、引种和创新 广泛收集辣木各种种质材料，建立资源库，对品质性状进行评价，发掘有利用价值的基因，为品质育种提供优质种质资源。对于外地引进的综合性状突出的优质种源，试种表现优异者可以在本地扩大种植、直接利用。在种质资源评价的基础上，可以利用远缘杂交、人工诱变、转基因等技术创造自然界还没有的新种质。

② 品质育种的方法 能够用于辣木品质育种的方法很多，选择育种法、杂交育种法、多倍体育种法都可以加以利用。除此之外，诱变育种、远缘杂交、分子育种等方法也都可以用于辣木品质育种。

Moringa oleifera Lam.

辣木的栽培技术

2.1 种苗繁育技术

2.1.1 实生苗的繁育

（1）采集种子

培育健壮种苗的前提是育苗时要使用具有高活力的种子，采集的种子要求品种纯正、优质、高产，没有病虫害，果实成熟度好，籽粒饱满、无混杂、无霉变。采集高质量的种子必须全面考虑以下几点内容：

① 选择母树　种子要求在种植资源圃或者母树林等良种繁殖基地进行采集，需采自多年生的健壮母树，因其适应当地生态条件，性状优良，没有病虫害，种子饱满。也可在优良野生母树林或散生母树中选择稳定结实的壮龄植株作为采集种子的母树。

② 适时采收和取种　辣木果实早期浅绿色，细软，后变成深绿色，成熟后呈褐色，亚洲地区的果实成熟期多在5～8月（张燕平，2004）。荚果在树上明显干瘪、颜色呈黄至棕色，已全部纤维化，是种子成熟的标志。果实采收后应立即进行处理，剥开果壳取出里面的种子。成熟、质量好的种子表现为籽粒饱满、无皱缩、呈棕褐色、手感坚实。种子风干，室温保存。

（2）种子播种前的处理

种子的发芽率随着存放时间的延长而迅速下降，每存放一年，其发芽率就会相应地降低20%～30%（龚德勇等，2006）。因此，播种用的种子应是当年采收的种子，其生命力强、发芽率高，可达80%～90%。辣木种子外壳较坚硬，干播通常难以发芽，一般要用40 ℃左右的温水浸泡种子4～5h后再播种，在气温高的地方浸种时间可适当减少。也可采用药剂浸种，药水可选用800～1200倍液多菌灵、百菌清等杀菌剂（郑燕珊，2009；郑毅等，2011），浸种的同时还可以杀死辣木种子内附着的病菌，保证种子发芽率及幼苗的成活率。

（3）苗床准备

辣木幼苗抗寒能力弱，苗圃所在地应没有霜期或只有几天微霜期，气温低的地方应采用薄膜覆盖或者大棚、温室育苗。一般选择靠近种植地，水源方便的地块作苗床。苗床要用稀质遮光网遮阴，除去杂草、石块等杂物后平整土地，用砖砌宽、高约为100 cm×40 cm的催芽床，长度视地形而定。育苗通常在沙床或育苗盘上进行。辣木播种的基质，要求干净、疏松、透气。通常可以选用通气透水性强的河沙、珍珠岩、有机肥等用作基质，厚度在20～25 cm之间（郑毅等，2011）。并用0.1%～1.0%的高锰酸钾溶液对基质进行杀菌消毒，晾晒5 d后备用。

（4）播种

通常是根据出苗定植时间来确定辣木的播种时间。一般采取春季育苗，播种时间可以在3月左右，若苗圃地气温高或覆盖薄膜可以适当提前。

① 沙床播种　将已处理好的种子播撒入沙床（图3-2-1）中，覆盖1 cm左右细沙，太深或太浅会造成出苗率降低，一般3～6 d出芽。播种后淋透水，然后覆盖地膜，可起到保湿或提温的作用。辣木和大多数植物种子一样，20～28 ℃为种子萌发的最

图3-2-1　沙床育苗（马关润拍摄）

适宜温度。在该温度条件下辣木种子出苗快、整齐，萌发的幼苗粗壮质量好，移栽成活率高。辣木种子播种后一般4～6 d出芽，发芽时间集中在播种后的6～15 d，超过20天未发芽种子基本丧失发芽力。

② 育苗盘播种　将消毒好的基质用育苗盘装好，整齐地放置在平整好的场地中，用干净的清水淋透，放置24 h。将已浸种的辣木种子以点播的方式播种于育苗盘，每个育苗穴放1粒种子，用细营养土轻轻覆盖，然后为其喷雾淋透水。

（5）营养袋的准备和移栽

袋装苗的土壤要求肥沃、疏松，用净土、腐熟的有机肥、钙镁磷、复合肥按100∶25∶3∶2的配比或用泥炭土、珍珠岩、过磷酸钙按5∶2∶1的配比混合配制而成。装袋要求紧、满，将装好营养土的营养袋排置于苗床上，袋间相互靠紧（刘昌芬，2013）。种子播入沙床或育苗盘后6 d左右，幼苗开始出土，待苗长出复叶后，移植到排置好的营养袋里（图3-2-2）。栽好后浇灌800倍绿亨2号液或其他杀菌剂。

图3-2-2　袋装苗移栽（解培惠拍摄）

（6）幼苗管理

辣木幼苗的水分管理非常重要，浇水数量和次数要合适，要保持袋内的土壤湿润，但不宜太多，以防烂根（郑毅等，2011）。每天浇水1次，以早或晚为好，浇水时水量要小而均匀。

当苗木出现黄、瘦等营养不良症状，且已排除病害、虫害、水涝等原因，此时应及时追肥。追肥在育苗之后快速生长期进行，将氮、磷、钾复合肥配成0.5%的水溶液，浇灌入土；或喷施0.1%～0.2%的尿素水溶液。通常根据辣木幼苗的生长状况确定追肥的次数。

辣木幼苗对温度比较敏感，苗龄越小越容易受到低温危害。云南省每年3月多数会有"倒春寒"天气，轻则会影响辣木幼苗生长，重则会枯梢、枯枝甚至全株死亡。因此，如果在可能会出现低温危害的地方育苗，必须在苗床上架设塑料拱棚或大棚。

移袋成活后，应随时观察病虫害，适时喷药。幼苗长至5片叶时，即可适时植入大田（郑毅等，2011）。若定植过晚，幼苗主根穿袋，则会影响成活率。

2.1.2　扦插苗的繁育

扦插育苗可保持母本的遗传性状，缩短良种选育时间，增加苗木的来源。但辣木扦插时插条的选择非常重要，一年生、两年生的枝条扦插成活率非常低。一般选择三年生及以上的枝条进行扦插育苗，成活率较高。

（1）插条采集和处理

扦插时间在雨季来临之前为宜。插条采集时间应在晴朗天，无露水，太阳没出时的清晨。对多年生优良母株进行修剪，修剪后母株仅需在高60 cm 左右留2～3个枝条，以维持其生长。修剪下来的枝条，剪取长40～50 cm、粗4～5 cm的枝条进行扦插。上端从芽上3～5 cm处平剪，用塑料薄膜扎紧封顶，下端斜剪。

（2）药剂配制

辣木扦插时可以直接扦插也可以用药剂处理后扦插。扦插时可用50ppm的吲哚丁酸或50～100ppm的萘乙酸或100ppm的ABT1号生根粉液，浸蘸插条下端3～5 min，便可插入苗床。注意这三种试剂都不易溶于水而溶于酒精，用时须先用酒精溶化后再兑水浸蘸。

（3）沙床处理

沙床可建于塑料大棚内或小拱棚内，以防下雨积水，沙床上要搭建覆盖遮阳网，保证通风透气，控制光照、温度及湿度。沙床用每亩2吨腐熟农家肥撒在地块后深翻、整平，再平铺一层12～15 cm厚的细河沙即可。宽一般1.0～1.2 m，扦插前喷一次杀菌剂，并晾晒后使用。

（4）扦插

扦插时应把1／2的插条埋在穴里，易于生根生长，要注意保持插床的湿度，最好配套间隙弥雾设备。要重点管理好水分，因为辣木具肉质根，在水分过多的情况下很容易发生腐烂。也可于扦插前在插床上覆盖黑膜直接扦插。黑色地膜不仅可以保湿，还可以起到除草的作用。

2.1.3　组培苗的繁育

由于辣木神奇的功效和潜在的市场价值，种植辣木的地区越来越多，传统的种子育苗和扦插育苗已不能满足市场需要。开展辣木组织培养快速繁殖，建立良好的植株再生体系，可以很好地解决种苗缺乏问题，是进一步推广辣木提供优质的种质资源，解决辣木种苗供应的有效途径。

（1）材料的来源

材料要选择优良辣木种子，目前生产上应用较多的品种有印度传统辣木、印度改良种辣木和非洲辣木等。应根据不同用途选择不同的品种，若主要用于经济开发，应选印度改良种PKM-1 和PKM-2，若主要用于改善生态环境，应选择印度传统辣木或非洲辣木。

（2）繁殖材料的建立

选择饱满无皱缩的辣木种子，去掉纸质白翼，流水冲洗约30 min 后，放在75% 酒精里浸泡30~60 s，无菌水冲洗3次，接着用0.1% $HgCl_2$ 浸泡10~20 min，无菌水冲洗3 次，然后接种于MS基本培养基上（罗云霞等，2007；朱尾银，2011）。20 d 左右可长至5 cm，含3~5 片叶，以此获得无菌的繁殖材料（马崇坚等，2007）。培养温度为25±2 ℃，光照时间为12h/d，光强2000~3000lx。

（3）顶芽、腋芽或不定芽的诱导

将获得的无菌辣木小苗切分为顶芽、带腋芽的茎段、叶、叶柄和不带腋芽的茎段，作为外植体。

① 顶芽和腋芽的发育

以顶芽、带腋芽的茎段为外植体，在MS培养基中添加细胞分裂素（6-BA、TDZ等），可促使顶芽或腋芽启动生长，从而形成一个微型的多枝多芽的小灌木丛状的结构。将这种丛生苗的一个枝条转接继代，即可迅速获得大量的嫩茎或芽。

② 不定芽的发育

外植体的大小，应根据培养目的而定。一般外植体大小在0.5~1.0 cm为宜。将叶、叶柄和不带腋芽的茎段接种在诱导形成愈伤组织的培养基（添加了不同浓度的细胞分裂素和生长素）上，经脱分化，形成愈伤组织细胞；然后接种在诱导不定芽的培养基上，经过再分化，形成不定芽。在此过程中，通过愈伤组织的增殖和分化，实现不定芽的增殖，从而达到增殖的目的（向素琼等，2007；王洪峰和韦强，2008b）。

（4）生根诱导

当不定芽增殖到一定数量后，就要进入生根培养阶段。生根培养是无根苗生根的过程，力求生出的不定根浓密而粗壮。生根培养基可采用1/2或1/4 MS培养基，全部去掉细胞分裂素，并加入适量的生长素（如NAA、IBA等）。

（5）驯化和移栽

试管苗驯化即炼苗的目的在于提高试管苗对外界环境条件的适应性，提高其光合作用的能力，促使试管苗健壮，最终达到提高试管苗的移栽成活率（王蒂，2004）。具体方法是将长有完整试管苗的试管或三角瓶不开口，由培养室转移到自然光照下或半遮阴的自然光下锻炼2~3 d，让试管苗接受强光的照射，使其长得壮实起来，并在自然光下恢复植物体内叶绿体的光合作用能力；然后再开口炼苗1~2 d，经受较低湿度的处理，以适应将来自然湿度的条件。

试管苗经过驯化后便可进行移栽。常用基质是珍珠岩、蛭石、沙子等，为了增加黏着力和一定的肥力可配合草炭土或腐殖土，配比通常是珍珠岩：蛭石：草炭土或腐殖土=1：1：0.5或沙子：草炭土或腐殖土为1：1。移栽基质在使用前应高压灭菌或杀菌剂处理。栽培容器可用6 cm×6 cm～ 10 cm×10 cm的软塑料钵，也可用育苗盘。

试管苗移栽应在大棚内或搭设小拱棚内进行。移栽时将经过驯化的带根小苗，用自来水洗掉根部粘着的培养基，栽植，苗周围基质压实，轻浇薄水，移入高湿度（相对湿度90%）环境。在移栽后5～7 d内给予较高的空气湿度，初期要常喷雾处理，5～7 d后逐渐降低湿度，减少喷水次数，注意通风，约15 d以后可揭去棚膜，并给予水分控制，逐渐减少浇水，促进小苗长得粗壮。喷水时可用1/2 MS培养基大量元素的水溶液作追肥，可加快苗的生长与成活。试管苗在移栽的过程中，要控制好水分平衡、适宜的介质，控制杂菌和适宜的光、温条件。

2.2 丰产优质建园技术

2.2.1 园地选择

① 地势应选择阳坡，排水良好。

② 有良好的水源，可灌溉。

③ 辣木可以在多种土壤生存，对土壤酸碱度要求不严格，约pH4.8～8.5均可，但以排水良好的沙质土壤最佳。园地应挖畦沟，避免淹水，太潮湿及排水不良的土壤容易造成根部腐烂，从而造成植株枯黄甚至死亡。

2.2.2 园地规划设计

① 划分栽植区　根据地形坡向和坡度划分若干栽植区（又称作业区），栽植区应长方形，长边与行向一致，有利于排灌和机械作业。

② 道路系统　根据园地总面积的大小和地形地势，决定道路等级。主道路应贯穿辣木园的中心部分，面积小的设一条，面积大的可纵横交叉，把整个园分割成4、6、8个大区。支道设在作业区边界，一般与主道垂直。作业区内设作业道，与支道连接，是临时性道路，可利用辣木行间空地。主道和支道是固定道路，路基和路面应牢固耐用。

③ 排灌系统　辣木园应做好总灌渠、支渠和灌水沟三级灌溉系统（面积较小也可设灌渠和灌水沟二级），按千分之五比降设计各级渠道的高程，即总渠高于支渠，支渠高于灌水沟，使水能在渠道中自流灌溉。排水系统也分小排水沟、中排水沟和总排水沟三级，但高程差是由小沟往大沟逐渐降低。排灌渠道应与道路系统密切结合，一般设在道路两侧。

④ 管理用房　包括办公室、库房、生活用房、畜舍等，修建在辣木园中心或一

旁，由主道与外界公路相连，占地面积2%～3%。

⑤ 肥源　为保证每年有充足的肥料，辣木园必须有充足肥源。可在园内设绿肥基地，或养猪、鸡、牛、羊等积粪肥。按每亩施农家肥600～1 000kg设计肥源。

2.2.3　露地栽植技术

目前较常用的辣木品种或类型有以下三种：印度传统辣木、非洲辣木和印度改良种辣木。其繁殖可用种子有性繁殖，也可用扦插或组织培养方法无性繁殖。辣木生长迅速，较容易成活，可以直播造林、裸根苗造林、营养袋苗造林。在水、肥条件好的地方可采用直播造林、裸根苗造林或营养袋装苗造林，荒山造林（图3-2-3）应采用袋苗造林。这里以目前应用较广泛的营养袋装苗为例来介绍辣木的栽植技术。

辣木根属肉质，雨季降水集中时不宜栽植，容易发生根系和茎基腐烂。有灌溉条件的一般在3～4月栽植较好，无灌溉条件的最好在雨季初期或后期栽植。一般营养袋苗只要能保证灌溉，一年四季均可定植。定植过程中注意以下几个环节：

① 苗木选择及处理　当种苗长至苗高20～40 cm，地径0.5～0.8 cm时进行移植。

② 定植密度　种植密度要根据种植目的而定，如采摘嫩叶食用的种植密度可大些，采摘豆荚或种子的可适当小些。

③ 挖定植沟　定植前全面深翻土地30～40 cm，平整后按行距开沟，先按行距定线，再按沟的宽度挖沟，沟深40～60 cm，宽50 cm。将表土和心土分别堆放。

④ 拌肥回塘　在沟底铺一层厚20cm左右的杂草、玉米秆等有机物，然后将腐熟的人尿粪、鸡粪、牛羊粪等有机肥按每亩施5 000～7 000kg，磷肥50kg与表土搅拌均匀回填到沟中。若土壤黏重，要适当掺沙子回填，改善土壤结构，以利于根系生长发育。当回填到离地表10 cm时，灌水沉实定植沟，使塘土距离地面25～30 cm。

⑤ 打定植点，垒定植丘　拌肥回塘后，按株距用皮

图3-2-3　辣木用于荒山造林（解培惠拍摄）

尺和石灰测量并打点。在定植点上垒高15～20 cm的小丘。

⑥ 定植　袋装苗栽植前应先把营养袋小心剥除，避免土团松散和伤及根系。在回填后的定植穴中挖宽、深20 cm的小坑，将带土苗放入定植穴中，然后用拌过有机肥的细表土埋好根系，再填入心土，用手轻压四周，使之略低于穴面，栽植后要浇足定根水。地下水位较高或需防涝的园地，可做垄，在垄顶上定植，注意浇透水，防止苗木缺水干枯。栽植后及时覆盖地膜，全垄条形覆盖。也可盖厚5～8 cm的稻草，可起到保湿、增温、防杂草的作用。采梢、叶片的株行距一般为1.0 m×1.0 m，适时修剪。需要采果荚和种子的植株应适当放宽株行距，一般为2.5 m×2.5 m，同时培养合理的结果树形，即培养3～4条主干，主干枝长度控制在3～5 m，结果量大时可采取支撑和绑缚，避免枝干因挂果过多折断。建议采果荚和种子的园地进行间作，有利于降低病虫害发生率，增加单位面积的经济效益。

⑦ 定植后管理　定植1周后，要及时调查苗木成活率，发现死苗缺塘应尽快补苗，以使全园植株生长一致。平坦或低洼的定植地应起垄，开挖排水沟。为使辣木园幼树速生快长，管理中应注意清除杂草，适时浇水，防止病虫害发生。

2.2.4　设施栽培技术

云南省一些地方如东川、开远等地5～11月在露地栽培条件下可以供应辣木菜，11月到次年4月因冬季低温、干旱和其他原因辣木生长缓慢，难以产足够量的鲜菜。因此，在云南采用辣木设施栽培可以做到辣木鲜菜的全年供应（陆斌，2007）。

（1）苗木繁育

培育菜用辣木可选择印度改良种PKM-1一年生辣木品种。PKM-1是通过传统方式选育的变异体，可用种子繁殖，主干矮，分枝多，速生，种子结实早、产量高，适宜截杆栽培，病虫害少，适应热带各种土壤类型。设施栽培辣木PKM-1可采用种子育苗，播种前对辣木种子进行精选，可采用上述的营养袋育苗，也可采用扦插育苗和组织培养育苗。

（2）种植

利用设施大棚生产辣木嫩茎、嫩叶。依据辣木耐旱而不耐涝的特点，在

图3-2-4　辣木设施栽培（马关润拍摄）

棚内通过整地，建立高墒，墒高30 cm，以2 m×1m的株行距定植，每穴施复合肥300g。辣木生长对温度要求较高，一般适宜生长温度为25～35 ℃，只要温度合适，在大棚内全年均可定植。如果希望在第二年2～3月间开始供应鲜菜，则在8～9月定植为宜（图3-2-4）（陆斌，2007；郑毅等，2011）。

2.2.5 间作和种养结合型的生态农业循环模式

单一物种种植弊端多，选好栽种模式可以起到事半功倍的效果，在规模种植的土地上认真处理好植物、动物和微生物之间的关系，实现效益最大化。突出特色、优质、高效、有机、循环，以短养长、长短结合，突出高矮搭配，乔、灌、草合理布局，光、热、水、土充分利用。最终建立持续稳定，良性循环、效益显著、科学发展的农林生态系统，实现人与自然、社会的和谐。辣

图3-2-5 辣木和花卉间作（解培惠拍摄）

图3-2-6 辣木和养殖（解培惠拍摄）

木园中可间作耐阴的低矮经济作物（图3-2-5），以提高土地利用率，增加单位面积的经济价值；辣木园也可结合养殖进行综合性的生产（图3-2-6），以增加收入。

2.3 土壤管理技术

2.3.1 土壤管理

（1）辣木园间作

辣木幼树期树体小，行间空地较宽，进行合理间作，再加上中耕除草，可改善土壤结构和理化性状，又可抑制杂草，避免土壤板结，促进树体生长，还可增加经济收入。幼龄辣木园可在行间选择种植周期短，不带辣木病虫，不抑制辣木生长的矮秆作物，以短养长，高矮搭配，如大豆、绿豆、苜蓿、花卉等，忌种玉米、向日葵等高秆作物。成龄辣木园行间可种植些绿肥作物尤其是豆科绿肥作物，这是实现优质、高产、稳产、壮树、低成本的重要措施之一。绿肥是有机肥料，对改良土壤结构、提高肥力，比施用无机化肥效果好。尤其是盐碱地和沙荒地种植绿肥作物，不但能增加土壤肥力，而且有防止返磷和固沙的作用。

（2）秋耕改土

秋耕改土多在晚秋时进行。秋耕可以改善土壤的通气性、透水性，促进好气性微生物的活动，加速土壤有机质的腐熟和分解。秋耕结合施肥可提高地力，为根系生长创造良好条件，促进新根生长，增强树势。

秋耕的范围和深浅，要根据辣木的树龄、根系分布和土壤黏重程度而定。如行距小，可在行间全面深翻；行距大，或者土壤黏重时，要结合施肥逐年向外深耕。深耕改土的效果一般能维持3年左右。所以，至少隔1~2年进行一次深耕施肥，向外扩展40~50 cm。秋耕位置和深度，结合秋季施肥每年在新根顶端深挖40~50 cm。深耕时挖断少量细根影响不大，而且能在断根处发生大量新根，增加吸收能力。

（3）中耕除草

中耕是在辣木生长期中进行的土壤耕作，其作用是保持土壤疏松，改善通气条件，防止土壤水分蒸发，促进微生物活动，增加有效营养物质和减少病虫害。盐碱地还可减少盐碱上升，保持土壤水分和肥力（刘昌芬，2013）。中耕除草正值根系活动旺盛季节，为防止伤根，中耕宜浅，一般为3~4 cm。在灌水或降雨后应及时中耕松土，防止土壤板结和水分蒸发。全年中耕6~8次即可。生长季节清除辣木园的杂草是一项重要管理工作，中耕与除草应结合进行。

2.3.2 肥料管理

（1）辣木的需肥特点

充分了解辣木的需肥特点，合理、及时、充分地保障植株营养的供给，是保证辣木生长健壮、优质、稳产的重要前提条件。辣木生长旺盛，对土壤养分的需求也明显较多，为了获得高产，一般出芽后、开花后或者雨季前等应及时补充肥料。

年生长周期中，辣木对营养元素的需求种类和数量随植株生长发育阶段的不同也有明显的不同。一般来说，在萌芽至开花期需要大量的氮素，开花期需要充足硼肥，荚果发育期及花芽分化需要大量的磷、钾、锌元素，果实成熟时需要钙素营养，而采收后还需要补充一定的氮素营养。

（2）施肥时间和方法

① 基肥　施基肥多在秋季进行。基肥通常用腐熟的有机肥（厩肥、堆肥等）在秋季施入，并加入一些速效性化肥，如硝酸铵、尿素和过磷酸钙、硫酸钾等。基肥对恢复树势、促进根系吸收和花芽分化有良好的作用。

基肥施用量占全年总施肥量的50%～60%。一般丰产，稳产辣木每亩施土杂肥5000kg（折合氮12.5～15 kg、磷10～12.5 kg、钾10～15 kg，氮、磷、钾的比例为1:0.5:1）。沟施时在距根干50～100 cm处挖条沟、轮状沟或放射状沟，施入肥料后覆土，开沟的深度、宽度及与根干的距离以不大量伤根为原则。

② 追肥　雨季来临前结合松土进行追肥。辣木栽培过程中需要定期追肥，肥料的种类及氮、磷、钾比例根据栽培目的而异。以采梢和叶为目的的，追施以氮肥和有机肥为主；以花、果和种子为栽培目的的，追施有机肥和钾肥为主。以采梢、叶为目的的，应及时采用喷施0.5%的磷酸二氢钾、菜用叶前肥及微肥，每月2次；在4～5月份，施保果肥，以磷、钾、钙肥为主，200～300g/株；采果后10～11月份施养树肥，复合肥300～400g/株。追肥的方法可以结合灌水或雨天直接施入植株根部的土壤中，或者进行根外追施，以利于叶片吸收。

现代化的辣木施肥，主要依靠对叶片内矿质元素的分析进行判断和决定，当辣木叶内某种元素成分低于适量范围的下限时就应该适当进行补充该种元素。

③ 根外追肥　根外追肥是采用液体肥料叶面喷施的方法迅速供给辣木生长所需的营养。根据辣木生长发育和缺素情况进行。要选择温度稍低、蒸发量较小的早晨或傍晚时喷洒。

辣木生长不同时期对营养需求的种类也有所不同，若树体贮藏营养不足，早春萌芽后出现叶片黄化现象时，应喷施0.2%～0.3%尿素加0.1%～0.2%磷酸二氢钾，在10～15 d内连续喷施3次。生长前期叶面喷施磷酸二氢钾可满足早期生长对磷的需要。如缺镁发生失绿黄化症，叶面喷施0.1%～0.2%的硫酸镁溶液。花前喷施0.1%～0.3%的硼砂可提高坐果率。在树体呈现缺铁或缺锌症状时，还可喷施0.3%硫酸亚铁或0.3%硫酸锌，但在使用硫酸盐根外追施时要注意加入等浓度的石灰，以防药害。

应该强调的是，根外追肥是补充辣木植株营养的一种方法，但根外追肥代替不了基肥和追肥。要保证辣木的健壮生长，必须常年抓好施肥工作，尤其是基肥万万不可忽视。

2.3.3 水分管理

（1）灌水

辣木在亚洲和非洲的热带和亚热带地区广泛种植，对土壤条件和降雨量有很强的适应性。最初认为辣木生长在热带年降雨量250～1 500 mm的半干旱地区，现在发现辣木能较好地适应年降雨量超过3000 mm的热带湿润环境。辣木的主根很长，在年降雨量250～300 mm的地区也可以种植，耐长期干旱。但正在成为一个新食物源的辣木树应定期灌溉，以确保更快地生长和持续收益率。辣木生长量大，采收后需要及时补充水分和养分。辣木灌水要适中，过湿易烂苗，过干则生长发育缓慢。辣木园全年灌水次数，要根据物候期及降雨量的多少而增减。在花期一般不灌水，遇大雨要及时排水，避免让土壤变涝。

在干湿季节极为明显的西南地区种植辣木，降雨的不均匀和辣木正常生长需要均衡的水分相矛盾。尤其在旱季或干热地区，适当的灌溉可以使辣木生长健壮，并取得良好的经济效益，目前主要采用的人工灌溉方法为滴灌，可有效地利用水分。在旱季使用滴灌，对幼龄树可以起到抗旱保苗的作用；对成龄树，可增加辣木鲜叶及荚果的产量，品质也有提高（刘昌芬，2013）。

灌水量主要根据土壤的结构和性质而灵活运用。一般沙地灌水因其保肥、保水能力差，应多次少量灌水，以防营养流失。盐碱地灌水，要注意地下水位深度，灌水渗入深度不可与地下水相接，以防返盐。早春灌水量要适中，灌水次数要少，以免降低地温，影响根系生长。夏季灌水前要注意天气预报，防止盲目灌水后遇上大雨，不但浪费人力、物力，又流失土壤营养。

（2）排水

辣木园土壤水分过多时，则会发生涝害，所以需要及时排水。若因降雨遭到短期水淹后产生涝害，首先表现为叶组织含水量增加，以后叶片失绿、萎缩，同时引起烂根和落叶。长期积水，则会使土壤板结，透气性更差。尤其是辣木根系肉质，雨水浸园后如果排水不畅，根系容易感病烂根。在干湿分明的多雨地区尤其要注意排水。建园时，地势平缓、土壤黏性较强的辣木园地要预先开挖好排水沟（刘昌芬，2013），保证雨季到来时能及时排水。

2.4 树体管理技术

辣木是多年生速生树，最高可达7～12 m，树干直径可达20～40 cm，树干直立，当达到1.5～2.0 m时才开始萌生侧枝（陆斌，2005）。侧枝的延伸无一定的规律，其树冠极像一把伞。辣木顶端优势明显，在不作任何园艺措施的情况下，植株生长细长，树冠大而稀薄，枝条纤细，生物产量十分低。为了获得最大产量必须及时摘顶，定期修剪、整形，同时也是便于管理和采收。种植辣木的主要目的是采收叶片、嫩梢、果荚或种子，根据不同目的对树体进行相应的管理。采后还需作相应的树体管理，注意追施肥料，促进树势恢复。

（1）采收嫩梢和叶辣木的树体管理

为了增加分枝及方便采收，用作采嫩梢和叶的辣木应将植株高度控制在1.0～1.5 m内。一般在主茎直径达到3 cm时，在50 cm处截干，截干后可萌发出多个嫩梢，在萌发出的嫩梢中选留3～4个不同方位的健壮嫩梢培养成主枝，当枝条直径达到2 cm左右再进行第二次修剪，这样反复多次修剪后，每株每年可抽发100多个嫩梢，形成较大树冠，为采摘大量嫩梢和叶片奠定基础。辣木在不作任何修剪的条件下，抽出的梢越来越细，最终只有每次采收留下的成扫把状的枝，因此每年必须进行回缩修剪2～4次。

（2）采收果荚的辣木树体管理

为了获得高产及便于管理和采收，一般在主茎直径达到4 cm时，在80 cm处截干，截干后会萌发出多个嫩梢，选留不同方位的健壮嫩梢3～4枝培养成主枝，当枝条直径达到2 cm左右再进行第二次修剪，这样反复2～3次后，就会形成较合理的树冠。只要雨水充足辣木就会开花和结荚，旱季通过灌溉可以促使其开花。为了生产高质量的果荚，第一年的花应该去除，以使第二年和以后的果荚增产（林若冰等，2007）。

（3）采收种子的辣木树体管理

辣木在自然条件下长成的树冠大而稀疏，枝条细而脆，而且果实大多数着生在枝条顶部，加上果实的重量，枝条容易折断。一般在苗高60～100 cm时断尖，断尖后会萌发出多个嫩梢，选健壮嫩梢3～4个培养成挂果枝，此后一般不做过多的修剪，仅对徒长枝进行修剪。

（4）更新复壮

辣木树在经过多年的采摘和轻度修剪后形成大量的细弱分枝，新梢抽生减缓，产量和品质下降，比如PKM-1在干热地区种植，6年后种子会越来越小，出现退化的现象，此时必须进行截干复壮。截干修剪后抽出的新梢粗壮，生长快，4～6个月后就能培育出全新的树冠（刘昌芬，2013）。即是在离地80 cm左右的高度，用锯子锯去所有细弱枝条，修口力求平滑，略倾斜，并用凡士林进行涂口保护。修剪后要注意及时追施肥料，有利于新梢抽生和树体生长。

2.5 采收技术

（1）嫩梢的采收

采摘嫩梢食用时，一般在嫩梢长到20～30 cm，叶片完全展开后，在未老化处用手采摘。采摘后直接煮食。

（2）成熟叶片的采收

采摘成熟叶片一般在叶片呈深绿色时采收，直接采摘整个复叶，及时晾干或烘干。采摘后要对树体进行回缩修剪，将树体高度控制在1.5 m内。保留合适的枝条和叶片，以利于树体接下来的生长。

（3）荚果的采收

若食用果荚，一般栽培时选择的品种是PKM-2或果荚用型的新品种，果荚长而多，菜用果荚一般在果夹直径0.8 cm时采摘，即可煮食，太早达不到应有的产量，太晚种壳变硬又影响口感。采摘后的果荚常温可贮存1～2 d。

（4）种子的采收

生产种子的品种因需要而定，采收时果实必须完全成熟，当果实重量变得很轻或果皮颜色变为土黄色时即可采收，过早种子成熟度不够，太晚种子会裂开或发霉、虫蛀、变质。

Moringa
oleifera
Lam.

辣木的病虫害防治

辣木与其他特色经济作物的种植发展历程相似，一旦规模化大面积人工种植，病虫害问题将逐渐成为影响规模化种植的一个主要问题。

3.1　辣木主要病害及其防治

目前国内外关于辣木病害的研究详细报道不多，国内仅在云南和贵州等地有报道，云南西双版纳种植的辣木病害主要有落叶病，嫩梢萎蔫病，枝条溃疡病，根、茎基腐病，枝条回枯病，豆腐病等，其中嫩梢萎蔫病、枝条溃疡病、落叶病、枝条回枯病和豆荚褐腐病等病害严重流行时，发病率几乎达到100%，在不防治的情况下死亡率可达25%以上（刘昌芬等，2007）。为害贵州辣木的病害主要有果腐病、枝条溃疡病、幼苗萎蔫病、茎基腐病、嫩梢萎蔫病、枝条回枯病、流胶、白粉病等（周明强等，2010）。辣木病虫害的种类和严重度随种植时间的延长和种植面积的增加而逐渐严重，最终成为限制辣木栽培的主要因素之一（刘昌芬等，2007）。国外已发现的辣木病害有果腐病（Resmi et al.，2005）、枝条溃疡病（Mandokhot & Fugro，1994）和幼苗萎蔫病（Alaka & Vinaya，1998）等。

3.3.1 果腐病

（1）危害症状

果腐病是辣木种植业上的重要病害之一，有时也称为豆荚褐腐病，发生速度极快，连续2~3 d的高温阴雨天气就可造成病害流行，且为害严重，通常发生在豆荚膨胀期和刚进入成熟期的豆荚上（蒋桂芝等，2006，2007，2011）。果腐病最明显的特征是豆荚受害后末端缩小、变色；病荚在树枝上风干而不脱落。豆荚感病初期病部呈水渍状，若感病后未遇高湿或连续降雨天气，则在绿荚上形成病斑，病斑边缘不清，周围呈褐色；若感病后遇连续的高温降雨天气，则病斑迅速扩展，整个豆荚变褐腐烂、缩小变薄。嫩豆荚受害后整条豆荚变褐缩小，接近成熟期的豆荚受害后末端缩小及变色最为明显，随后向上蔓延发展，直至整条豆荚腐烂。豆荚受害严重时，造成种子失收。病荚病斑表面常出现黑色厚垣孢子堆或橙黄色孢子堆和白色菌丝体。

（2）病原菌

病原菌为半知菌类丝孢纲瘤座菌目镰孢属的半裸镰刀菌（*Fusarium semitectum* Berk & Rav.）（蒋桂芝等，2007；蒋桂芝和刘昌芬，2008）。半裸镰刀菌在培养基上形成的菌落为圆形或近圆形、绒毛状，表面菌丝直立卷曲，白色。7天内菌落基部淡黄色，随后基部逐渐变成棕黄褐色，底部淡棕褐色。菌丝无色，分枝，具隔，宽2.5~3.5μm。分生孢子梗由菌丝上长出，常为多芽的齿状，圆柱形，产孢细胞在顶端，1~3个发育，瓶形，无色光滑，多聚芽方式产孢，具齿状孢痕，10~19μm×3.0~3.5μm；分生孢子散生在絮状菌丝间，不形成分生孢子堆和黏分生孢子团；分生孢子梭形，基部无足细胞，大型分生孢子直；分生孢子成熟后有3~5个隔膜，一般多为3个隔；分生孢子顶生或顶侧生，未成熟时两端无油滴，浅橄榄色，微弯曲，15.5~38.5μm×3.5~4.0μm，老熟后，大小为4.0~15.5μm×2.5~3.5μm，0~2个隔；小型分生孢子圆柱形至倒卵形，厚垣孢子间生。

该菌寄主范围广，可侵染甜瓜、哈密瓜、黄瓜、蘑菇、辣椒、油菜、香蕉、蚕豆、苜蓿、豌豆、玉米、大麦、互花米草、白术、棉花、荸荠等，适宜生长温度为18~30℃，最适温度为24℃，是热带、亚热带地区的广布种。

（3）发生规律及防治方法

发生规律：果腐病主要发生在4~8月豆荚快速生长期和接近成熟期，连续2~3 d高温阴雨天气就可造成病害流行。多雨年份常造成种子失收。

防治方法：3~6月份嫩果期及时防治蚜虫、夜蛾、小菜蛾、红蜘蛛、蜡类等为害，最大限度减少病原菌入侵伤口。及时剪去病虫枝、过密枝、弱枝，适当疏果。发病时，喷洒50%多菌灵600~800倍液或80%绿亨2号（多福锌）800~1 000倍液，7~10 d喷施1次，连续2~3次。3~6月可使用苦烟碱、阿维因、阿维·吡虫啉等低毒杀虫剂与多菌灵或绿亨2号等杀菌剂混配，病虫一同防治。

3.3.2 落叶病

（1）危害症状

叶片初期褪绿变黄，多为黄绿色或黄色，少数为绿色，叶片分布点状、圆形或近似圆形病斑，少数为不规则形状，边缘明显，病斑中央浅褐色至外围深褐色，周围呈绿色，病斑偶有穿孔。感病初期，叶上病斑呈水渍状，随着病情的发展，病斑扩大，除周围呈绿色外，叶片逐渐褪绿成黄绿色或黄色，随即叶片脱落；同时新叶抽生速率减缓，叶片生长停滞（蒋桂芝等，2006，2011）。病情严重时，植株老叶全部脱落，只剩新抽生的嫩梢（图3-3-1）。

图3-3-1 辣木落叶病症状

（2）病原菌

病原菌为半知菌类丝孢纲丝孢目黑星孢属真菌（*Fusicladium* sp.）（蒋桂芝等，2006；蒋桂芝和刘昌芬，2008）。该黑星孢属真菌在培养基上形成的菌落边缘白色，绒毛状，逐渐变为粉红色粉状，菌丝2.5～5.5μm宽；中间黑色，同心轮纹状，为后期老熟后形成的暗褐色厚垣孢子；厚垣孢子球形到扁球形，壁厚，光滑，链状，孢痕显著，7.5～13.0μm×7.5～14.0μm；菌落表面细绒毛状，表层膜状，布满分生孢子；黑色与边缘粉红色之间是灰褐色带，为成熟菌丝和分生孢子堆；成熟菌丝褐色，6.5～13.0μm宽，多隔，稍弯曲，多分枝，多圆形孢痕；孢子在无色细长的菌丝顶端顶生或顶侧生，合轴式延伸产孢；分生孢子纺锤形到棒状，多数弯曲，少数直，顶端喙状，基部平截，橄榄色，0～1隔，多数无隔，多油滴，12.5～30.0μm×2.5～5.5μm。该菌的生长温度范围5～35℃，菌丝生长最适温度20～30℃，厚垣孢子产生适宜温度为25℃以上。

（3）发生规律及防治方法

发生规律：辣木落叶病一般在5～7月旱季、雨季交替时发生，即旱季末，在持续高温干旱天气下突降大雨后发生大量落叶。在透气性差的黏性砖红壤园地落叶更为严重。

防治方法：在雨水来临前采收老叶，增施有机肥，改善土壤结构，增加土壤的通透性有助于减轻病害的发生。进入雨季后，喷雾50%的多菌灵800～1 500倍液或80%绿亨2号（多福锌）1 000～3 000倍液或70%甲基托布津800～2 000倍液等低毒杀菌剂进行预防，5～7 d喷施1次，连续用药2～3次。

3.3.3　嫩梢萎蔫病

（1）危害症状

植株新抽生的嫩梢感病后嫩叶及芽萎蔫脱落（黑星孢属真菌引起）或不脱落（半裸镰刀菌引起），随后嫩梢干枯死亡，空气湿度大时病斑上可见黑色点状厚垣孢子堆（黑星菌厚垣孢子）或橙黄色孢子堆（半裸镰刀菌）和白色菌丝体（蒋桂芝等，2006，2011）。在雨季，嫩枝条可反复感病，造成新梢不能正常抽生。

（2）病原菌

该病由半知菌类的黑星孢属真菌（*Fusicladium* sp.）和半裸镰刀菌（*Fusarium semitectum* Berk & Rav.）复合侵染引起（蒋桂芝等，2006，2011）。病原菌的培养性状和形态特征见果腐病和落叶病部分。

（3）发生规律及防治方法

发生规律：嫩梢萎蔫病主要发生在雨季和晨露重的季节，一般常见于采摘嫩梢的园地。每年5月至翌年的2月均可出现，7～11月为发病高峰期。感病严重时，发病率可达90%以上，新梢枯萎，植株停产。

防治方法：避免在雨天或露水未干时采摘嫩梢；增施有机肥；在雨季，出现持续降雨的天气过程后，采摘嫩梢后要及时喷雾50%的多菌灵600～800倍液或80%绿亨2号（多福锌）800～1500倍液等低毒杀菌剂，用药时间间隔5～7 d，一般用药2～3次（刘昌芬，2013）。

3.3.4　枝条溃疡病

（1）危害症状

连续降雨后，嫩枝和半木栓化的枝条上出现水渍状病斑，天晴2～3 d后感病部凹陷露出木质部。在未木栓化的嫩枝感病初期病斑呈水渍状，随着枝条的逐渐木栓化，后期病斑干枯，病斑中央凹陷露出木质部，空气湿度大时，在病斑上可见有黑色小霉点（厚垣孢子堆）（蒋桂芝等，2006，2011）。雨季期间连续1～2 d降雨后就会出现感病初期症状，在天气晴朗后1～2 d或更长时间则出现后期症状。

（2）病原菌

该病由半知菌类的黑星孢属真菌（*Fusicladium* sp.）引起（蒋桂芝等，2006，2011）。病原菌的培养性状和形态特征见落叶病部分。

（3）发生规律及防治方法

发生规律：本病害常在5～11月发生，发生在嫩枝和半木栓化的枝条上。在连续降雨后，嫩枝和半木栓化枝条上出现水渍状病斑，天晴两三日后病部凹陷露出木质部。

防治方法：枝条溃疡病与嫩梢萎蔫病、落叶病等可同时进行防治，一般情况下，不需单独防治。

3.3.5 枝条回枯病

（1）危害症状

生产性采梢后的嫩枝条干枯、萎缩，无新梢抽生。此病主要发生在雨季采梢的植株，采梢后的枝条伤口受病菌侵染感病。感病初期枝条切口部位呈水渍状，在连续的阴雨天气或高湿度的条件下，水渍状病斑不断沿枝条下扩展，天晴后病部逐渐萎蔫、干缩，不能正常抽芽，枝条枯死，在干枯的枝条上可见橙色的分生孢子堆（蒋桂芝等，2006）。

（2）病原菌

病原菌为半知菌类的半裸镰刀菌（*Fusarium semitectum* Berk & Rav.）（蒋桂芝等，2006）。

（3）发生规律及防治方法

发生规律：枝条回枯病在西双版纳主要发生在每年的雨季，并可延续到翌年的2月。

防治方法：采梢或修剪后在伤口上喷洒50%的多菌灵600～800倍液或80%绿亨2号（多福锌）800～1000倍液等低毒杀菌剂，7～10 d喷施1次，连续用药2～3次（刘昌芬，2013）。

3.3.6 白粉病

（1）危害症状

感病叶片发黄、脱落，梢生长不正常，在感病的叶背面可见白色粉状物。病菌主要为害嫩叶、嫩芽、嫩梢和花序，不为害老叶。嫩叶感病初期，在叶面或叶背上出现网状银白色菌丝，随后在病斑上出现一层白粉，形成大小不一的白色粉斑，随后叶片其他部分变黄、脱落；嫩芽、嫩梢感病后，不能正常发芽、抽梢，影响植株生长；花序感病后不能正常发育，逐渐枯萎（蒋桂芝等，2006）。

（2）病原菌

病原菌为子囊菌门核菌纲白粉菌目白粉菌属真菌（*Erysiphe* sp.）（蒋桂芝等，2006）。闭囊壳内有多个子囊，附属丝菌丝状。其无性态为半知菌类丝孢纲丝孢目的粉孢属真菌（*Oidium*）。菌丝体表生；分生孢子梗直立，顶部产生体生式的分生节孢子（粉孢子）；分生孢子串生，单胞，无色（许志刚，2003）。

（3）发生规律及防治方法

发生规律：白粉病在西双版纳主要发生在3～6月，4～5月为发病高峰期，病害的发生程度与当时的气象条件有关。

防治方法：尽量去除病芽、病叶，以减少或避免越冬菌源。发病期以15%三唑酮1000～1500倍液、70%甲基托布津1000倍液（或50%甲基托布津800倍液）的防治效果最好，其次可喷施40%福美胂500倍液、波美0.3～0.5度石硫合剂、0.4%氯苯嘧啶醇、嗪氨灵及0.1%双苯三唑醇等药剂，一般7～10 d喷施1次，用药2～3次。

3.3.7 幼荚干缩病

（1）危害症状

引起幼豆荚末端变褐干枯，常发生在坐果后的一个半月内。感病部位多为幼荚的末端，变褐，缩小（蒋桂芝等，2006）。

（2）病原菌

病原菌为半知菌类的半裸镰刀菌（*Fusarium semitectum* Berk & Rav.）（蒋桂芝等，2006）。

（3）发生规律

该病害在西双版纳常发生于3～4月。

3.3.8 炭疽病

（1）危害症状

受感染的叶片，叶斑小而圆，中心为浅棕色，边缘为深棕色，叶片正面和背面都会出现病斑，病斑周围褪绿发黄，随后逐

图3-3-2 辣木炭疽病症状

渐扩散到整个叶片；随着病害的发展，叶斑变大且颜色加深，并且坏死部分逐渐形成不规则坏死区或坏死带（图3-3-2）（Lezcano et al.，2014）。

（2）病原菌

病原菌为半知菌类腔孢纲黑盘孢目炭疽菌属的束状刺盘孢[*Colletotrichum dematium*（Pers.）Grove]（Lezcano et al.，2014）。束状刺盘孢在培养基上形成放射形菌落，菌落最开始为白色，在培养后的第7天和第10天菌落分别由灰色变为棕色或黑色；分生孢子梗无色至褐色，产生内壁芽生式的分生孢子，随后产生大量带黑色刚毛的透明、钩状至梭形的分生孢子，分生孢子单胞，长椭圆形或新月形，长13～19μm×3.5～7μm。

3.3.9 幼苗茎斑病

（1）危害症状

幼苗茎上有扩大的及不规则的浅棕色斑。在播种后20～30 d的苗生长初期被感染时，主要表现为茎变细，从绿色到棕色，距土表5～10 cm处出现表面开裂的干枯带；同时第一片叶的基部区紧缩，植株失去生长和支撑能力。随后整个植株萎蔫，变黄，叶落或大约50%的叶片出现过早落叶，之后植株或受感染的茎死亡（图3-3-3）。以上症状在发病后的7～20 d内出现。在幼苗后期感病的植株，病症与早期感染的幼苗在植株紧缩高度上（大约离土表10 cm）有明显差异，幼苗更高，表现为下部叶脱落、褪绿和死亡（Lezcano et al.，2014）。因此，辣木苗龄期越小感病受到的影响越大。

图3-3-3 辣木苗上的茎斑病症状（马关润、李洪坤拍摄）

A.幼苗萎蔫、叶片变黄及落叶；B.幼苗死亡

（2）病原菌

病原菌为半知菌类丝孢纲瘤座菌目镰孢属的腐皮镰孢[*Fusarium solani* （Mart.） Sacc.]（Lezcano et al.，2014）。气生菌丝柔软、棉絮状，白色或奶油色，有隔膜；菌丝体表面形成奶油色分生孢子座，随后分生孢子座的假头部位产生分生孢子；小型分生孢子有0～1个隔膜，数量较多，透明、卵圆形，大小为7～16μm×2.8～4.2μm；大型分生孢子略弯，数量比小型分生孢子少，有5～6个隔膜，大小为18～62μm×3.2～5.4μm。在菌丝之间还有大量的大小为6.1～10.8μm的表面光滑的球状厚垣孢子。

腐皮镰孢的寄主范围较广，自然条件下可侵染麻风树、油桐、刺槐、茶树、红橘、甜橙、花椒、棉花、玉米、大豆、苜蓿、黄瓜、茄子、香荚兰、火鹤花、非洲菊、三七等植物，引起严重病害。

3.3.10 根、茎基腐病

植株萎蔫，多数叶片不脱落或脱落。植株感病初期时不易发现，当植株出现叶片颜色无光泽、变为浅灰绿时已进入感病后期，可在1～2 d内突然萎蔫、死亡（图3-3-4A）。检视病株根部，可见茎基及根病部腐烂，有的有恶臭味（图3-3-4B）；切开感病茎基部，病、健组织交界明显，病组织呈水渍状（图3-3-4C）。在雨季将病株感病部挖开裸露，在空气湿度较大或降雨1～2 d后，可见病组织上长有白色霉层，病部（带泥土）外面长满许多似谷粒大小、呈鹿角状的菌体，菌体初期上白下黄，随着菌体的不断生长，菌体逐渐变成上面为白黄色下面为红褐色（蒋桂芝等，2006）。

此病害一年四季皆会出现，3～5 月较为严重。

此病病因尚不清楚。

图3-3-4　辣木根、茎基腐病

A.地上部分萎蔫；B.干部腐烂；C.茎基部腐烂、坏死

3.2 辣木主要害虫及其防治

在国内外已报道的辣木害虫约有40多种，国外以印度报道居多，国内的害虫种类约有20多种，以云南报道为主。各地主要的辣木害虫种类并不完全相同；而且随着种植面积的扩大、生态气候条件的改变、农业新技术的应用推广，辣木害虫的发生为害规律可能会发生变化，次要害虫可能上升为主要害虫，主要害虫也可能沦为次要害虫，新的害虫种类亦可能不断出现。因此，在生产上应结合实际情况，并随时注意和分析世界范围内辣木害虫发生的新动向，及时研究和解决害虫防治上的新问题。

按辣木害虫的为害部位、为害方式，大致可把害虫划分为以下四大类，第一类为食叶性害虫，害虫取食嫩梢、嫩叶，严重时仅剩叶脉或枝干；第二类为吸汁性害虫，吸食植株的花序、叶片、果荚和嫩梢，使植株不能正常生长发育；第三类为钻蛀性害虫，钻蛀在辣木的花序和果荚内部，造成减产；第四类为地下害虫，为害地下或近地表的根茎部，并可能引发根部病害。

3.2.1 食叶性害虫

（1）美洲斑潜蝇*Liriomyza sativae*（Blanchard）

1）发生与为害规律

美洲斑潜蝇属双翅目，潜蝇科。原分布在美洲，现已蔓延到欧洲的比利时、英国、荷兰以及中国等国家；在我国的云南、黑龙江、辽宁、广东、浙江、广西、四川、山东、北京、天津等省、市（自治区）均有分布，在云南的辣木种植区有发生。美洲斑潜蝇是典型的多食性害虫，除为害辣木外，嗜食的寄主主要有瓜类、蝶形花科、茄科。另外，部分十字花科植物如白菜、芹菜、苋菜等均易受其为害。

此虫以幼虫和成虫为害叶片，但幼虫为害较大。幼虫喜取食叶片正面叶肉，形成从窄到宽的蛇形弯曲或盘绕虫道（图3-3-5A），其内有交替排列且整齐的黑色虫粪，老虫道后期呈棕色的干斑块区。为害严重时，叶面分布有4～5个虫道，叶片变黄（图3-3-5B）甚至脱落，造成产品品质和产量下降。

此虫在棚内周年发生，世代重叠严重，田间发生轻于大棚。卵经2～5 d孵化，幼虫期4～7 d，末龄幼虫咬破叶表皮在叶外或土表化蛹，蛹经7～14 d羽化为成虫，每世代夏季2～4周，冬季6～8周，美洲斑潜蝇在南部地区周年发生，无越冬现象。世代短，繁殖能力强。

2）形态特征

成虫：体小型，体长1.3～2.3 mm。头部额区黄色，复眼酱红色，额宽为眼宽的1.5倍。头鬃黑褐色，外顶鬃着生在暗色区域，内顶鬃常着生在黄暗交界处，眶毛散生，向后倾。胸、腹背面大体黑色，中胸背板黑色发亮，背中鬃3+1根。小盾片半圆形，鲜黄色，两侧黑色，缘鬃4根。体腹面黄色。前翅M_{3+4}脉末端为前一段的3～4倍。腹部背面黑色，侧面和腹面黄色。雌虫稍大于雄虫，腹末短鞘状，雄虫腹末圆锥状，阳具端为单托状。

卵：卵圆形，米色略透明，卵长0.24～0.36 mm，短径0.10～0.15 mm。

幼虫：蛆状，共3龄。初孵幼虫无色半透明，体长0.32～0.60 mm，渐变为淡黄色，老熟幼虫橙黄色，体长1.68～3.0 mm，后气门有1对圆锥形突起，在气门突末端分叉，其中2个分叉较长，各具1个气孔开口（图3-3-5C）。

蛹：椭圆形，长1.48～1.96 mm，腹面稍扁平，初为鲜黄色，后变深至金黄色乃至深褐色，后气门3孔（图3-3-5C）。

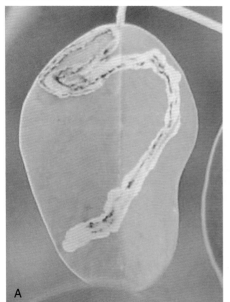

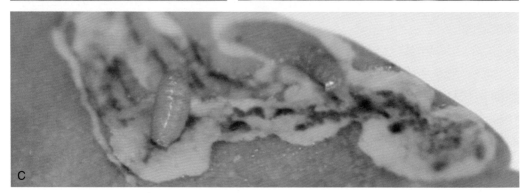

图3-3-5　美洲斑潜蝇

A. 叶片上的虫道；B. 被害后叶片变黄；C. 幼虫（虫道末端）和蛹

3）防治方法

适时观测虫情，尽早除去带虫叶片；加强管理，及时采收成熟叶片，既可保证高产，又能降低虫源；在大棚内悬挂黄色粘虫板诱杀成虫；大面积发生时，轮换使用0.2%阿维虫清乳油1500倍液或25%灭幼脲三号悬浮剂1000倍液进行喷雾防治，每隔7天喷一次，连喷2～4次（刘昌芬，2013）。

（2）斜纹夜蛾 *Prodenia litura* Fabricius

1）发生与为害规律

斜纹夜蛾属鳞翅目夜蛾科，为世界性分布的害虫，在云南的辣木种植区有发生。该虫食性为多食性；除为害辣木外，主要为十字花科、茄科、蝶形花科、葫芦科、百合科等170多种植物，受害最重的作物是甜菜、玉米、白菜、萝卜、菠菜、苋菜等。

低龄幼虫仅啃食叶面叶肉，留下表皮，呈透明小孔；随着虫龄的增大幼虫开始取食整个叶片；幼虫3龄后分散为害，取食叶片成缺刻或孔洞，

图3-3-6　斜纹夜蛾幼虫

也取食嫩豆荚，严重时叶片仅留叶脉和叶柄；幼虫4龄后进入暴食期，可钻蛀嫩枝，导致枝条生长停滞和死亡，严重时可吃光植株所有叶片和细嫩枝条，造成植株衰退甚至死亡。

此虫在棚内周年发生，世代重叠严重，大田发生较轻。成虫昼伏夜出，白天隐藏在杂草、土块缝隙、枯枝落叶等处，晚上20～24时为活动高峰期。成虫多在下午羽化，雌蛾羽化后数小时即可交配，一般第二天开始产卵，卵多产于健壮植株的中上部叶背的叶脉交叉处。初孵幼虫在叶背群集，能吐丝结网并取食叶肉；3龄后分散为害，受惊动时以腹足紧附叶背，头部左右摆动，口吐黄绿色汁液；4龄后食量大增，昼伏夜出，虫口密度过大时能自相残杀，有假死习性；老熟幼虫入土约0.5～3 cm，吐丝筑室化蛹，也可在植株基部隐蔽处化蛹。成虫对糖酒醋液及发酵液有强趋化性，对黑光灯有较强趋光性。一般在11～12月至翌年的4～5月间发生，3～5月植株抽梢开花期为害严重，6～10月雨季时为害较轻。气温高、湿度低、降水量少的气候条件下有利于此虫的发生。

2）形态特征

成虫体长14～21 mm，翅展35～46 mm，体暗褐色，胸部背面有白色丛毛，前翅灰褐色，花纹多，内横线和外横线白色、呈波浪状、中间有明显的白色斜阔带纹，所以称斜纹夜蛾；卵为扁平的半球状，初产时黄白色，后变为暗灰色，孵化前呈紫黑色，3～5层排列，数百至上千粒集成卵块，上覆黄褐色绒毛；幼虫体长33～50 mm，共6龄，头部黑褐色，胸部多变，从土黄色到黑绿色都有，体表散生小白点，各体节有近似三角形的半月黑斑一对，老熟幼虫体长40～60 mm，灰绿色或深绿色（图3-3-6）；蛹长15～20 mm，圆筒形，红褐色，尾部有一对短刺。

3）防治方法

①物理防治　在夜晚采用黑光灯、性引诱剂或糖酒醋混合液加少量敌百虫诱杀成虫，于早晨露水未干时进行人工捕杀；适时观测虫情，在产卵盛期至卵块孵化期，及时摘除带有卵块和叶背有幼虫群集的叶片；达到采收标准时及时采收，采收后人工捕杀幼虫以降低虫源。

②农业防治　适时中耕，清除地面杂草。

③化学防治　可用苏云金杆菌乳剂500～1 000倍液，5%抑太保乳油2 000倍液，5%卡死克乳油2 000倍液，24%万灵水剂1 000倍液，30%敌氧菊酯乳油2 500倍液，以及10%氯氰菊酯乳油1 500倍液等喷雾防治。为减轻和延缓害虫产生抗药性，推荐各农药要交替使用或混用。此外，在幼虫低龄期用药效果为佳。在上午8时以前或下午6时以后，害虫在叶面活动时施药杀虫效果较好（刘昌芬，2013；蒋桂芝等，2011b）。

（3）小菜蛾*Plutella xylostella* L.

1）发生与为害规律

小菜蛾俗称吊丝虫，属鳞翅目菜蛾科，是世界性重要害虫，在云南的辣木种植区有发生。该虫除为害辣木外，主要为害十字花科植物为主，也可取食番茄、马铃薯、花卉等。

低龄幼虫仅取食叶肉，留下表皮，在叶上形成透明斑块。3～4龄幼虫可将叶片食成孔洞和缺刻，严重时全叶形成网状，幼虫也能为害嫩茎、幼果和籽粒。

10月到翌年6月发生，棚内周年均可发生，世代重叠。成虫有趋光、假死习性，昼伏夜出，白天多藏在叶丛、土缝或杂草中，只在受惊时作短距离飞行；活动高峰在19～23时，在植株间短距离飞翔后产卵，卵多产于叶背脉间凹陷处；卵期7～11 d。幼虫活泼、动作敏捷，受惊时向后剧烈扭动、倒退或吐丝下落。

一般在11～12月至翌年的4～5月为害，3～5月份植株抽梢开花期为害严重，6～10月雨季较轻。高温干旱的气候有利小菜蛾大发生。

2）形态特征

成虫：体长6～7 mm，翅展12～15 mm。头部黄白色，胸腹部灰褐色。触角丝状，褐色有白纹，触角静止时向前伸。前翅前半部有浅色斑，前翅中间从翅基至外缘有一条三度曲折的波浪状黄褐色带，两翅合拢时呈3个连串的斜方块，停息时，两翅覆盖于体背成屋脊状，前翅缘毛长，栖息时如鸡尾。雌虫较雄虫肥大，腹部末端呈圆筒状，雄虫腹末为圆锥形，抱握器微张开（图3-3-7A）。

卵：椭圆形，稍扁平。长约0.5 mm，宽约0.3 mm。初期为淡黄色，具光泽。

幼虫：共4龄。初孵幼虫深褐色，后变为淡绿色，老熟幼虫体长10～12 mm，纺锤形。体上着生有稀疏的长而黑的刚毛。头部黄褐色，前胸背板上有淡褐色无毛小点组成的两个"U"字形纹。臀足向后伸长超过腹部末端，腹足趾钩为一行一序环形（图3-3-7B）。

蛹：长5～8 mm，颜色变化较大，初化时为绿色，渐变为淡黄绿色，近羽化时为灰褐色。第2～7腹节背面两侧各有一个小突起，腹部末节腹面有3对钩刺，茧纺锤形，灰白色，透明网状，可透见蛹体。

3）防治方法

①农业防治：加强管理，及时采收，采收后将所有带虫叶除去。

②物理防治：利用黑光灯或频振式杀虫灯（2 盏/hm²）在成虫期诱杀成虫，也可用性诱器进行诱捕。

③药剂防治：可用苏云金杆菌悬浮剂500～800倍液，小菜蛾病毒颗粒剂400倍液，0.3%印楝素乳油1 000倍液，0.3%苦参碱水剂800倍液，0.5%黎芦碱溶液800倍液，4%阿维菌素乳油2 000～3 000倍液，8.5%吡丙醚·甲维盐乳油1 000倍液，1.45%阿维·吡虫啉可湿性粉剂1 000～1 500倍液等对叶片正反面喷雾防治。小菜蛾老龄幼虫的抗药性强，建议将以上药剂轮换使用或混用。用药间隔期7～10 d，一般用药1～2次，于收获前15天停止用药（刘昌芬，2013；蒋桂芝等，2011b）。

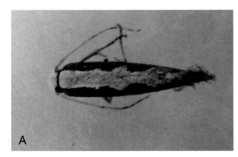

图3-3-7 小菜蛾

A. 成虫；B. 幼虫

（4）蓝绿象*Hypomeces squamosus* Fabricius

1）发生与为害规律

兰绿象又名绿鳞象甲，属鞘翅目象甲科。分布
在河南、江苏、安徽、浙江、江西、湖北、湖南、广
东、广西、福建、台湾、四川、云南、贵州、海南等
省区，在海南的辣木种植区有发生。除辣木外，茶、
油茶、柑橘、棉花、甘蔗、桑树、大豆、花生、玉
米、烟、麻等植物也可受其害。

幼林期芽、嫩叶、嫩梢受蓝绿象成虫危害较严
重，被害后幼林落叶、枯梢。

2）形态特征

成虫体长15～18 mm，全体黑色，密披淡绿、墨
绿、淡棕、古铜、灰等闪闪有光的鳞毛，有时杂有橙
色粉末（图3-3-8）。头、喙背面扁平，中间有一宽

图3-3-8 蓝绿象成虫（李
朝绪拍摄）

而深的中沟，复眼十分突出，前胸背板以后缘最宽，前缘最狭，中央有纵沟。小盾片
三角形。雌虫腹部较大，雄虫较小；卵椭圆形，长约1 mm，黄白色，孵化前呈黑褐
色；幼虫初孵时乳白色，成长后黄白色，长约13～17 mm，体肥多皱，无足；蛹长约
14 mm，黄白色。

3）防治方法

采用2.5%敌杀死乳油3 000～5 000倍液或50%马拉硫磷可湿性粉剂1 000倍液喷洒
（刘元福，1981；周铁烽，2001）。

（5）肾斑尺蛾*Ascotis selenaria imparata* Walk.

1）发生与为害规律

肾斑尺蛾也叫大造桥虫，属鳞翅目尺蛾科。在印度有见报道，在中国暂未见报
道。主要为害双子叶植物，如辣木、黄豆树、木麻黄、印度黄檀、苦楝、檀香、粗壮
娑罗双、柚木、红椿、水黄皮。

6～9月，幼虫为害幼苗，取食叶片仅留中脉。该虫在印度北部一年发生5代，南
部一年发生6代。由越冬代成虫产卵发育而来的幼虫发生较早，4月达高峰期，蛹期
6～9 d，成虫出现于5月。其他世代发生于季风期间，蛹期在8～9月是10 d，10月是
11～13 d，11月是19 d，12月幼虫入土化蛹越冬，翌年春天2～3月成虫出现。

2）形态特征

成虫：体长9～12 mm，翅展39～50 mm。雌雄成虫均为丝状触角，雄虫触角多纤
毛。前后翅灰褐色，翅面密布细斑点，前翅主要有2条黑褐色的波状横带，中室端有一

肾形褐斑，褐斑内灰白色，边框黑褐色。停栖时后翅露出，后翅有2条横带，第一列为直线或影状的斑纹，第二列为小锯齿状。此亚种的成蛾体上具暗褐色、灰白色或淡褐色的斑点，腹部背面具有成对的暗色斑。

幼虫：体长5～8 cm，有两种体色，一种为绿色带有暗色线条，一种为红棕色带有暗线与斑块。蛹为红棕色，约1.9 cm。

3）防治方法

用45%马拉硫磷乳油1000倍液、50%辛硫磷乳油1000～1500倍液、50%杀螟松乳油1000倍液喷雾（Kulkarni et al., 1996）。

（6）*Ulopeza phaeothoracica* Hampson

1）发生与为害规律

该虫属鳞翅目草螟科。发生于尼日利亚，特别是在管理较差的条件下发生严重。幼虫取食叶片成透明的膜状斑或"开天窗"状。幼虫的取食高峰期在7～9月，幼虫能食光一株幼树上的所有叶片。

幼虫5～6龄，幼虫期为8～10 d，化蛹前有24h的不活跃期。幼虫吐丝作茧，在茧中化蛹。蛹期8 d（Yusuf and Yusif, 2014）。

2）形态特征

成虫体长8 mm，宽1 mm，翅展20.5 mm，体背黑至褐色。低龄幼虫每个体节的背面为灰白色，上生有短毛以及褐色至黑色的斑点；高龄幼虫的体色转变为浅红色。蛹为褐色。

（7）*Eupterote mollifera* Walker

1）发生与为害规律

该虫属鳞翅目带蛾科，在印度的辣木上为常见种，能为害辣木的嫩叶、老叶及嫩茎。此虫喜在夜晚时聚集在树皮上，白天取食叶片。为害严重时能造成整株树完全落叶（Sivagami and David, 1968; Senthamizhselvan and Muthukrishnan, 1989）。

2）防治方法

①用45%马拉硫磷乳油1 000倍液喷雾（Raj et al., 1994）。

②采用多样性种植（Ayyar, 1940）。

③利用线虫*Steinernema glaseri* Wouts 防治（Subramanian et al., 2005）.

（8）*Noorda blitealis* Walker

该虫属鳞翅目草螟科，在印度的辣木上为常见种，在苏丹也是重要的食叶害虫，在森林培育的苗圃中，幼苗株被害率达80%（Kulkarni et al., 2003; Satti et al.,2013）。

（9）其他食叶性害虫

① 分布于西双版纳　褐色小金龟子类为害嫩叶和花序，毒蛾类为害叶片，蝗虫类

为害植株的叶片和幼苗，通常在4～10月发生（蒋桂芝等，2007）。

② 分布于中国台湾　菜粉蝶在人工饲养时会为害辣木，但并不嗜食（吴伟坚，2000）。

③ 分布于印度　草螟科的*Noorda moringae*（Tams）、*Tetragonia siva* Lef., 枯叶蛾科的大斑丫毛虫*Metanastria hyrtaca*（Cramer）；象甲科尖筒象属的*Myllocerus viridanus*（Feb.）、*Myllocerus discolor* var. *variegatus* Boheman、*Myllocerus delicatulus* Boheman（Yusuf and Yusif, 2014）。

3.2.2　吸汁性害虫

（1）朱砂叶螨*Tetranychus cinnabarinus* Boisduval

1）发生与为害规律

朱砂叶螨又名红蜘蛛，属蛛形纲蜱螨目叶螨科，为世界性分布的害虫，在云南、台湾有过报道。其寄主广泛，我国已记载32科113种植物。除为害辣木外，主要寄主作物有小麦、玉米、棉花、高粱、芝麻、向日葵、辣椒、茄子、豆类、瓜类等。

以成虫和若虫群集在植株的幼嫩部分和叶背（偶有在叶面）吮吸汁液，叶背可见有丝状物（图3-3-9A）。叶片受害初期出现褪绿色小点（图3-3-9B），严重被害时黄白色小点连成斑块状，被害叶呈枯黄色乃至褐色焦枯状，易脱落。被害后叶片和嫩梢均不能正常生长，造成落叶和植株衰亡，严重影响产量和质量。

此虫主要以卵或受精雌成螨在植物枝干的裂缝、落叶以及根际周围浅土层的土缝处越冬。气温10℃以上时红蜘蛛开始繁殖。此螨多在主脉两侧聚集，成、若螨靠爬行和吐丝下垂在树丛中蔓延，或通过农事操作由人和工具传播。幼螨和前期若螨活动少，后期若螨则活泼贪食，有向上爬的习性。植株底部叶片先受害，而后向上蔓延。

周年均可发生，一般在11月至翌年的5月为害严重，6～10月雨季期间发生减轻。管理粗放，植株叶片含氮量高，螨增殖较快，加重为害。生长发育和繁殖最适温度为29～31℃，相对湿度35%～55%，高温低湿有利于发生。高温干旱的气候条件往往会导致大发生，特别是在大棚内如不及时控制，10 d内可蔓延到全棚，严重影响辣木生产。

2）形态特征

雌成虫体长0.28～0.52 mm，体红至紫红色（有些甚至为黑色），在身体两侧各具一倒"山"字形黑斑，雌成螨体末端圆，呈卵圆形；雄成螨体色常为绿色或橙黄色，略小于雌螨，体后部尖；卵圆形，初产时乳白色，后期呈乳黄色；初孵化的幼螨乳白色，3～4h后体背两侧各出现一个黑点，黑点逐渐成为黑斑，若螨渐变为黄褐色，最后变为浅红色（图3-3-9A）。

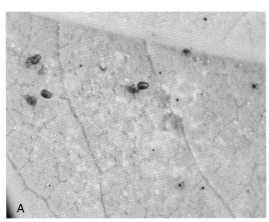

图3-3-9 朱砂叶螨

A.成虫、若虫、卵及丝状物;B.叶片正面的褪绿色斑点

3）防治方法

①农业措施　早春翻耕土地，清除地表杂草，使红蜘蛛因缺食死亡；及时采收以减少虫源，尤其是底层叶片，修去后也可保持通风透气；适时观测虫情，点状发生时尽早除去带虫叶片；大面积发生时，应进行重度修剪，修剪下的枝叶烧毁或是进行沤肥，切不可堆置于田间。

②农药防治　可用15％哒螨灵乳油2 000～3 000倍液，75％炔螨特乳油2 000～3 000倍液， 25%灭螨猛可湿性粉剂1 000倍液，1.8%阿维菌素乳油3 000～4 000倍液等进行喷雾，隔7天喷一次，连喷2次。如重度发生时，则应在剪除所有叶片以后再施用药剂，药剂应交替使用，以防红蜘蛛产生抗药性和耐药性（蒋桂芝等，2011b；刘昌芬，2013）。

（2）蚜虫类

1）发生与为害规律

俗称腻虫或蜜虫，半翅目蚜科，国内的种类未鉴定（图3-3-10），印度报道的为*Aphis crassivora* Koch。以成虫、若虫群集于叶背面、嫩茎、生长点和花、豆荚上，用口针刺吸植株的汁液，受害叶失绿变黄，导致皱缩，受害豆荚萎蔫不能正常生长，严重时导致全株萎蔫枯

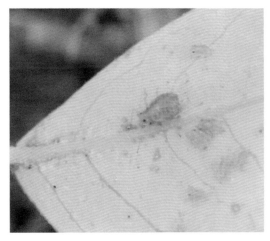

图3-3-10 蚜虫成虫和若虫

175

死。蚜虫为害时还分泌出大量蜜露,诱发辣木烟煤病。一般在11~12月至翌年的4~5月发生,3~5月植株展叶、抽梢开花期为害严重,6~10月雨季时发生较轻。

2)防治方法

①无公害防治 适用于蚜虫发生初期。用1:15比例配制烟叶水,浸泡4h后喷雾使用;用1:4:400的比例,配制洗衣粉、尿素、水的混合液喷洒;取草木灰10~15 kg加水50 kg,浸泡一天,第二天取上清液,喷雾使用;将干辣椒置沸水中煮10~15 min,放凉后过滤,喷雾使用。

②农药防治 在蚜虫大面积发生时进行农药防治。用10%吡虫啉可湿性粉剂3 000~4 000倍液、19%氰戊·三唑磷乳油2 000~2 500倍液、50%抗蚜威可湿性粉剂1500倍液等喷雾防治。每次施药相隔5~7 d,连续2~3次(蒋桂芝等,2011)。

(3)安妥角盲蝽*Helopeltis antonii* Sign.

安妥角盲蝽属半翅目盲蝽科,国内没有报道,仅在印度的特里凡得琅Trivandrum和奎隆Quilon地区有发生,寄主除有辣木外,还有茶叶、腰果、番石榴、葡萄等等。辣木植株被害后出现顶梢枯死及整枝枯死症状。当幼果被害后将停滞发育,而幸存的果荚表面则出现白斑。此虫一旦发生,其为害通常非常严重,被害株外表看上去就像无叶、无花的死树(Pillai et al., 1980)。

(4)蓟马类

属缨翅目,吸取植株汁液,破坏植物组织。为害植株的幼嫩组织和叶片的种类有待鉴定,通常周年均会发生,在雨季结束后的10月至翌年5月为害严重(蒋桂芝等,2006)。在花上以黄胸蓟马为主(图3-3-11),黄胸蓟马以成虫和若虫锉吸花、子房及幼果汁液,花朵被害后常留下灰白色的点状食痕,此外,还可见产卵痕。为害严重将导致花瓣卷缩,花朵提前凋谢,影响结实。

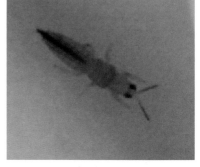

图3-3-11 黄胸蓟马成虫

(5)其他吸汁性害虫

①分布于西双版纳 绿蝽类、岱蝽类为害嫩梢、花序、豆荚。在雨季豆荚、嫩梢受害后易感病,造成豆荚未成熟就腐烂,一般在4~10月发生,可采用黑光灯诱杀或种植其他作物(猪屎豆)进行诱杀(蒋桂芝等,2007,2008)。

②分布于印度 *Stictodiplosis* moringae Mani; 蚧科枝圆盾蚧属的*Diaspidiotus* sp.,豆箭蜡蚧*Ceroplastodes cajani*(Mask)(Yusuf and Yusif, 2014)。

③分布于菲律宾 杰克贝尔氏粉蚧*Pseudococcus jackbeardsleyi* Gimpel et Miller(焦懿等,2011)。

3.2.3 钻蛀性害虫

（1）辣木实蝇*Gitona distigma* Meigon

1）分布与为害规律

辣木实蝇属双翅目实蝇科，分布于印度。它的卵产于幼果顶部，幼虫孵化后钻入果荚，在果荚表面有胶状物渗出。为害从初果期一直持续到收获。在印度南部是辣木上的主要害虫，在管理条件差的区域能导致70%的产量损失（Mahesh et al., 2014）。

2）防治方法

在成虫盛发期，使用0.5%苦参碱水分散粒剂1 000倍液、1%甲维盐乳油1 000～1 500倍液、1.8%阿维菌素乳油1500倍液进行防治（Ragumoorthi and Arumugam，1992; Logiswaran, 1993）。

（2）其他钻蛀性害虫

① 分布于北京　蔗扁蛾*Opogona sacchari*（Bojer）钻蛀辣木茎干（付怀军，2005）。

② 分布于印度　草螟科的*Noorda moringa* Tans，拟木蠹蛾科的*Indarbela quadrinotata*（Wlk）；*Indarbela tetraonis*（Moore），*Diaxenopsis apomecynoides*（Bruning），榕八星天牛*Batocera rubus* L.（Yusuf and Yusif, 2014）。

3.2.4 地下害虫

（1）云南土白蚁*Odontntermes yunnanensis* Tsai et Chen

1）发生与为害规律

云南土白蚁属等翅目白蚁科，在云南的各辣木种植区均有发生。该白蚁对辣木的危害有蛀食树皮，为害植株的根、茎，引起流胶，直接或间接地造成植株死亡。全年均有发生（蒋桂芝等，2011b）。

2）形态特征

兵蚁连上颚头长3.29～3.43 mm，不连上颚头长2.17～2.22 mm，头宽1.64～1.81 mm，前胸背板长0.69 mm，前胸背板宽1.25～1.33 mm，后足胫节长1.39～1.47 mm。触角17节，第2节长于第3节。头部深黄色，扁平，介于长方形与卵圆形之间，后缘略成弓形。后颊后端较前端宽。囟为点状的小突起。口器除上颚基部褐黄

图3-3-12　云南土白蚁

色外，其余黑色。上颚镰刀形，左上颚中点后方有1个小尖齿，右上颚的相同部位有1个齿，不明显。上唇舌形，前端侧缘内凹，形成一块突出向前的舌端。前胸背板前中部翘起，前、后缘中央有缺刻（图3-3-12）。

3）防治方法

①药剂毒杀　急性药剂如以亚砷酸为主的砷素齐，慢性药剂如六氯环戊二烯的系列杀虫剂产品灭蚁灵，均可以起到较好的毒杀效果。

②诱饵与药剂结合诱杀　选择在有白蚁的树边挖一土坑，坑内放置甘蔗渣或松木，混以少量松花粉效果更好，将白蚁诱置诱木上之后再喷施药剂毒杀（李加智，2008）。

（2）二疣犀甲*Oryctes rhinoceros* L.

1）发生与为害规律

二疣犀甲属鞘翅目犀金龟科，在辣木种植区均有发生。幼虫取食植株的根部，易引发根腐病；成虫的取食造成茎秆折断、感病，果荚受害后不能正常成熟，成虫也取食植株的心叶和叶柄，取食后留下撕碎的残渣碎屑于洞外。二疣犀甲一年发生1代，成虫期可达数月乃至半年。成虫为害一般在4～9月，幼虫为害一般在2～6月。成虫羽化后先在蛹室内停留5～26 d，羽化时间大多数集中在9～19时，成虫属夜出型，黄昏开始活动，喜爱在腐殖质堆上产卵。

2）形态特征

成虫：大小变异较大。雄虫较大，体长33.2～45.9 mm，雌虫体长38.0～43.0 mm。雌雄体表均为黑褐色，光滑，有光泽。腹面稍带棕褐色，有光泽。头小，背面中央有长3.5～7.5 mm微向后弯的角状突，雄虫突起长于雌虫，头部腹面被褐色短毛，唇基前缘分两叉，端部向上反转。前胸背板大，自前缘向中央形成一大而圆形的凹区，凹区后缘中部向前方凸出两个疣状突起。鞘翅上有许多不规则的粗刻点，并有3条平滑的隆起线，在线的会合处较宽且光滑。前足胫节有4个外齿和1个端刺。雄虫腹部腹面各节近后缘疏生褐色短毛列，末节近于新月形。雌虫腹部腹面被较密的褐色毛，末节略呈三角形，背板密生褐色毛（图3-3-13A、B）。

卵：椭圆形，初产时乳白色，3.5 mm×2.0 mm，后期颜色变为乳黄色，卵壳坚韧，有弹性（图3-3-13C）。

幼虫：3龄，蛴螬型。末龄幼虫体长45～70 mm，头宽9.5～12 mm，胸宽17.5～21.5 mm。体淡黄色，头部赤褐色，密生粗大刻点。触角短小有毛，第3节下端突出，末端有17～18个泡状感觉器。前胸气门较腹部气门大，胸部背面有较长的刚毛。腹部各节密生短刺毛，肛门作"一"字形开口，无刚毛列（图3-3-13 D）。

蛹：体长45～50 mm，前胸宽18～20 mm，腹部宽21～25 mm，全体赤褐色。头部

图3-3-13 二疣犀甲（李朝绪拍摄）
A. 雄成虫；B. 雌成虫；C. 卵；D. 幼虫；E. 蛹

具角状突起，雌蛹突起长度短于宽度的2倍，而雄蛹则达3倍以上。后翅端伸出鞘翅外方，达腹部第5节后缘。气门长椭圆形，开口大，尾节末端密生微毛。雄蛹臀节腹面有瘤状突起，雌虫较为平坦（图3-3-13E）。

3）防治方法

①破坏越冬场所　在3月开春之前做好田园的清洁工作，清除或破坏二疣犀甲的繁殖场所。

②转变堆肥方式　尽量减少堆肥时间，或定期清除堆肥中的虫体。

③诱集　将新腐烂的辣木树干劈成两半，以平的一面接触地面，可引诱成虫前来产卵繁殖，然后进行集中处理，此外，也可利用牛粪诱集。

④人工捕杀：在7～9月，即成虫发生的高峰期，每日定时检查棚园，及时捕捉成虫，减轻危害。

⑤药剂防治：将甲敌粉和泥沙以1:20的比例混合，每株50g，撒施到定植的幼苗心叶中（蒋桂芝等，2007；李加智，2008）。

（3）大蟋蟀*Brachytrupes portentosus* Lichtenstein

1）分布与为害规律

大蟋蟀属直翅目蟋蟀科。分布于云南、贵州、广东、广西、福建、江西、台湾等省（区）。是我国南方旱地作物的重要的地下害虫，除为害辣木外，还为害茶以及众多作物的幼苗。能为害植株近地面的嫩梢、叶片、根茎部，苗期受害尤为严重。在辣木上4～10月发生。

2）形态特征

成虫体长30～40 mm，体暗褐色，头大，复眼黑色。头比胸背窄，胸部背面横列两个圆锥形黄斑，后足腿节膨大，胫节具两列刺状突，每列4～5枚，刺端黑色。雌虫产卵管短于尾须。卵淡黄色，近圆筒形，稍弯曲。若虫外形与成虫相似，体色较淡，共7龄，自2龄开始生长翅芽，以后随虫龄增长逐渐增大。

3）防治方法

①人工捕杀与药剂防治　大蟋蟀的洞口常有松土堆积，人工扒开洞口松土进行捕杀，或使用药剂进行灌注（如用80%敌敌畏乳油1 500～2 000倍液）。

②毒饵诱杀　取炒过的花生麸或米糠5kg为饵料，用适量热水将90%晶体敌百虫溶解后拌入饵料中，搅拌至饵料成豆渣状即为毒饵。选择闷热无雨的傍晚，在蟋蟀洞口的松土上放置一颗与花生粒等大的毒饵，以诱杀出洞活动的大蟋蟀。

③堆草诱杀　以750堆/hm²的密度在土间堆放10 cm高的小草堆，以诱集蟋蟀的成虫和若虫，于第二天清晨翻开草堆进行人工捕杀或用药防治（李云瑞，2002）。

（4）其他地下害虫

分布于西双版纳：蝼蛄类为害植株的叶片和幼苗，一般发生在4～10月份（蒋桂芝等，2007）。

参考文献

Abdulkapim S M, Long K, Lai O M, et al. 2007. Frying quality and stability of high-oleic *Moringa oleifera* seed oil in comparison with other vegetable oils. Food Chemistry, 105（4）: 1382-1389.

Alaka P，Vinaya G. 1998. A new wilt disease of wild moringa（*M.* concanensis）. Journal of Economic and Taxonomic Botany, 22（2）：423-425.

Ayyar T V R. 1940. Handbook of economic entomology for south India. Superintendent, Government Press, Madras, India.

Babu K V S, Rajan S. 1996. Floral biology of annual drumstick. Journal of Tropical Agriculture, 34（2）: 318-135

Bhuptawat H, Folkard G K. 2007. Innovative physic-chemical treatment of wastewater incorporating *Moringa oleifera* seed coagulant. Journal of Hazardous Materials, 142（2）: 477-482.

Gilani A H, Khalid A, Amin S, et al. 1994. Pharmacological studies on hypotensive and spasmolytic activities of purecom pounds from *Moringa oleifera*. Phytotherapy Research, 8（2）: 87-91.

Hussain S, Malik F, Mahmood S. 2014. Review: An exposition of medicinal preponderance of *Moringa oleifera* Lank. Pakistan Journal of Pharmaceutical Sciences, 27（2）: 397-403.

Kooltheat N, Sranujit R P, Chumark P, et al . 2014. An ethylacetate fraction of *Moringa Oleifera* Lam. inhibits human macrophage cytokine production induced by cigarette smoke. Nutrients, 6（2）: 697-710.

Kulkarni N, Kalia S, Sambath S, et al. 1996. First report of *Ascotis selenaria imparata* Walk.（Lepidoptera: Geometridae）as a pest of *Moringa pterygosperma* Gertn. Indian Forester, 122（11）: 1075-1076.

Kulkarni N, Meshram P B, Joshi K C. 2003. Foliage feeder, *Noorda blitealis*（Walk.）on *Moringa pterygosperma*（Geart.）syn. *M.oleifera*（Lam.）and its control in nursery. Journal of Tropical Forestry, 19（I&II）: 79-82.

Lezcano J C，Alonso O，Trujillo M, et al. 2014. Fungal agents associated to disease symptoms in seedlings of *Moringa oleifera* Lamarck. Pastosy Forrajes, 37（2）：228-232.

Logiswaran, G. 1993. Evaluation of insecticides for the management of moringa fruit fly. Madras Agricultural Journal, 80: 698-699.

Mahesh M, Kotikal Y K, Narabenchi G. 2014. Management of drumstick pod fly; *Gitona distigma*（Meigen）. International Journal of Advances in Pharmacy, Biology and Chemistry, 3（1）: 54 - 59.

Makkar H P S，Becker K. 1997. Nutrients and antiquality foctors in different morphological parts do the *Moringa oleifera* tree. Journal of Agricultural Science, 128（3）: 311-322.

Mandokhot A M，Fugro P A，Gonkhalekar S B. 1994. A new disease of *Moringa oleifera* in India. Indian Phytopathology, 47（4）：443.

Pillai K S, Saradamma K, Nair M. 1980. *Helopeltis antonii* Sign. as a pest of *Moringa oleifera*. Current Science,

49（7）：288-289.

Popoola J O，Obembe O O. 2013. Local knowledge，use pattern and geographical distribution of *Moringa Oleifera* Lam.（Moringaceae）in Nigeria. Journal Ethnopharmacology, 150（2）：682-691.

Ragumoorthi K N, Arumugam R. 1992. Control of moringa fruitfly *Gitona* sp., and leaf caterpillar *Noorda blitealis* with insecticides and botanicals. Indian Journal of Plant Protection, 20（1）：61-65.

Raj T P, Nayagam M S, Thatheysu A J, et al. 1994. Effect of food utilization on the larve of *Eupterote mollifera* fed with cythion sprayed *Moringa indica* leaves. Environmental Ecology, 12: 199-200.

Resmi D S，Girija V K，Celine V A. 2005. Fusarium incited fruit rot of Drumstick（*Moringa oleifera* Lamk.）. Journal of Mycology Plant Pathology, 35（1）：30.

Satti A A, Nasr O E H, Fadelmula A, et al. 2013. New record and preliminary bio-ecological studies of the leaf caterpillar; *Noorda blitealis* Walker（Lepidoptera: Pyralidae）in Sudan. International Journal of Science and Nature, 4（1）：576－581.

Senthamizhselvan M, Muthukrishnan J. 1989. Effect of feeding tender and senescent leaf by *Eupterote mollifera* and tender leaf and flower by *Spodoptera exigua* on food utilization. Proceedings: Animal Sciences, 98（2）：77-84.

Sivagami R, David B V. 1968. Some insect pests of Moringa（*Moringa oleifera* Linn.）In South India. South Indian Hort, 16: 69-71.

Subramanian S, Parthasarathy R, Rabindra R J, et al. 2005. The infectivity of the entomopathogenic nematode *Steinernema glaseri* against the *Moringa hairy* caterpillar, *Eupterote mollifera* [*Moringa oleifera* Lam.; India]. Nematologia Mediterranea（Italy）, 33: 149-155.

Tahiliani P, Kar A. 2000. Role of *Moringa Oleifera* leaf extract in the regulation of thyroid hormone status in adult male and female rats. Pharmacological Research, 41（3）：319-323.

Yusuf S R, Yusif D I. 2014. Severe damage of *Moringa oleifera* Lam. leaves by *Ulopeza phaeothoracica* Hampson（Lepidoptera: Crambidae）in Ungogo local government area, Kano State, Nigeria: a short communication. Bayero Journal of Pure and Applied Sciences, 7（1）：127-130.

党选民，曹振木，等. 热带珍稀植物辣木的特性及其开发利用. 中国农学通报（专刊），2004：129-132.

付怀军. 2005. 蔗扁蛾危害温室植物的调查和防治. 抓住 2008 年奥运会机遇进一步提升北京城市园林绿化水平论文集. 北京：北京园林学会，362-364.

龚德勇，刘清国，班秀文，等. 2006. 辣木种子的发芽特性及育苗试验初报. 贵州农业科学，S1: 80-81.

蒋桂芝，阿红昌，刘昌芬. 2006. 西双版纳辣木主要病虫害研究初报. 热带农业科技，2006，29（4）：6-9.

蒋桂芝，刘昌芬，苏海鹏. 2007. 西双版纳辣木果腐病及其病原菌的鉴定. 植物保护学报，34（5）：557-558.

蒋桂芝，刘昌芬. 2008. 西双版纳辣木主要病害及病原菌. 植物保护，34（4）：121-124.

蒋桂芝，杨焱，龙继明，等. 2011a.辣木果腐病的发生规律初步研究. 郭泽建，侯明生主编.中国植物病理学会2011年学术年会论文集.北京：中国农业科学技术出版社：91.

蒋桂芝，杨焱，龙继明，等. 2011b. 西双版纳辣木常见病虫害及其防治. 热带农业科技，34（3）：28-30，34.

焦懿，余道坚，徐浪，等. 2011. 从进口泰国莲雾上截获重要害虫杰克贝尔氏粉蚧. 植物检疫，25（4）：63-65.

李加智主编. 2008. 云南主要热带作物病虫害诊断与综合防治原色图谱. 昆明：云南民族出版社.

李云瑞主编. 2002. 农业昆虫学. 北京：中国农业出版社.

林若冰，林仰河. 2007. 辣木的丰产栽培技术. 中国热带农业，4: 59-60.

刘昌芬，李国华. 2002. 辣木的研究现状及其开发前景. 云南热作科技，25（3）：20-24.

刘昌芬，龙继明，杨焱，等. 2007. 多功能植物辣木栽培技术研究初报. 中国农学通报，23（6）：590-593.

刘昌芬主编. 2013. 神奇保健植物辣木及其栽培技术. 昆明：云南科技出版社.

刘元福. 1981. 海南岛林业害虫记录（四）——蓝绿象成虫取食树种试验. 热带林业科技，2: 1-5.

刘子记，孙继华，刘昭华，等. 2014. 特色植物辣木的应用价值及发展前景分析. 热带作物学报，35（9）：1871-1878.

陆斌，陈芳，张劲峰. 2005. 印度的辣木生产和研究. 世界农业，138（10）：32-35.

陆斌. 2007. 辣木大棚栽培技术. 云南农业科技，5: 50-51.

罗云霞，陆斌，陈芳，等. 2007. 辣木组织培养试验. 广东农业科学，6: 36-38.

罗云霞，陆斌，石卓功. 辣木的特性与价值及其在云南引种发展的景况. 西部林业科学，2006，35（4）：137-140

马崇坚，王玉珍，任安祥，等. 2007. 辣木的组织培养与快速繁殖. 植物生理学通讯，4: 748.

王蒂. 2004. 植物组织培养. 北京：中国农业出版社.

王洪峰，韦强. 2008a. 利用辣木茎段建立植株再生体系的研究. 浙江林业科技，28（5）：40-43.

王洪峰，韦强. 2008b. 辣木播种育苗及扦插繁殖技术研究. 广东林业科技，1: 47-50.

吴疆翀. 2010. 云南引种辣木繁育系统的研究，中国科学院昆明植物研究所，1-11.

吴顿，蔡志华，魏烨昕，等. 2013. 辣木作为新型植物性蛋白质饲料的研究进展. 动物营养学报，25（3）：503-511.

吴伟坚. 2000. 菜粉蝶食性的研究. 见：李典漠主编. 走向21世纪的中国昆虫学——中国昆虫学会2000年学术年会论文集. 北京：中国科学技术出版社，220-223.

向素琼，梁国鲁，郭启高，等. 2007. 辣木组织培养与四倍体植株诱导. 热带亚热带植物学报，15（2）：141-146.

许志刚主编. 2003. 普通植物病理学（第三版）. 北京：高等教育出版社.

张洁. 辣木（*Moringa oleifera* Lam.）组培育苗及四倍体新种质诱导技术的研究[D]，西南大学，2007.

张燕平，段琼芬，苏建荣. 2004. 辣木的开发与利用. 热带农业科学，4（24）：42-48.

赵翠翠. 2012. 多用途木本植物辣木快繁体系建立的研究. 福州：福建农林大学硕士论文.

郑燕珊. 2009. 辣木的种子苗繁殖技术. 广东农业科学，3: 178-179.

郑毅，解培惠，伍斌，等. 2011. 辣木在金沙江干热河谷造林试验研究. 中国农村小康科技，2: 52-54.

周明强，班秀文，刘清国，等. 2010. 贵州辣木的引种栽培技术及特征特性研究. 安徽农业科学，38（8）：4086-4088.

周铁烽. 2001. 中国热带主要经济树木栽培技术. 北京：中国林业出版社.

朱弘复主编. 1973. 蛾类图册. 北京：科学出版社.

朱尾银. 2011. 辣木的组织培养及快速繁殖研究. 安徽农学通报，7: 54，107.

第四章
DISIZHANG
辣木营养价值及健康功效

Moringa oleifera Lam.

辣木营养价值

辣木叶、茎的营养非常丰富，所含维生素C是柑橘的6倍，胡萝卜素是胡萝卜的4倍，钙和蛋白质的含量分别是牛奶的4倍和2倍，钾、铁、镁等含量均高于其他蔬菜、水果。据推算，三汤匙的辣木叶粉末，就含有幼儿每日所需的270％的维生素A，42％的蛋白质，125％的钙，70％的铁及22％的维生素C。辣木以其高蛋白质、低脂肪、高纤维、高维生素的健康特性和降血糖、抗菌消炎、强心的保健效果而成为人们健康食品界的新宠，被誉为新时代的健康食物。早在数百年前就有食用辣木的记载，也因营养价值丰富，辣木在台湾省被称为"21世纪人体保镖"（江晃荣，2014），2012年被中国绿色食品发展中心认定为"国家首推绿色食品"，同年被评为"国宴特供菜"。国内外研究结果表明，辣木营养价值含量丰富，无论是籽实还是花、叶、茎，营养价值都很高。

1.1 蛋白质

蛋白质是构成一切细胞、组织及结构的重要成分，是生命的物质基础，承担一切生命活动。蛋白质因氨基酸的组合排列不同而组成各种类型的蛋白质。人体中含有蛋白质10万种以上，占人体干重的54%。食入的蛋白质在体内经过消化被水解成氨基酸后被人体吸收，重新合成人体所需蛋白质，同时新的蛋白质又在不断代谢与分解，时刻处于动态平衡状态。因此，食物蛋白质的质和量、各种氨基酸的比例，关系到人体蛋白质合成的量，尤其是青少年的生长发育、孕产妇的优生优育、老年人的健康长寿，都与膳食中蛋白质的量有着密切的关系。

根据董小英等人的测定结果（表4-1-1），辣木蛋白含量在不同部位差异较大。新鲜的辣木树叶所含的蛋白质（6.7g/100g）超过菠菜（2.8g/100g）两倍之多，均属完全蛋白质。干叶粉蛋白质是牛奶的两倍，是最新发现的蛋白之王、植物钻石（刘昌芬，李国华，2004）。因此辣木不仅是发达国家素食者的理想食物，还是贫穷地区妇女和儿童的天然营养库。

表4-1-1　不同辣木结构蛋白质含量表

	100g辣木鲜叶	100g干叶粉	100g辣木嫩荚	100g辣木根
蛋白质/g	6.7	27.1	2.5	6.47
粗蛋白/%	43.5	30.3	—	—

图4-1-1显示了，云南省6个不同州市的辣木样品中水溶性蛋白质含量。从图中可以看出，来自楚雄的辣木样品，水溶性蛋白质含量极高，可达9.29%，其次是普洱（6.73%）、大理（6.5%）、版纳（5.04%）、丽江（4.34%），最低为德宏（3.73%）。一般来说，水溶性蛋白质含量越高，辣木蛋白质的吸收利用率越好。同时，结果也说明不同州市的辣木水溶性蛋白

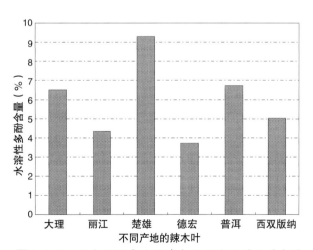

图4-1-1　云南不同产地的辣木叶水溶性蛋白质含量

质含量差异极大，这可能与辣木品种、种植环境、栽培管理技术有密切关系。因此，今后在辣木产业布局、品种选育以及栽培管理时，相关营养成分含量应该作为参考依据。

1.2 氨基酸

氨基酸是蛋白质的基本组合单位，在饮食中，对蛋白质的需求，其实是对氨基酸的需求。人体氨基酸大体可分为两类：能在体内合成的某些氨基酸，称为非必需氨基酸，对成人来说，这类氨基酸有8种，包括赖氨酸、蛋氨酸、亮氨酸、异亮氨酸、苏氨酸、缬氨酸、色氨酸、苯丙氨酸。对婴儿来说，有9种，多一种组氨酸；而某些不能在体内合成的，为了满足机体需要，必须从外界食物中获取的氨基酸，称为必需氨基酸，这类氨基酸包括甘氨酸、丙氨酸、丝氨酸、天冬氨酸、谷氨酸、脯氨酸、精氨酸、组氨酸、酪氨酸、胱氨酸。

辣木中含有17种氨基酸，5种是人体必需氨基酸，特别是高含量的谷氨酸和多数主食缺乏的赖氨酸、苏氨酸。因此，辣木是目前能提供氨基酸含量最高、种类最全的天然植物之一。

根据董小英等人的报道（见表4-1-2），蛋白质中必需氨基酸的平衡性是衡量食物营养品质的重要标准。辣木蛋白各组分中氨基酸含量及其配比是不同的（段琼芬等，2008），胱氨酸和蛋氨酸含量最高，赖氨酸、亮氨酸、苯丙氨酸、甘氨酸、天门冬氨酸、丙氨酸、丝氨酸含量次之，谷氨酸、苯丙氨酸、组氨酸含量较低。但从蛋白质角度考虑，与大豆相比，辣木蛋白质质量分数为27％，总氨基酸质量分数为19.8％，氨基酸种类及含量都比大豆丰富（见表4-1-3）（段琼芬等，2008）。辣木不同部位氨基酸含量也有较大差异（见表4-1-4）。

表4-1-2 辣木氨基酸含量（干物质）

	氨基酸	质量分数/%
必需氨基酸	胱氨酸	3.05
	苏氨酸	0.95
	缬氨酸	0.90
	蛋氨酸	3.05
	异亮氨酸	0.82
	亮氨酸	1.06
	苯丙氨酸	0.34
	赖氨酸	1.34
非必需氨基酸	谷氨酸	0.45
	甘氨酸	1.04

续表4-1-2

氨基酸	质量分数/%
丙氨酸	1.47
酪氨酸	0.54
天门冬氨酸	2.00
丝氨酸	1.23
组氨酸	0.36
精氨酸	1.07
脯氨酸	0.82

表4-1-3　辣木与奶粉不同食物氨基酸含量比较（100g干物质，单位：g）

成分	辣木	全脂奶粉	黄豆粉	鸡肉松	牛肉松	猪肉松	干核桃	脱水甜椒	干花生仁
异亮氨酸	825	1 046	1 531	285	267	1 038	632	304	829
亮氨酸	1 950	1 543	2 512	584	556	1 859	1 183	444	1 600
赖氨酸	1 325	1 523	203	279	333	1 766	494	340	860
蛋氨酸	350	189	372	169	138	307	227	122	265
苯丙氨酸	1 388	987	1 789	334	336	1 232	735	398	1 209
苏氨酸	1 188	1 161	1 147	254	217	1 035	517	411	620
色氨酸	425	191	454	96	98	312	198	100	229
缬氨酸	1 063	1 189	1 744	411	324	1 206	770	482	967
精氨酸	1 325	715	2 367	277	295	1 430	2 599	450	2 827
组氨酸	613	553	695	157	195	698	383	203	526

表4-1-4　辣木不同部位氨基酸含量（100g干物质，单位：g/16 gN）

氨基酸种类	辣木叶	辣木干叶粉	辣木鲜荚	种仁	粗粉	提油后的种仁	提油后的粗粉
精氨酸	6	—	3.6	—	—	—	—
组氨酸	2.1	—	1.1	2.20	2.27	2.38	2.28
赖氨酸	4.3	—	1.5	1.41	1.47	1.62	1.48
色氨酸	1.9	—	0.8	—	—	—	—
苯丙氨酸	6.4	—	4.3	3.83	3.97	4.30	4.29
亮氨酸	9.3	—	6.5	—	—	—	—

续表4-1-4

氨基酸种类	辣木叶	辣木干叶粉	辣木鲜荚	种仁	粗粉	提油后的种仁	提油后的粗粉
异亮氨酸	6.3	—	4.4	2.99	3.05	3.45	—
蛋氨酸	2	—	1.4	1.93	1.90	2.23	2.13
苏氨酸	4.9	—	3.9	5.11	5.27	5.85	5.84
缬氨酸	7.1	9.8	5.4	3.40	3.47	3.72	3.63
酪氨酸	1.4	5.5	3.9	1.44	1.50	1.52	1.41
胱氨酸	1.35	—		4.13	4.22	4.82	4.72
羟丁	4.66	—	—	2.15	2.25	2.14	2.28

根据我们测定的结果（表4-1-5），在云南省不同地区种植的辣木，其叶中的水解型氨基酸含量差异较大，这可能与种植品种、栽培技术以及环境条件等有密切关系。因此，加强辣木适植品种筛选以及规范栽培技术管理对提高辣木氨基酸含量有较强的现实意义。从表4-1-5中可以看出，德宏样最高达20.54%，其次是西双版纳、丽江、普洱、大理，最低为楚雄，仅有11.13%。从各地样品中氨基酸组成看，氨基酸的含量存在明显差异，但谷氨酸、天门冬氨酸、亮氨酸、精氨酸以及赖氨酸的含量都比较高。

表4-1-5　云南省6个地州辣木叶干粉中氨基酸组成分析（100g干物质，单位：g）

氨基酸组成	不同产地					
	德宏	西双版纳	丽江	普洱	大理	楚雄
天门冬氨酸	2.13	1.79	1.76	1.70	2.92	1.19
谷氨酸	3.16	2.77	2.41	3.37	2.56	1.91
亮氨酸	2.28	1.81	1.73	1.49	1.07	1.15
精氨酸	1.41	1.20	1.08	1.03	1.01	0.72
苯丙氨酸	1.36	1.14	1.14	1.06	0.89	0.70
赖氨酸	1.40	1.13	1.08	0.85	0.68	0.69
苏氨酸	1.11	0.95	0.90	0.75	—	0.63
丝氨酸	1.27	1.07	0.97	1.05	0.78	0.69
丙氨酸	1.53	1.33	1.18	1.08	0.75	0.80
缬氨酸	1.06	0.90	0.85	0.82	0.68	0.61
甘氨酸	1.26	1.05	1.09	0.81	0.65	0.71
异亮氨酸	1.01	0.83	0.79	0.69	0.57	0.55

续表4-1-5

氨基酸组成	不同产地					
	德宏	西双版纳	丽江	普洱	大理	楚雄
酪氨酸	0.80	0.59	0.62	0.40	0.28	0.34
组氨酸	0.51	0.38	0.37	0.37	0.33	0.25
蛋氨酸	0.25	0.18	0.22	0.23	0.080	0.19
脯氨酸	—	—	0.17	—	—	—
胱氨酸	—	—	—	—	—	—
氨基酸总量	20.54	17.12	16.36	15.70	13.25	11.13

1.3 辣木多肽

辣木活性肽属于相对分子量为3000 Da的水提活性物质。辣木活性肽具有多重调节人体生理功能的作用。其理化性质较好：对热稳定，在50%的高浓度下仍具有流动性；溶解度好，较宽的pH值范围内仍可保持溶解状态；可直接由肠道吸收，吸收速度快，吸收率高；无抗原性，不会引起免疫反应；具有抗疲劳、抗氧化、增加血液中乙醇代谢产率、降血压降血脂等重要生理活性。

现代营养学研究表明：人体摄入蛋白质经消化道酶作用后，大多是以寡肽的形式被消化吸收，寡肽的吸收代谢速度比游离氨基酸快。蛋白质以多肽的形式为机体提供营养物质，既避免了氨基酸之间的吸收竞争，又减少了高渗透压对人体产生的不利影响，故其生物效价和营养价值比游离的和深度结合的氨基酸高，而辣木蛋白属于结合蛋白，其正常消化率为50%，降解率为44.8%，丰富的氨基酸不易为人体吸收利用，是攻克辣木营养的一大难题。围绕这一点，云南农业大学就转化辣木蛋白质为辣木活性肽进行科研，已经取得突破性进展。

1.4 脂肪

辣木脂肪酸主要集中在种子中，其中含有较高的不饱和脂肪酸。相关研究表明，饮食中减少饱和脂肪酸的摄入，同时增加不饱和脂肪酸、亚油酸、亚麻酸、花生四烯酸，对促进血液胆固醇下降，降低血液凝固有明显作用。福建省技术监督干部学校的骆新峥研究表明，辣木种子中不饱和脂肪酸含量可达82%，其中油酸、亚油酸含量分别是70%、30%。广东省农科院作物研究所研究显示：食用辣木油可增加机能多价不饱和脂肪酸摄入，促进胆固醇和胆酸的排泄，降低血清中胆固醇含量。此外，辣木油酸在提高超氧化物歧化酶（SOD）活性、促进机体抗氧化作用方面效果更佳。其中，辣木油还具有类似乙酰水杨酸的消炎退热作用，丰富的植物甾醇的吸收，起到降血脂的作用。

1.5 维生素

维生素是人和动物为维持正常的生理功能而必须从食物中摄取的一类微量有机物质，在人体生长、代谢、发育过程中发挥着重要的作用，虽然在体内的含量很少，但不可或缺。

段琼芬等（2008）报道，辣木维生素含量丰富，特别是维生素B_1（硫胺素）、维生素B_2（核黄素）、维生素C（抗坏血酸）、维生素E（生育酚）、叶酸、泛酸和生物素含量较高（表4-1-6）。数据显示，辣木中维生素C含量是柳橙的7倍；维生素A是胡萝卜的4倍；维生素E是螺旋藻的70倍，是黄豆粉的40倍；叶酸与鸡肉相当。100g木叶粉中含155mg的维生素E，每日摄入25g辣木叶粉就能充分满足不同人群对维生素E所需量，美容养颜。

表4-1-6 辣木不同部位维生素含量表（100g干物质，单位：g）

维生素种类	辣木树叶	辣木干叶粉	辣木嫩荚
维生素A	6.8	16.3	0.1
维生素B	423	—	423
维生素B_1	0.21	2.6	0.05
维生素B_2	0.05	20.5	0.07
维生素B_3	0.8	8.2	0.2
维生素C	220	17.3	120
维生素E	9	113	—

1.6 矿物质

矿物质，又称为无机盐及膳食矿物质，是除了碳、氢、氮和氧之外的生物必需的化学元素之一，构成人体组织、维持正常的生理功能和生化代谢的主要元素，约占人体体重的4.4%。辣木树含丰富的矿物质，包含6种矿物元素（钙、镁、磷、钾、钠、硫），5种微量元素（锌、铜、铁、锰、硒）。Mcburney等（2004）研究报道，辣木的钾含量是香蕉的10倍，铁是菠菜的4倍，锌的质量分数最高为6.99%（比所有食用蔬菜都高）（表4-1-7和表4-1-8）。

表4-1-7　辣木常量元素含量表（按干粉计）

常量元素种类	质量分数/（g/10^{-6}）
硫	3 800
磷	1 400
钾	3 900
钙	15 400
镁	2 800
铁	92.4
锌	7.96
铜	4.34
锰	20.9

表4-1-8　辣木不同部位微量元素含量表（100g干物质，单位：mg）

微量元素种类	辣木树叶	辣木干叶粉	辣木嫩荚	辣木根
钙	440	2 003.00	30	8983
镁	24	368	24	2 769.09
磷	70	204	110	—
钾	259	1 324.00	259	20 454.68
铜	1.1	0.6	3.1	—
铁	7	28.2	5.3	159.47
硫	137	870	137	—
锌	—	2.8	—	19.16
锰	23.8	64.0	24.0	14.71

我们收集了云南省6个地州辣木叶干粉，采用ICP-MAS法进行了其中的矿物质元

素分析，结果见表4-1-9。从表中可以看出，各地州的样品均以钙含量最高，说明辣木富含钙元素。在不同地州之间，来自大理的辣木样钙含量最高，达2.78%，版纳最低为1.3%。说明种植在不同地区的辣木，其叶片中的钙含量差异极大。辣木叶还含有大量的钾、镁、磷、钠、铁、锰、锌。同时，分析结果发现，辣木也富含硒元素，特别是丽江的辣木叶含有较高的硒（1.8 mg/kg），是德宏的24.3倍，含量差异极大。具体原因尚待研究。

表4-1-9　云南省6个地州辣木叶干粉中矿物质元素分析

项目名称	大理	丽江	楚雄	德宏	西双版纳	普洱
钙 %	2.78	2.52	2.10	2.35	1.30	1.45
钾 %	1.30	1.43	1.90	1.43	1.88	1.78
镁 %	0.536	0.423	0.584	0.536	0.378	0.286
磷 %	0.184	0.304	0.256	0.428	0.423	0.313
钠 mg/kg	285	388	120	178	121	69.6
铁 mg/kg	81.5	288	72.2	93.3	269	308
锰 mg/kg	22.5	42.2	89.2	110	132	81.6
锌 mg/kg	14.4	17.8	11.4	17.8	33.2	18.4
铜 mg/kg	7.96	4.05	3.68	49.0	3.57	3.90
硒 mg/kg	0.117	1.80	0.093	0.074	0.109	0.090

1.7　阻碍辣木营养消化的内在因子及解决方案

辣木的维生素C、维生素E、叶酸、Ca和Mn含量超过螺旋藻8倍以上，（罗云霞，陆斌，石卓功，2006）。虽然辣木营养成分丰富，具有很高的生物学价值，但因辣木存在阻碍营养吸收的内在因子，所以造成辣木直接食用的低吸收率。

1.7.1　辣木蛋白的消化率低

首先，辣木中所含的纤维素、胰蛋白酶、维生素、游离氨基酸等对辣木蛋白消化率有一定的影响，如蛋白质被纤维包裹不易于消化酶接触等；其次，辣木内的内源性抗营养因子对辣木蛋白消化率的影响；再者，食用者体内消化酶的含量以及消化的时间也会影响辣木蛋白的消化吸收。

1.7.2 多酚（或称单宁）

辣木多酚又称为辣木单宁，苦涩且具有结合蛋白的能力，在辣木植株中起到抵抗微生物、昆虫、鸟类和动物侵害的作用。已有的研究证明，辣木多酚具有抗艾滋病（HIV）、抗癌症的作用。正因辣木中多酚含量较高，对胰蛋白酶有非竞争性抑制作用，因此，限制了人体对食物蛋白的消化吸收（Akwasi Ampofo-Yeboah，2013）。

1.7.3 膳食纤维

人体的生长发育以及胃肠道健康离不开膳食纤维，但不可忽视的是膳食纤维的存在也客观地影响了一些营养元素的消化吸收，增加人体的膳食纤维的摄入量可以降低机体对蛋白质的消化吸收。因此，辣木中较高的膳食纤维含量可能是导致辣木营养元素吸收不完全的重要原因之一。

1.7.4 解决措施

将辣木经现代生物科技发酵，可以帮助辣木营养成分加速为直径小于15微米的人体小肠主血管可直接吸收的营养素（饶之坤等，2007）。

辣木经发酵后产物可修复细胞组织，提高生命活性，辅助调节体内的酸碱平衡、抵抗疾病传染，是人体重要的生命活力加分剂。迄今为止，国内外已进行大量研究，得到了广大消费者的认可。

长期服用辣木或辣木发酵品，对生活中常见的疾病均有改善作用，如净化血液，对血液中的废物、胆固醇、高脂蛋白以及血凝块有极强的分解作用，恢复血管弹性促进血液循环。此外，还可调节胰岛素分泌，辅助糖尿病治疗等。

最后辣木的细胞修复功能，可促进细胞生长、改善肤质，消除青春痘。

综上所述，辣木自古被称为神奇土树、奇迹之树，从营养健康角度就可诠释得淋漓尽致。

Moringa oleifera Lam.

辣木的活性成分

在印度及非洲，辣木常被用作治疗糖尿病、高血压、皮肤病、免疫力低下、贫血、骨骼疾病、抑郁症、关节炎和消化器官肿瘤等疾病的传统药材，现代药理学研究发现，辣木具有解痉、抗菌、抗病毒、降压、消炎和抗肿瘤的活性（Gilani AH et al.，1994；Faizi S et al.，1998；Limaye et al.，1998；Pal et al.，1995），辣木中各种活性成分的存在至关重要。

2.1 辣木的化学成分

辣木（*M. oleifera*）的化学成分比较丰富，主要含有脂肪酸类、黄酮和其他酚性成分、糖及糖苷类、生物碱、萜类以及甾体类物质。

2.1.1 脂肪酸类

（1）辣木叶中的脂肪酸类

Chuang PH等（2007）通过GC-MS分析发现辣木叶中含有44种脂肪酸类物质，主要包括甲苯（toluene），5-叔丁基-1,3-环戊二烯（5-tert-butyl-1,3-cyclopentadiene），苯甲醛（benzaldehyde），5-甲基-2-呋喃甲醛（5-methyl-2-

196

furaldehyde, 苯乙醛（benzene acetaldehyde）, linaloloxide, 2-ethyl-3,6-dimethylpyrazine, 十一烷（undecane）, α-异佛尔酮（α-isophoron）, 苯甲基腈（benzyl nitrile）, 2,6,6-三甲基-2-环己烷-1,4-二酮（2,6,6-trimethyl-2-cyclohexane-1,4-dione）, 2,2,4-三甲基-戊醛（2,2,4-trimethyl-pentadiol）, 2,3-epoxycarane, p-menth-1-en-8-ol, 2,6,6-trimethylcyclohexa-1,3-dienecarbaldehyde, 吲哚（indole）, 十三烷（tridecane）, α-紫罗兰酮（α-ionone）, 三甲基二氢化萘（1,1,6-trimethyl-1,2-dihydronaphthalene）, α-ionene, β-damascenone, β-紫罗兰酮（β-ionone）, ledene oxide, 2-叔丁基-1, 4-2-甲基苯（2-tert-butyl-1,4-dimethoxybenzene）, （E）-6,10-dimethylundeca-5,9-dien-2-one, 4,6-二甲基-十二烷（4,6-dimethyl-dodecane）, 茚满酮（3,3,5,6-tetramethyl-1-indanone）, dihydro-actiridioide, 2,3,6-trimethyl-naphthalene, megastigmatrienone, 1-[2,3,6-三甲基-苯基]-2-丁酮 1-[2,3,6-trimethyl-phenyl]-2-butanone, 1-[2,3,6-trimethyl-phenyl]-3-buten-2-one, 异长叶烯（isolongifolene）, hexahy drofarnesylactone, 金合欢酮（farnesylacetone）, 甲基棕榈酸脂（methyl palmitate）, 十六酸（n-hexadecanoic acid）, [6E, 10E]-7,11,15-trimethyl-methylene-1,6,10,14-hexadeca-tetraene, 植醇[（E）-phytol], 二十二烷（docosane）, 1-docosene, 二十四烷（teracosane）, 二十五烷（pentacosane）, 二十六烷（hexacosane）。此外，产自中国台湾台中的辣木叶中的油脂组成与棕榈、油菜籽、大豆和向日葵相比，其油酸的含量突出，达到70%以上（Chuang Ph et al., 2007），具体脂肪酸的组成见表4-2-1。

表4-2-1　辣木叶中脂肪酸成分与其他油类的比较

脂肪酸	辣木叶	棕榈	油菜籽	大豆	向日葵
C 16: 0	6.5	44.1	3.6	11	6.4
C 18: 0	6.0	4.4	1.5	4	4.5
C 18: 1	72.2	39.0	61.6	23.4	24.9
C 18: 2	1.0	10.6	21.7	53.2	63.8
C 18: 3	—	0.3	9.6	7.8	—
C 20: 0	4.0	0.2	—	—	—
C 20: 1	2.0	—	1.4	—	—
C 22: 0	7.1				
其他	1	1.1	0.2	痕量	痕量

（引自：Chuang , Lee, Chou, et al.Bioresource Technology, 2007）

（2）种子中的脂肪酸类

辣木种子中脂肪酸的种类丰富，其中不饱和脂肪酸含量较高，油酸（cis-9-octadecenoic（oleic acid）的含量更高达脂肪酸总量的78%（表4-2-2）（da Silva et al.,2010），油酸和异油酸 [cis-11-octadecenoic acid（vaccenic acid）] 的组成也较橄榄油含量高（表4-2-3）（Vlahov，Chepkwony，Ndalut，2002），饱和脂肪酸主要为二十二碳酸（behenic acid，6.73%）和棕榈酸（palmitic acid，6.04%）（Tsaknis et al.,1999）。

表4-2-2　辣木种子的脂肪酸组成

脂肪酸	含量（%）
棕榈酸（palmitic acid，16:0）	7.0
棕榈油酸（palmitoleic acid，16:1）	2.0
硬脂酸（stearic acid，18:0）	4.0
油酸（oleic acid，18:1）	78.0
亚油酸（linoleic acid，18:2）	1.0
亚麻酸（linolenic acid，18:3）	—
花生酸（arachidic acid，20:0）	4.0
二十二碳酸（behenic acid，22:0）	4.0

（引自：Da Silva, Serra, Gossmann, et al., Biomass and Bioenergy, 2010）

表4-2-3　辣木种油与橄榄油的脂肪酸组成对比

脂肪酸		含量（%）	
		辣木油	橄榄油
C 14: 0		0.1	0.02
C 16: 0		5.9	17.3
C 16: 1	9 cis	1.8	2.7
C 17: 0		0.1	0.1
C 17: 1		0.0	0.4
C 18: 0		7.2	1.9
C 18: 1	9 cis	66.9	57.9
C 18: 1	11 cis	7.3	4.4
C 18: 2	9, 12 cis	0.6	13.9
C 18: 3	9, 12, 15 cis	0.2	0.8

续表4-2-3

脂肪酸		含量（%）	
		辣木油	橄榄油
C 20: 0		4.0	0.3
C 20: 1	11 cis	1.8	0.2
C 22: 0		4.1	0.08
饱和脂肪酸的总含量 21.4		19.7	

（引自：Da Silva, Serra, Gossmann, et al., Biomass and Bioenergy, 2010）

2.1.2　酚性成分

（1）辣木叶中的酚性成分

Moyo等（2012）研究发现，辣木叶的丙酮提取部位中酚性成分的含量远高于其水提物中的含量（表4-2-4），其中黄酮和黄酮醇类物质最高。Atawodi等（2010）通过高效液相色谱分析发现辣木叶中含有：绿原酸（chlorogenic acid）、芦丁（rutin）、槲皮素葡萄糖苷（异槲皮素，quercetin glucoside），山奈酚鼠李葡糖甙（kaempferol rhamnoglucoside）。

表4-2-4　辣木叶中各酚性成分的含量对比

提取部位	酚类（TE/g）	黄酮类（QE/g）	黄酮醇（QE/g）	原花色苷（CE/g）
丙酮	120.33	295.01	132.74	32.59
水	40.27	45.10	18.10	16.91

QE= 槲皮素，TE= 单宁酸，CE= 儿茶素

Siddhuraju等（2003）经高效液相色谱分析发现辣木叶中含有阿魏酸（ferulic acid）、儿茶素（catechin）、表儿茶素（epicatechin）、槲皮素（quercetin）、鞣花酸（ellagic acid），杨梅黄酮（myricetin），紫铆花素（butein）、芹菜苷（apigenin）、山奈酚（kaempferol）、异鼠李素（isorhamnetin）、鼠李素（rhamnetin）的存在。Vongsaka等（2013）发现辣木叶的70%乙醇提取液中，总酚性成分的含量达13.23%，总黄酮的含量为6.2%。其中crypto-chlorogenic acid和异槲皮素（isoquercetin）为主要代表性化合物，含量高达干叶粉重的0.05%和0.09%。

Karthivashan等（2013）和Newton等（2010）通过液质连用仪（HPLC‐DAD‐ESI‐MS）从辣木叶的90%乙醇提取液中分析出一系列酚类化合物（图4-2-1）：

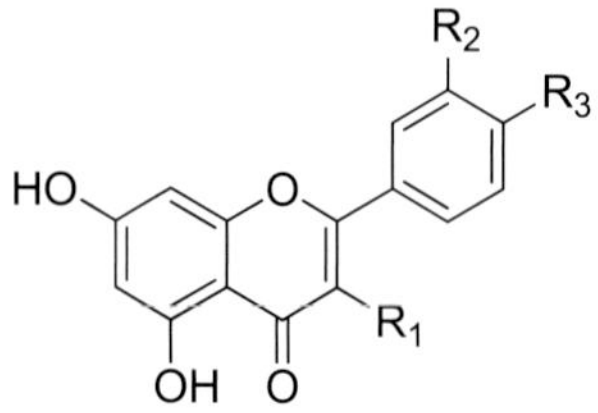

	R_1	R_2	R_3
Kaempferol-3-O-Rutinoside:	Glc-Rha	H	OH
Kaempferol-3-O-Glucoside:	Glc	H	OH
Kaempferol-3-O-(6"-Malonylglucoside):	Glc-Mal	H	OH
Quercetin-3-O-Rutinoside:	Glc-Rha	OH	OH
Quercetin-3-O-Glucoside:	Glc	OH	OH
Quercetin-3-O-(6"-Malonylglucoside):	Glc-Rha	OH	OH

图4-2-1 辣木叶中的酚性成分

多花蔷薇苷（multiflorin-B），芹菜槲皮素-8-C-葡萄糖苷（apigenin-8-C-glucoside），槲皮素-3-O-葡萄糖苷（quercetin-3-O-β-D-glucoside），槲皮素-3-O-乙酰葡萄糖苷（quercetin-3-O-acetyl glucoside），山奈酚-3-O-葡萄糖苷（kaempferol-3-O-glucoside），山奈酚-3-O-乙酰葡萄糖苷（kaempferol-3-O-acetyl glucoside）；Coppin等（2013）也通过液质连用仪（LC-MS）分析出辣木叶中的主要黄酮成分为一系列槲皮素和咖啡酸的糖苷及其衍生物，但具体连接方式和糖基种类不能确定。

（2）辣木种子中的酚性成分

Singh等（2013）通过高效液相色谱分析，推测辣木种子中的酚性成分主要包括：没食子酸（gallic acid）、肉桂酸（cinnamic acid）、对羟基肉桂酸（p-coumaric acid）、阿魏酸（ferulic acid）、咖啡酸（caffeic acid）、原儿茶酸（protocatechuic acid）、儿茶素（catechin）、表儿茶素（epicatechin）、槲皮素（quercetin）、香草醛（vanillin）（表4-2-5，图4-2-2）。

表4-2-5　辣木种子各酚性成分的含量

酚性成分	Free phenolic extracts（mg/100g）	Bounds phenolic extracts（mg/100g）
没食子酸（gallic acid）	18.10	1.592
桂皮酸（cinnamic acid）	0.246	ND

续表4-2-5

酚性成分	Free phenolic extracts (mg/100g)	Bounds phenolic extracts (mg/100g)
对羟基桂皮酸（*p*-coumaric acid）	0.500	0.744
阿魏酸（ferulic acid）	0.243	ND
咖啡酸（caffeic acid）	3.788	ND
原儿茶酸（protocatechuic acid）	0.340	ND
儿茶素（catechin）	0.406	749.2
表儿茶素（epicatechin）	8.156	81.4
槲皮素（quercetin）	0.143	1.878
香草醛（vanillin）	0.867	ND

ND = 未检测到

（引自：Singh et al，Journal of Functional Foods，2013）

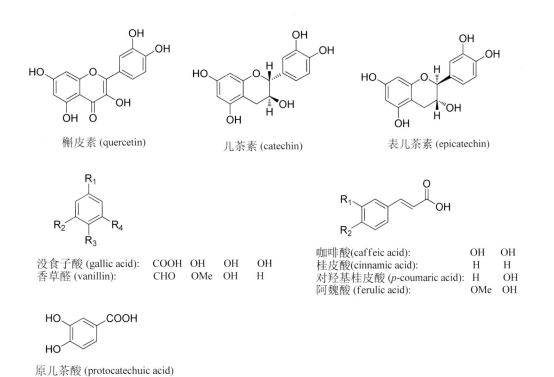

没食子酸 (gallic acid)：COOH OH OH OH
香草醛 (vanillin)：CHO OMe OH H

咖啡酸(caffeic acid)： OH OH
桂皮酸(cinnamic acid)： H H
对羟基桂皮酸 (*p*-coumaric acid)：H OH
阿魏酸 (ferulic acid)： OMe OH

槲皮素 (quercetin)　　儿茶素 (catechin)　　表儿茶素 (epicatechin)

原儿茶酸 (protocatechuic acid)

图4-2-2 辣木种子中的酚性成分结构

（3）辣木花的酚性成分

研究发现辣木花中的总酚性成分的含量为19.31 mg/g（以没食子酸计），此外经检测还含有单宁、生物碱、三萜、糖类等（Alhakmani1 et al.,2013）。

（4）辣木茎皮的酚性成分

Kumbhare等（2012）通过对辣木茎皮的化学成分分析，推测茎皮中可能含有酚性成分如黄酮、单宁等物质，其总酚性成分的含量占其甲醇提取物的50.72%，推测是辣木抗氧化活性成分的主要来源。

（5）主要酚性成分的活性

自然界中酚性成分的分布广泛，含量丰富，具有抗菌、消炎、抗氧化和抑制肿瘤生长等活性，而对于其中如芦丁、槲皮素和绿原酸等单体化合物的生物活性研究也较为深入。

① 芦丁的活性　黄酮类化合物在心脑血管疾病的治疗和预防上应用广泛，芦丁。芸香苷便是其中的一个典型代表。芦丁既可作为治疗药物，又可作为保健品。芦丁具有维生素P的作用，能降低毛细血管通透性和脆性，促进细胞增生和防止血细胞凝聚，以及抗炎、抗过敏、利尿、解痉、镇咳、降血脂等。临床上芦丁主要用于高血压病的辅助治疗和用于防治因芦丁缺乏所致的其他出血症，如防治脑血管出血、高血压、视网膜出血、紫癜、急性出血性肾炎、慢性气管炎、血液渗透压不正常、恢复毛细血管弹性等症，同时还用于预防和治疗糖尿病及合并高血脂症（孟祥颖等，2003；臧志和, 曹丽萍, 钟铃，2007）。

② 槲皮素的活性　槲皮素及其衍生物是具有多种生物活性的黄酮类化合物。它存在于许多植物的花、叶、果实中，多以甙的形式存在，如芦丁、槲皮甙、金丝桃甙等，经酸水解可得到槲皮素。槲皮素具有抗氧化、抗炎、抗过敏、抗菌、抗病毒，清除体内自由基、抑制恶性肿瘤生长和转移等多方面药理作用，及扩张动脉、改善脑循环和抗血小板活化因子、祛痰止咳、降低毛细血管通透性和脆性等多种生物活性，能提高免疫能力、降低胆固醇、增强心肌收缩力、舒张肠平滑肌、降低血压、免疫抑制和抗过敏作用（许进军,何东初，2006；王艳芳，王新华，朱宇同，2003）。

③ 儿茶素的活性　（＋）-儿茶素和（－）-表儿茶素作为黄烷醇类活性物质的代表，普遍存在于木本植物中。国内外大量的科学研究表明，儿茶素具有抗氧化、保肝、降血脂、抑菌消炎、拮抗艾滋病病毒和防治帕金森（氏）痴呆症等许多的保健及药理功效。最近的研究结果显示，儿茶素主要有抗癌、抗衰老、抗氧化、降血糖、降血脂、降血压、消炎、除臭等作用（林亲录等，2002；郑瑞霞，杨峻山，2005）。

④ 绿原酸的活性　近年来，绿原酸（chlorogenic acid，CGA）作为国际公认的植物黄金引起了较多关注，绿原酸在中药材和食物中分布广泛，是植物体在有氧呼吸

过程中经莽草酸途径产生的一种苯丙素类化合物，是许多中草药及中药复方制剂；具有抗菌消炎，清热解毒的活性，绿原酸还具有很好地清除自由基、降脂、抗氧化的作用，可抑制氧自由基对机体的损伤，如抗肝损伤，抑制肝纤维化，增强机体免疫功能（高茹等，2012；吴卫华等，2006；张鞍灵等，2001；戚晓渊等，2011）。

⑤ 没食子酸的活性　没食子酸是一种易被消化道吸收的有机酸类，其作用机制已较明确，因其对肝脏、肾脏、心血管有较强的亲和力，生物学效应比较广泛，其突出作用是抗肿瘤，对多种致癌、促癌物有拮抗作用（戚晓渊等，2011；李肖玲，崔岚，祝德秋，2004）。

2.1.3 生物碱

Panda等（2013）从辣木叶中分离得到的吲哚生物碱N，α-L-rhamnopyranosyl vincosamide。Chen等（2014）从辣木茎中分离得到N-benzylcarbamic acid，研究发现

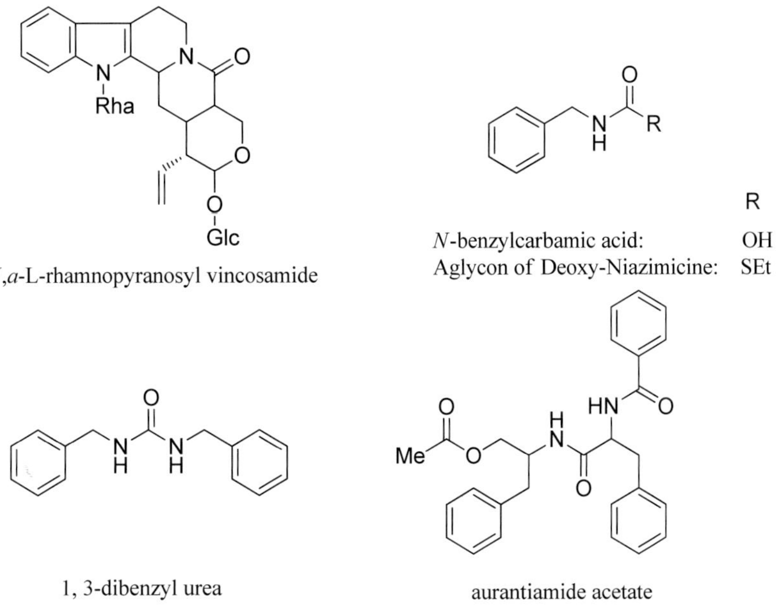

N,a-L-rhamnopyranosyl vincosamide

N-benzylcarbamic acid:　　　　　OH
Aglycon of Deoxy-Niazimicine:　　SEt

1, 3-dibenzyl urea

aurantiamide acetate

图4-2-3 辣木叶中的生物碱

它们具有保护心血管、清除自由基的活性。Nikkon等（2003）从辣木种子中分离得到 Deoxy-Niazimicine，Pachauri等（2013）从辣木的根中分离得到两个生物碱：1, 3-dibenzyl urea 和 aurantiamide acetate。

2.1.4 甾体和萜类

（1）辣木中的甾体类物质

从辣木种子中分离得到一系列甾体类化合物（Tsaknis et al., 1999；Buchnea, 1971；Guevara et al., 1999）：β-sitosterol, 3-O-（6-O- oleoyl-β-D- glucopyranosyl）-β-sitosterol，β-sitosterol-3-O-β-D-glucopyranoside，linoleic sitosteroate，豆甾醇和油菜甾醇（图4-2-4）。其中，β-谷甾醇（β-sitosterol,

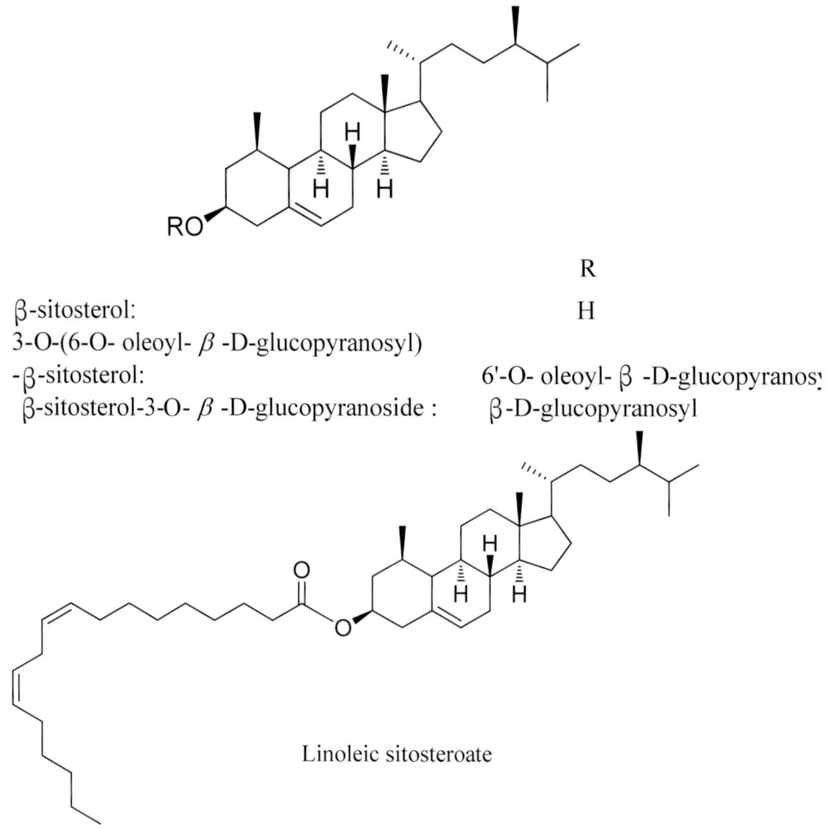

R

β-sitosterol: H
3-O-(6-O- oleoyl-β-D-glucopyranosyl)
-β-sitosterol: 6'-O- oleoyl-β-D-glucopyranosy
β-sitosterol-3-O-β-D-glucopyranoside :   β-D-glucopyranosyl

Linoleic sitosteroate

图4-2-4 辣木种子中的甾体

50.07%）、豆甾醇（stigmasterol, 17.27%）和油菜甾醇（campesterol, 15.13%）含量较高。有研究发现，β-谷甾醇、豆甾醇具有抑制人肝癌细胞SMMC-7721的增殖和诱导细胞凋亡的作用（李庆勇等，2012）。

（2）辣木中的萜类物质

辣木叶中富含的类胡萝卜素（total carotenoids）主要有：新叶黄素（neoxanthin）、蝴蝶梅黄素（violaxanthin）、叶黄素（lutein）、玉米黄素

β-胡萝卜素(β-carotene)

叶黄素 (lutein)

玉米黄素(zeaxanthin)

新叶黄素 (neoxanthin)

蝴蝶梅黄素 (violaxanthin)

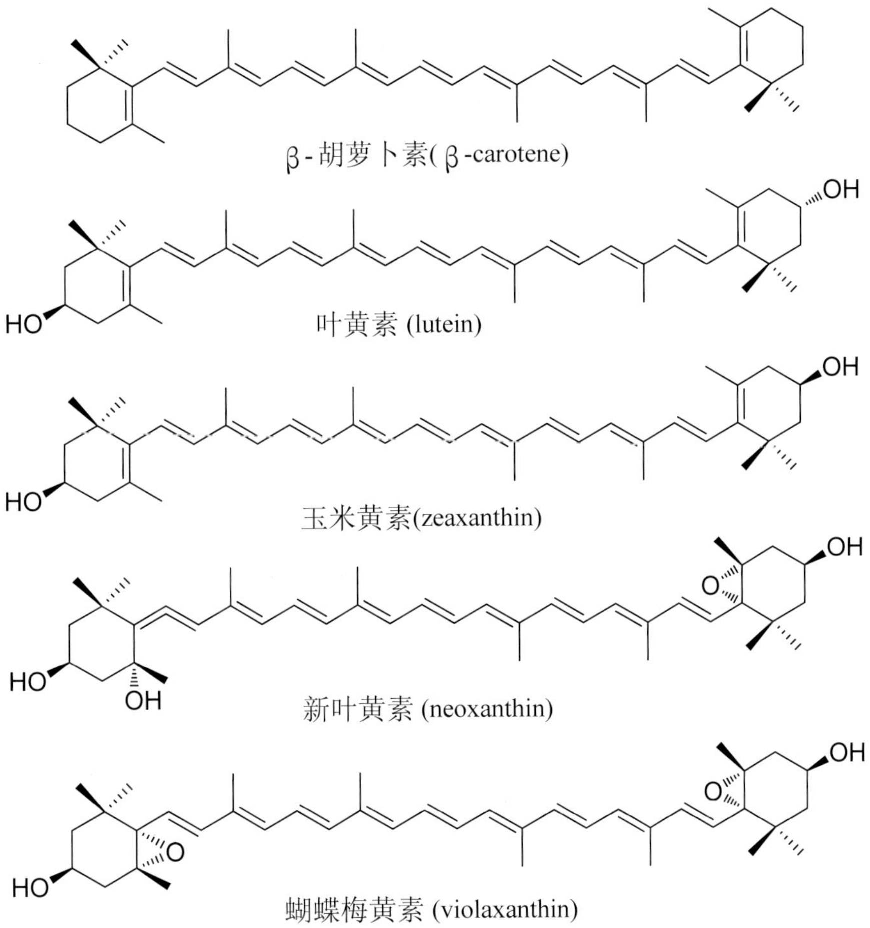

图4-2-5 辣木叶中的萜类

（zeaxanthin）、β-胡萝卜素（β-carotene）（图4-2-5）。每100克干叶粉中含有类胡萝卜素104.56 毫克，其中新叶黄素 9.60毫克，蝴蝶梅黄素 18.30毫克，叶黄素50.40毫克，玉米黄素4.13毫克，β-胡萝卜素 22.89毫克（Lakshminarayana et al., 2005）。

2.1.5 糖及其苷类

（1）小分子糖苷

辣木种子中主要含有一系列小分子的苷类物质（图4-2-6），Cheenpracha S 等（2010）发现8个酚苷成分：4-[（2′-O-acetyl-α-L-rhamnosyloxy） benzyl] *iso*thiocyanate （1），4-[（3′-O-acetyl-α-L-rhamnosyloxy） benzyl] *iso*thiocyanate （2），和 S-methyl-N-{4-[（α-L-rhamnosyloxy） benzyl]}-thiocarbamate （3），4-[（4′-O-acetyl-α-Lrhamnosyloxy） benzyl] *iso*thiocyanate （4）， 4-[（α-L-rhamnosyloxy） benzyl] isothiocyanate （5），niazicin A （6），niazinin B （7） 和 niazirin （8），Shanker K 从辣木豆荚中分离得到niaziridin （9），并且发现 niazicin A

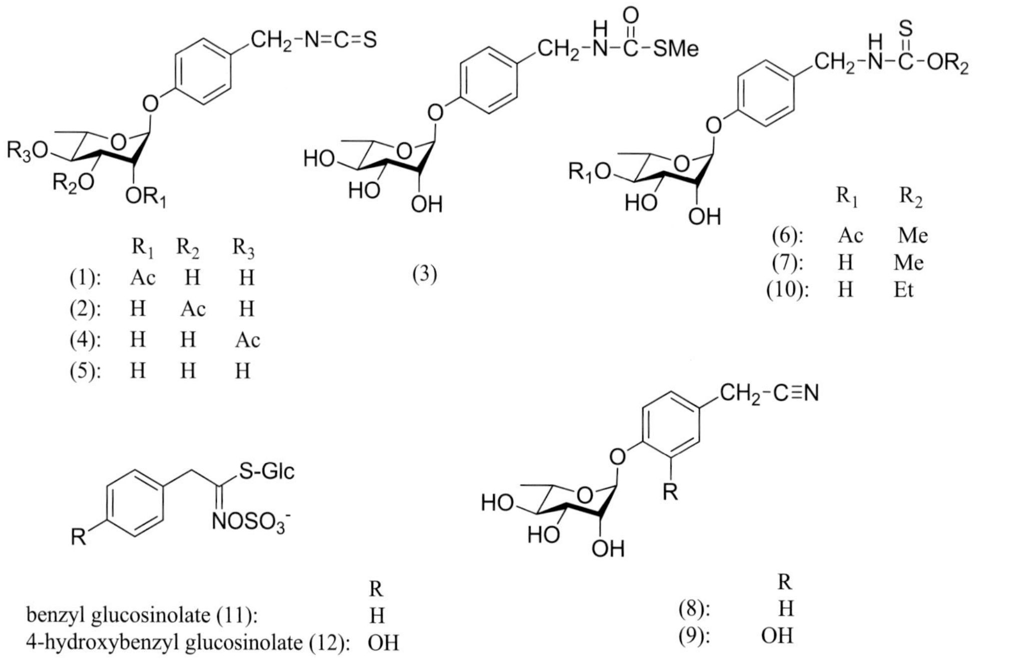

图4-2-6 辣木种子中的糖苷类

（6），niazinin B（7）具有降血压的功效（Shanker et al.，2007；Faizi et al.，1994），Faizi等（1994）从辣木豆荚中分离得到 niazimicin（10），benzyl glucosinolate（11），4-hydroxybenzyl glucosinolate（12）。

Sahakitpichan等（2011）从辣木叶中分离得到了5个吡咯生物碱糖苷，niazirin（1），4″-O-a-L-rhamnopyranoside（2），pyrrolemarumine（2a），marumosides A（3）和B（4），methyl 4-（α-L-rhamnopyranosyloxy）benzylcarbamate（5），4-（a-L-rhamnopyranosyloxy）-benzaldehyde（6）（Chen GF et al.，2014）。Waterman等（2014）从辣木叶中得到一系列的含硫的鼠李糖苷，并且在体外它们具有抑制炎症的作用：moringa GLSs（1-4），4-[（2′-O-acetyl-α-L-rhamnosyloxy）benzyl] isothiocyanate，4-[（3′-O-acetyl-α-L-rhamnosyloxy）benzyl] isothiocyanate

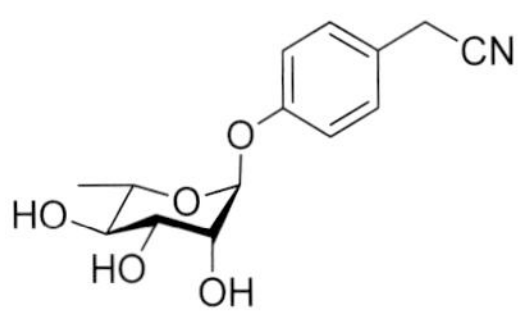

niazirin

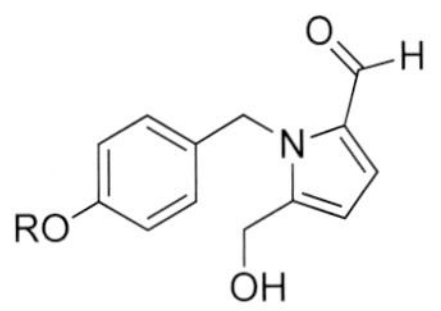

4″-O-α-L-rhamnopyranoside : Rha
pyrrolemarumine: H

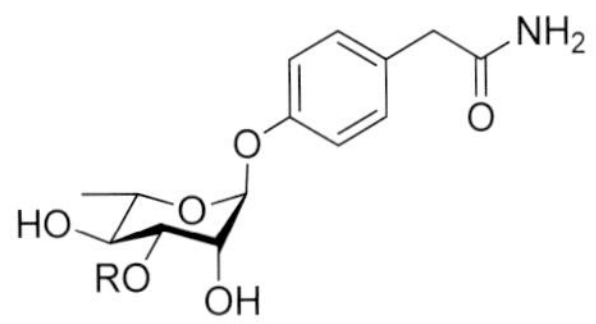

marumosides A: H
marumosides B: Glc

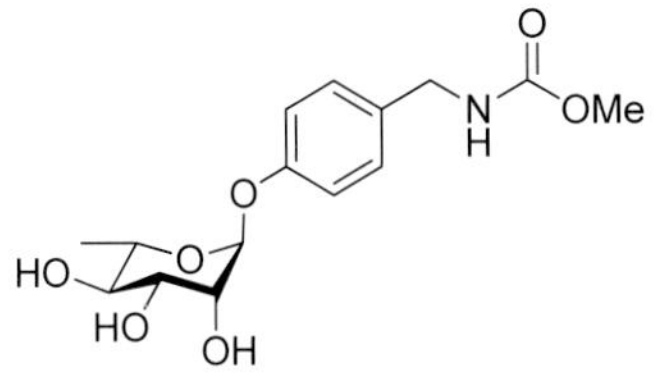

Methyl 4-(α-L-rhamnopyranosyloxy)benzylcarbamate

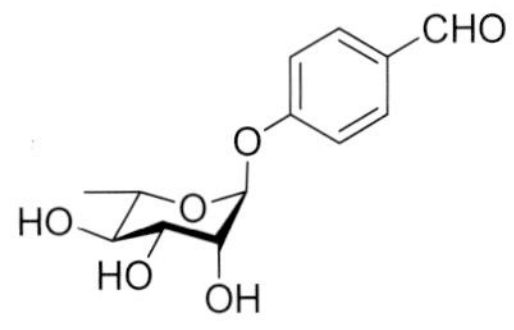

4-(α-L-rhamnopyranosyloxy)-benzaldehyde

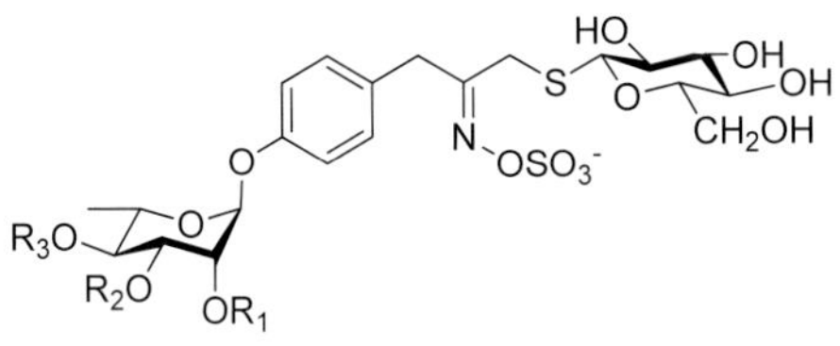

	R_1	R_2	R_3
moringa GLSs (1):	H	H	H
moringa GLSs (2):	Ac	H	H
moringa GLSs (3):	H	Ac	H
moringa GLSs (4):	H	H	Ac

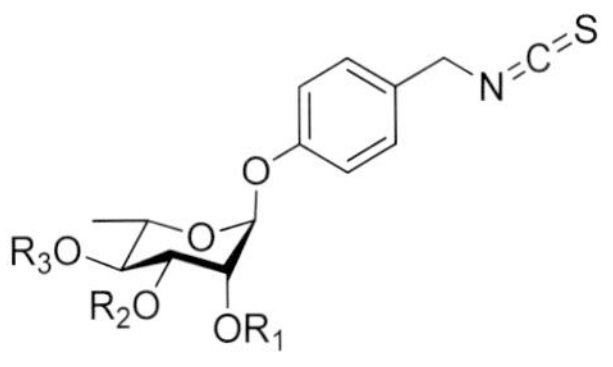

	R_1	R_2	R_3
4-[(2'-O-acetyl-α-L-rhamnosyloxy) benzyl] isothiocyanate(5):	Ac	H	H
4-[(3'-O-acetyl-α-L-rhamnosyloxy)benzyl] isothiocyanate (6):	H	Ac	H
4-[(4'-O-acetyl-α-Lrhamnosyloxy) benzyl] isothiocyanate (7):	H	H	Ac
4-[(α-L-rhamnosyloxy) benzyl] isothiocyanate (8):	H	H	H

图4-2-7 辣木叶中的糖苷类

, 4-[（4′-O-acetyl-α-Lrhamnosyloxy）benzyl] isothiocyanate，4-[（α-L-rhamnosyloxy）benzyl] isothiocyanate。

（2）多糖类

科学实验研究显示，许多植物多糖具有生物活性，具有包括免疫调节、抗肿瘤、降血糖、降血脂、抗辐射、抗菌抗病毒、保护肝脏等保健作用。近些年，随着生活水平的不断提高，人们的健康保健意识在逐渐增强。多糖作为保健食品的主要成分已悄然兴起。我国多糖资源丰富，尤其是来源于中草药的植物多糖，应用历史悠久，具有巨大的开发前景。

辣木多糖是辣木的一个重要成分，为褐色粉末，易溶于热水，难溶于冷水，不溶有机溶剂。辣木多糖组成方式见图4-2-8。

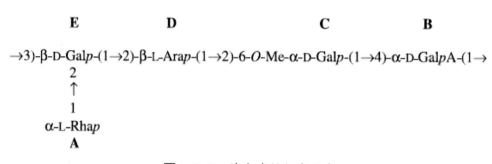

图4-2-8 辣木多糖组成方式

Roy等（2007）从辣木种子的水提物中发现其多糖的组成方式是由D-galactose, 6-O-Me-D-galactose, D-galacturonic acid, L-arabinose, 和 L-rhamnose 以摩尔比1∶1∶1∶1∶1 的形式组成。

从我们分析的结果（图4-2-9）看，辣木多糖在辣木叶中的含量较高，来自普洱市的辣木样品水溶性多糖含量较高，可达13.27%，其次是丽江辣木样（8.33%），德宏辣木样（7.46%），版纳辣木样（7.3%），楚雄辣木样（3.97%），最低是大理辣木样，仅有3.39%。这可能与种植品种、栽培技术以及环境条件等有密切关系。

2.1.6 其他功效成分

S′anchez-Machado等（2006）通过HPLC分析了辣木的花、叶和鲜果实中α- 和γ- 生育酚（α-和γ-tocopherol）的含量，研究结果显示花和叶中的含量较高，鲜果实中不含γ-生育酚。

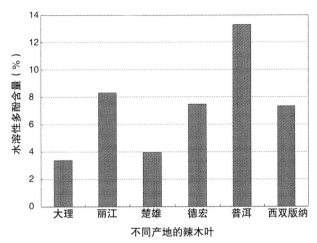

图4-2-9 云南不同产地的辣木叶水溶性多糖含量

表4-2-6 辣木的叶、花、果实中α-和γ-生育酚的含量

部位	α-生育酚（μg/g）	γ-生育酚（μg/g）
叶		
2个月	731.8	9.5
4个月	399.3	8.4
6个月	530.7	27.8
成熟叶	744.5	5.7
花	305.7	9.1
鲜果果实	95.9	—

（引自：S´anchez-Machado et al., Journal of Chromatography A, 2006）

Teixeira等（2014）对辣木叶的研究发现，其叶粉中抗营养物质主要为单宁（20.7 mg/g）、胰蛋白酶抑制剂（1.45 TIUmg/g）、硝酸盐（17 mg/g）和草酸（10.5 mg）；叶中所含的类胡萝卜素主要为β-胡萝卜素（161.0 μg/g）和叶黄素（47.0 μg/g）。

Luza等（2013）从辣木种子中发现一种碳水化合物识别蛋白，这是一种外源凝集素（Lectins），由101个氨基酸组成，具有较好的热稳定性和酸碱稳定性，100℃热水中可耐受7个小时，可耐受的pH值为4~9。Ghebremichael等（2005）研究发现，从辣木种子中分离得到的凝结蛋白具有凝血和抗菌的活性，且其凝结能力与明矾相当，可用于水处理。

2.2 云南不同产地辣木叶的脂肪酸类成分对比

我们把分别采自云南楚雄、德宏、普洱、丽江和西双版纳5个产地的辣木叶经干燥、粉碎，溶剂提取后的样品用GC-MS分析，以下为GC-MS的总离子流图（图4-2-10）。

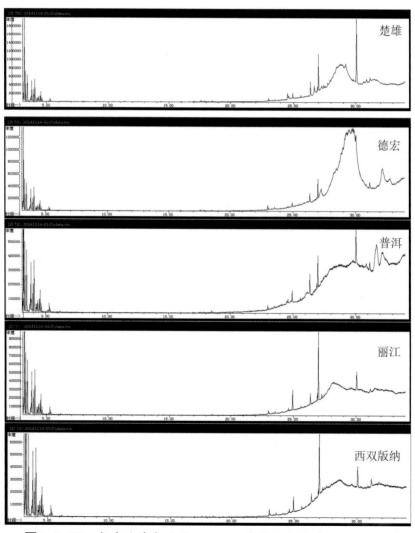

图4-2-10 各产地辣木叶的GC-MS总离子流图（0～34.0 min）

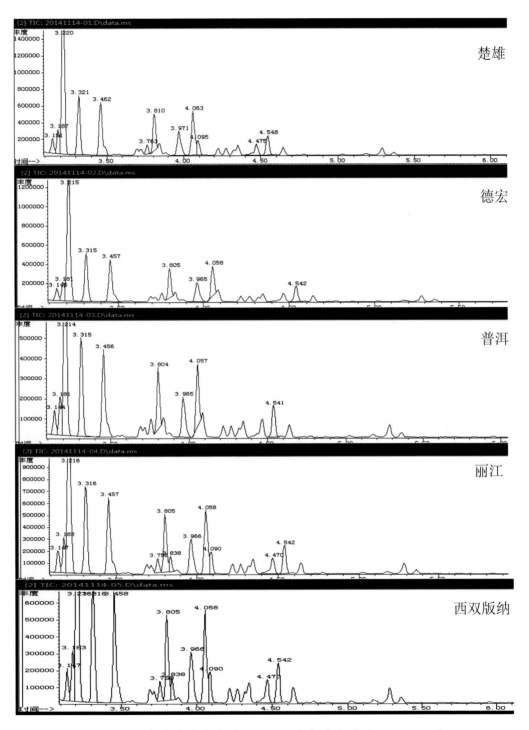

图4-2-11 各产地辣木叶的GC-MS总离子流图（0~6.0 min）

通过GC-MS分析发现辣木叶的石油醚部位主要含16种成分（图4-2-12），
分别是：2,5-dimethylhexane（1），2,4-dimethylhexane（2），ethylcyclopentane
（3），1,2,4-trimethylcyclopentane（4），1,2,3-trimethylcyclopentane（5），1,1,2-
trimethylcyclopentane（6），2-methylheptane（7），3-methylheptane（8），1,3-
dimethyl-cis-cyclohexane（9），1,4-dimethyl-cis-cyclohexane（10），1,2-dimethyl-
trans-cyclohexane（11），2,4-dimethylheptane（12），phytol（13），（9,12,15）-
ethyloctadecatrienoic acid（14），cyclopentadecane（15），2,2′-methylenebis-[6-
（1,1-dimethylethyl）-4-methyl]-phenol（16）。各个产地之间的差异见表4-2-7。

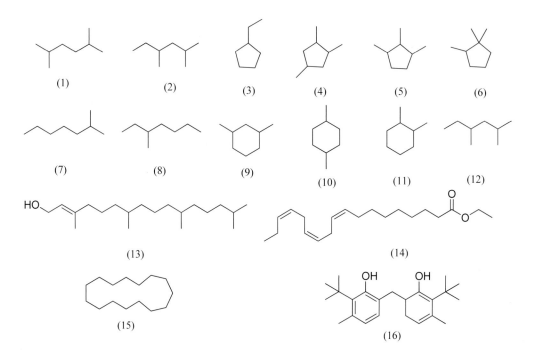

图4-2-12 GC-MS分析出的辣木叶中成分

表4-2-7　不同产地辣木叶提取物GC-MS 成分分析

成分编号	楚雄		德宏		普洱		丽江		西双版纳	
	t_R (min)	相对含量 (%)	t_R (min)	相对含量 (%)	t_R (min)	相对含量 (%)	t_R (min)	相对含量 (%)	t_R (min)	相对含量 (%)
1	3.15	1.28	3.14	1.01	3.14	1.72	3.15	1.99	3.15	2.32
2	3.19	1.88	3.18	1.50	3.18	2.51	3.18	2.98	3.18	3.38
3	3.22	15.93	3.21	12.49	3.21	20.54	3.21	24.38	3.21	27.91
4	3.32	5.46	3.32	4.26	3.31	7.25	3.32	8.35	3.32	9.61
5	3.46	5.61	3.46	4.38	3.45	7.48	3.46	8.66	3.46	9.91
6	3.77	0.78	—	—	—	—	3.76	1.37	3.76	1.57
7	3.81	3.03	3.80	2.36	3.80	4.14	3.81	5.79	3.81	6.66
8	—	—	3.97	2.25	3.97	3.85	3.97	4.44	3.97	5.06
9	4.06	4.65	4.06	2.42	4.06	4.29	4.06	7.08	4.06	8.09
10	4.10	1.34	—	—	—	—	4.09	2.05	4.10	2.39
11	4.48	1.14	—	—	—	—	4.47	2.17	4.47	2.50
12	4.55	1.90	4.54	1.48	4.54	2.57	4.54	2.91	4.54	3.31
13	26.36	4.23	26.35	2.11	26.36	3.38	26.36	2.48	—	—
14	26.99	9.80	26.98	3.96	26.98	5.03	26.98	13.64	26.98	9.03
15	27.42	1.80	—	—	—	—	—	—	—	—
16	30.06	23.41	—	—	30.05	6.69	30.05	5.07	30.05	4.54

2.3　云南不同产地辣木叶中黄酮等酚性成分的对比

我们收集云南省不同产地的辣木样，分析其多酚含量，结果见图4-2-13。从图中可以看出，云南不同产地的辣木叶水溶性多酚含量不是很高，但地区存在差异。

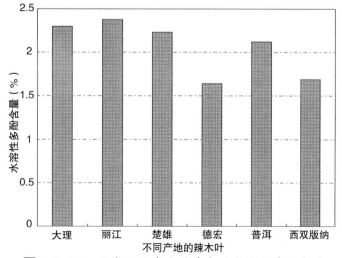

图4-2-13　云南不同产地的辣木叶水溶性多酚含量

　　我们把采自云南楚雄、德宏、普洱、丽江和西双版纳5个产地的辣木叶经干燥、粉碎，溶剂提取后的测试样品借助LCMS-IT-TOF-MS^{n}分析其中酚性成分。各产地辣

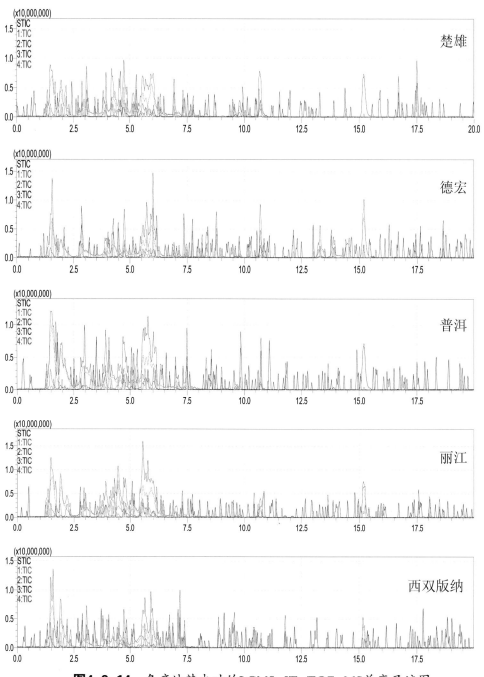

图4-2-14 各产地辣木叶的LCMS-IT-TOF-MS总离子流图

木叶的LCMS-IT-TOF-MS总离子流见图4-2-14。

通过对比5组样片在254nm 吸收波长下的色谱图（见图4-2-15），我们发现分别采自云南楚雄、德宏、普洱、丽江和西双版纳5个产地的辣木叶的主成分相似，从相对含量可初步观察到其成分的差异。

以西双版纳辣木叶的提取样品为例（见图4-2-16），通过分析每个峰分别在

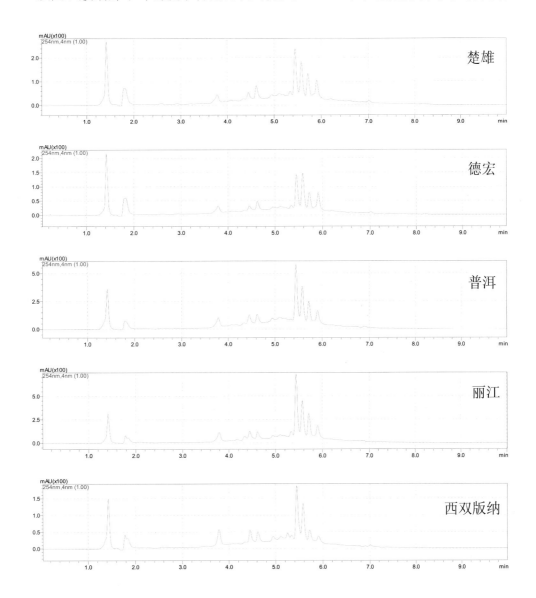

图4-2-15　不同产地辣木叶的LC-MS色谱图（吸收波长254nm）

正离子模式下一级质谱和二级质谱的裂解方式，并分析给出的分子式和分子量，结合化合物的紫外吸收，初步分析出其中的主要成分分别为绿原酸（F1）、crypto-chlorogenic acid（F2）、芦丁（F3）、apigenin-8-C-glucoside（F4）、槲皮素葡萄糖苷（quercetin glucoside，F5）、quercetin-malonylglucoside（F6）、kaempferol-succinoylglucoside（F7）。

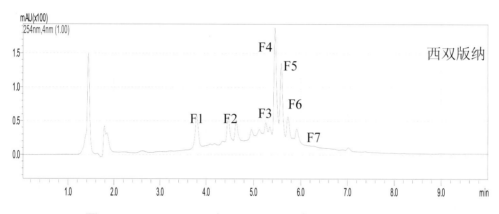

图4-2-16 西双版纳辣木叶LC-MS在254nm下色谱图

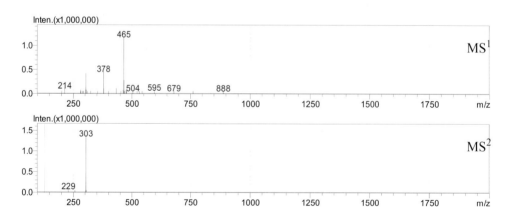

图4-2-17 峰5（槲皮素葡萄糖苷, quercetin glucoside, t_R = 5.608）的MS和MS^{2}质谱图

以峰5（F5）为例，该物质的液相保留时间为5.608 min，在正离子模式下，一级质谱给出了465 [M+H]$^+$的分子离子峰（见图4-2-17），以465为母离子，其二级质谱给出了失去一分子六碳糖的碎片303 [M-162+H]$^+$和229 [M-135+H]$^+$的碎片峰，因此推测为槲皮素葡萄糖苷（quercetin glucoside，F5）。

Moringa
oleifera
Lam.

辣木健康功效评价

　　辣木作为蔬菜和食品有增进营养和食疗保健的功能，同时辣木也广泛应用于医药、保健等方面，被誉为"生命之树"。美国Discovery频道曾在"另类医学指南"系列报道中指出辣木含有丰富营养素，被广泛应用于改善各种疾病，并且成效显著，科学家更将辣木视为现代医学的救星。在美国国家生物技术信息中心（National Center for Biotechnology Information，NCBI）检索到从1935年到2014年有关辣木功效研究的文献共有383篇，包括辣木治疗糖尿病、抗癌、抗炎、抗氧化、保肝、降血脂和降血压等，其中有40多篇文献研究了辣木的毒性。

　　辣木的各部分如叶、根、种子、树皮、果实、鲜花和未成熟的豆荚等都能入药，是心脏和循环系统的兴奋剂，具有降血脂、降血压、降血糖、抗肿瘤、抗炎、抗氧化、保肝护肾、抗菌和抗病毒等功能（表4-3-1）。辣木中的多种酶成分参与代谢，可维持心脏、肾脏、肌肉和神经正常功能，还可抗氧化，改变细菌丛生态。在2013年辣木已成为欧、美、日等国家和中国台湾地区的新兴保健食品，它高钙、高蛋白质、高纤维和低脂质的特点，成为人们提高生活及饮食品质，增强免疫力，促进身体健康和预防疾病的神奇植物。

表4-3-1　辣木功效及其机制

辣木功效	辣木	机制	参考文献
降血脂	辣木籽油	降低血清甘油三酯；提高血清高密度脂蛋白	余建兴，2009
	辣木果实粉末	降低总胆固醇、磷脂、甘油三酯、极低密度脂蛋白、低密度脂蛋白、总脂类、胆固醇/磷脂（C/P）比率、胆固醇平衡和致动脉硬化指数；增加HDL/HDL-TC比率	李丽等，2005
	辣木叶粗提物	降低大鼠血清、肝脏和肾脏胆固醇	Ghasi et al., 2000
	辣木碱-苄胺	降低大鼠血浆中的自由脂肪酸含量 降低血浆总胆固醇	Bour et al., 2005 iffiú-Solté sz et al., 2010
降血糖	辣木籽	降低糖尿病脑病模型小鼠的血糖水平	刘冰等，2010
	辣木叶提取物 辣木叶和根	降低血糖	Semenya et al., 2012 Moussa et al., 2007
	辣木碱苄胺	C57 BL/6小鼠血糖降低	iffiú-Solté sz et al., 2010
	辣木叶水提物	降低由链尿霉素引起的血糖增加 降低血红蛋白HBA1C的百分比	Hanan et al., 2014 Dolly et al., 2009
	辣木茎皮醇提物	降低糖尿病大鼠血糖	Ajit et al., 2003

续表4-3-1

辣木功效	辣木	机制	参考文献
降血压	辣木茎皮水提物	作用于血管系统	王柯慧（1996）摘译
	辣木叶乙醇提取物	减慢心率	Gila et al.
	辣木荚果与叶	由氨基甲酸酯、硫代氨基甲酸酯和异硫氰酸酯苷发挥降血压作用	李大喜（1999）摘译
	辣木叶乙醇提取物	由硫代氨基甲酸酯发挥主要的降血压作用	SHAHEEN et al., 1995
	辣木叶水提物	降低由60 mg/kg野百合碱诱导的wistar大鼠肺部动脉血压增加和肺部动脉内侧增厚	Chen et al., 2012
抗炎症 ①抗胃溃疡	辣木水提物	抗胃溃疡 调节胃肠道中EC细胞分泌5−H7	Siddhartha et al., 2011
	辣木叶的甲醇提取物	保护实验动物避免乙酰水杨酸、5−HT和消炎痛所造成的胃损害，提高醋酸导致的慢性胃损害后的溃疡治愈率	Pal et al., 1995
	辣木树根提取物	显著降低游离酸度，总酸度和溃疡指数（$P<0.01$），增加胃内容物的pH值	Manor et al., 2013
②急性结肠炎	辣木籽水醇提取物	有效地减轻远端结肠（8 cm）的重量，降低溃疡的严重程度、面积和指数以及黏膜炎严重程度和范围、隐窝损伤、浸润程度、总结肠炎指数及MPO（髓过氧化物酶）活性	Mohsen et al., 2014
③关节炎	辣木根或叶的甲醇提取物	有效降低弗氏佐剂致关节炎大鼠的温度痛觉过敏程度	Homa et al., 2011
	辣木胶囊	降低骨折患者疼痛、肿胀和压痛	Vibha , 2011
④脑脊髓炎	异硫氰酸酯（GMG-ITC）	抵消炎症级联反应，有效对抗促炎细胞因子TNF-α	Maria , 2014

续表4-3-1

辣木功效	辣木	机制	参考文献
⑤慢性炎症	辣木中的异硫氰酸盐、苯甲基异硫氰酸盐、异硫氰酸酯	抑制TNF-α和IL-2的产生	Koneni，2009 Carrie et al., 2014
	辣木的乙酸乙酯馏分（MOEF）	抑制细胞因子IL-8、TNF和IL-6表达	Nateelak, 2014
癌症化学预防 ①抑制肿瘤细胞增殖并诱导凋亡	辣木叶提取物	对人口腔表皮样癌细胞（KB细胞系）具有较强的抗增殖作用和有效的诱导细胞凋亡的能力	Sreelatha, 2011
②抗癌作用	辣木籽活性物质	抗肿瘤活性	Amelia , 1999
	从辣木中分离出的生物活性酚苷物质异硫氰酸酯（RBITC）	抑制COX-2和iNOS在蛋白质和mRNA水平的表达，抑制细胞外信号调节激酶和应激活化蛋白激酶的表达，以及抑制剂κBα（IκBα）的泛素依赖降解	Eun-Jung , 2011
抗菌 ①抗细菌 ②抗真菌	辣木籽	细菌细胞等悬浮颗粒的沉积以及细菌细胞膜损伤	Mougli , 2005
	辣木种子和叶子乙醇提取物	对皮肤癣菌如红色毛癣菌、须癣毛癣菌、絮状表皮癣菌和犬小孢子菌具有抗真菌活性	huang, 2007
抗病毒	辣木的水提物和甲醇提取物	拖延皮肤病灶的发展，延长平均存活时间，减少致死率	Vimolmas et al., 2003
抗氧化	辣木叶水提物	清除DPPH和ROS，提升抗氧化酶的活性，降低脂质过氧化水平	Moyo et al., 2012
	辣木叶乙醇提取物	谷胱甘肽水平提升，丙二醛水平下降，铁离子还原能力和自由基清除能力增强	Suaib et al., 2012
	辣木籽水提物	对于由砷引起的氧化应激的改善作用	Sandip et al., 2011

续表4-3-1

辣木功效	辣木	机制	参考文献
对肾的保护作用	辣木根水提物和醇提物	草酸、钙和磷酸盐水平以及肌酸酐、尿酸和血尿素氮水平显著下降	Karadi et al., 2006
	辣木豆荚提取物	通过提高细胞抗氧化活性、减少自由基的生成来减少二甲基苯蒽引起的肾毒性，起到保护肾组织的作用	Veena et al., 2012
	辣木叶提取物	改善由庆大霉素诱导引起的肾损伤	Moustapha et al., 2013
对肝的保护作用	辣木籽提取物	抑制由四氯化碳诱导的血清转氨酶活性和球蛋白水平的上升，同时肝脏羟脯氨酸含量和髓过氧化物酶活性也显著降低	Alaaeldin et al., 2010
	辣木籽油	对于四氯化碳引起的肝损伤有修复作用	Mansour et al., 2012
	辣木叶	通过抑制谷胱甘肽水平的下降来预防由醋氨酚引起的肝损伤	Fakurazi et al., 2008
	辣木叶和花的提取物	提升其抗氧化性来改善由醋氨酚引起的肝损伤	Sharida et al., 2012

3.1 辣木具有降血脂、降血糖和降血压的作用

　　高血脂症、高血糖（糖尿病）和高血压被称为"三高症"，其中高血脂可以引起血管栓塞、高血糖可以引起糖尿病、高血压可以引起脑出血和脑血管破裂，它们是现代社会生活所派生出来的"富贵病"，可能单独存在，也可能相互联系。如：糖尿病人很容易同时患上高血压和高血脂症，而高血脂又是动脉硬化形成和发展的主要因素，动脉硬化患者血管弹性差会加剧血压升高。所以，出现这三种疾患中的任何一种，后期都易形成"三高症"。在中国人的十大死亡原因中，与代谢疾病相关的死亡率就高达35.7%，与"三高"相关的死亡人数也占总死亡人数的27%。现有研究报道称辣木（*moringa oleifera*）具有降血脂（Ghasi et al., 2000）、降血糖（Sangkitikomol et al., 2013）和降血压（Abrogoua et al., 2012）的作用。

3.1.1 辣木的降血脂作用

很多流行病学研究以及实验资料均发现，膳食中脂类的摄入与心血管疾病（cardiovasculardisease，CVD）的发病率密切相关，饱和脂肪酸（saturatedfattyacid，SFA）以及反式脂肪酸（trans-fattyacid,trans-FA）是CVD的危险因素。

辣木油中含有大量的单不饱和脂肪酸——油酸，其含量达到了70.5%。油酸对CVD有很好的保护作用，其机制主要是通过增加低密度脂蛋白（LDL）颗粒中油酸的含量，降低LDL中胆固醇含量以及降低LDL的氧化敏感性来实现的。同时辣木油中也含有一定量亚油酸，在人体内亚油酸对LDL同样有较为明显的降低作用。

余建兴（2009）研究发现通过给高脂模型大鼠灌胃不同剂量（0.5g/kg·bw、1.0g/kg·bw、2.0g/kg·bw）辣木籽油（表4-3-2）4周后，1.0g/kg·bw剂量组大鼠血清甘油三酯水平与对照组相比降低了21%，当剂量达到2.0g/kg·bw时，与对照组相比血清甘油三酯水平降低24%（表4-3-3），同时与对照相比血清高密度脂蛋白升高23%（表4-3-4），因此作者认为辣木籽油具有辅助降血脂的功效。

表4-3-2　动物分组与剂量设置表

组别	动物只数（n）	辣木油（g/kg·bw）	食用调和油（g/kg·bw）	非诺贝特（g/kg·bw）	相当于人体推荐量（倍）	备注
阴性对照组	7	—	2.00	—		正常大鼠对照
阳性对照组	7	—	1.96	0.04	10	药物干预对照
高脂对照组	7	—	2.00	—		高脂模型对照
MO低剂量组	7	0.50	1.50	—	5	低剂量处理组
MO中剂量组	7	1.00	1.00	—	10	中剂量处理组
MO高剂量组	7	2.00	—	—	20	高剂量处理组

★非诺贝特，降血脂药，成人剂量200 mg/d，可降低血清TC20%～25%；TG40%～50%；剂量>45 mg/kg·bw时发现有致大鼠肝细胞癌作用；MO：辣木油

表4-3-3　给予辣木油前后大鼠甘油三酯水平（mmol/L，$\pm s$）

组别	n	给予MO前	给予MO后	差值（d）
阴性对照	7	1.14±0.17	1.53±0.18★★	0.34±0.20
阳性对照	7	1.42±0.21	1.62±0.12★★	0.15±0.20
高脂对照	7	1.45±0.25	1.96±0.19△△	0.45±0.24
MO低剂量	7	1.47±0.30	1.82±0.17△	0.31±0.20

续表4-3-3

组别	n	给予MO前	给予MO后	差值（d）
MO中剂量	7	1.42±0.2	1.75±0.24	0.28±0.13
MO高剂量	7	1.45±0.27	1.55±0.32$^{\Delta\Delta}$	0.35±0.21
F		1.87	3.630	
P		0.123	0.009	

★★与高脂对照组比较$P<0.01$；★与高脂对照组比较$P<0.05$

$^{\Delta\Delta}$与阴性对照组比较$P<0.01$；$^{\Delta}$与阴性对照组比较$P<0.05$

表4-3-4　给予辣木油前后大鼠高密度脂蛋白水平（mmol/L，±s）

组别	n	给予MO前	给予MO后	差值（d）
阴性对照	7	1.05±0.22	1.07±0.10	0.02±0.26
阳性对照	7	1.01±0.30	1.08±0.09	0.08±0.35
高脂对照	7	0.87±0.19	1.31±0.17$^{\Delta}$	0.39±0.42
MO低剂量	7	0.87±0.25	1.21±0.27	0.30±0.22
MO中剂量	7	0.84±0.33	1.03±0.23★	0.16±0.21
MO高剂量	7	0.82±0.25	1.00±0.13★	0.16±0.30
F		0.996	2.483	
P		0.434	0.048	

★★与高脂对照组比较$P<0.01$；★与高脂对照组比较$P<0.05$

$^{\Delta\Delta}$与阴性对照组比较$P<0.01$；$^{\Delta}$与阴性对照组比较$P<0.05$

除辣木油之外，辣木果实、叶及其提取物、辣木中的某些成分都被报道具有降血脂的作用。Mehta等（2003）研究显示辣木果实粉末或洛伐他丁均可降低饲喂了正常饲料和高脂饲料的兔子的血清总胆固醇、磷脂、甘油三酯、极低密度脂蛋白（VLDL）、低密度脂蛋白（LDL）、总脂类、胆固醇/磷脂（C/P）比率、胆固醇平衡和致动脉硬化指数（表4-3-5），增加HDL/HDL-TC比率，同时认为辣木降低胆固醇的作用可能归因于其对内源性胆固醇重吸收的抑制以及增加胆固醇以中性甾类形式通过粪便排泄。Ghasi等（2000）使用含有辣木叶粗提物的高脂饲料饲喂Wistar大鼠后，大鼠血清、肝脏和肾脏胆固醇与对照相比分别降低14.35%、6.4%和15.22%（表4-3-6），表明辣木叶粗提物能降低高脂饮食的Wistar大鼠胆固醇水平。

表4-3-5　辣木叶粗提物对喂食高脂膳食大鼠血浆中总胆固醇、血清蛋白、总蛋白的作用

研究参数	正常大鼠	高脂膳食喂食大鼠	高脂膳食加辣木提取物喂食大鼠
总胆固醇（mg/100 ml）	90.0±93.1	115.0±92.7	103.29±2.2
血清蛋白（g/L）	57.2±2.0	46.09±2.6	53.09±2.4
总蛋白（g/L）	73.0±2.9	74.79±3.3	74.09±4.1

表4-3-6　辣木叶粗提物对喂食高脂膳食大鼠肾脏、肝脏中总胆固醇（mg/g）的作用

组织	正常大鼠	高脂膳食喂食大鼠	高脂膳食加辣木提取物喂食大鼠
肾脏	6.829±0.22	9.49±0.31	8.89±0.16
肝脏	0.889±0.04	1.099±0.07	0.979±0.06

　　Moussa等（2007）研究表明饲喂Wistar大鼠含有0.5%～1%辣木的缺铁饲料后，与对照相比辣木能降低由缺铁导致的血清和肝脏脂质的增加，预防缺铁性大鼠血脂升高，但是对大鼠的贫血无预防效果。缺铁组（FeD）与对照组相比较，其血浆中TG、

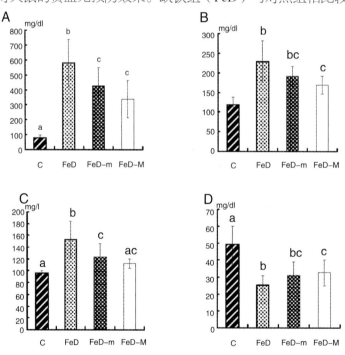

图4-3-1　血脂变化

A. 血清甘油三酯（TG）；B. 血清磷脂（PL）；C. 血清总胆固醇（TC）；D. 血清高密度脂蛋白胆固醇（HDL-C）

PL和TC显著增加，而HDL-C显著减少。与FeD组相比，缺铁性小鼠饲喂0.5%辣木（FeD-m）组和缺铁性小鼠饲喂1%辣木（FeD-M）组中血浆成分变化表明辣木能显著减少血浆中TG、PL和TC含量（图4-3-1）。通过补充辣木，缺铁性小鼠中HDL-C和HDL/TC比例显著增加（图4-3-2）。

此外，有研究表明，辣木苄胺能降低血脂。iffiú-Solté sz 等

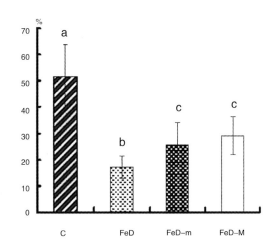

图4-3-2 血浆HDL/TC比例

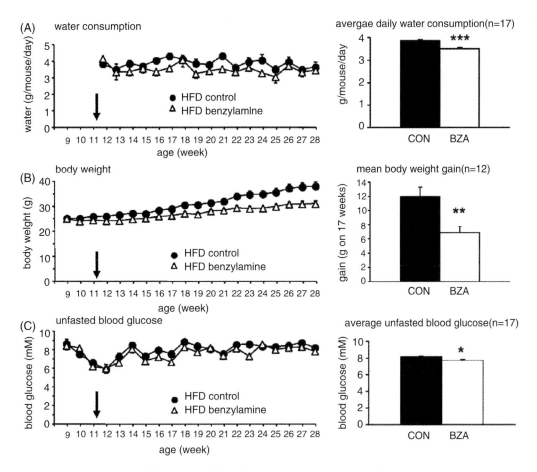

图4-3-3 苄胺治疗HDF小鼠各项指标变化

（2010）研究发现与高脂模型组（HFD control）相比，辣木碱苄胺牟组（HFD benzylamine）的C57BL/6小鼠体重增加减缓、血浆总胆固醇降低。同时苄胺能降低小鼠饮水量、体重和血糖（图4-3-3）。并且Bour等（2005）研究也发现辣木碱苄胺能降低大鼠血浆中的自由脂肪酸含量。

3.2 降血糖作用

很多已发表的研究都揭示辣木对降低血糖具有重要作用。刘冰等（2010）研究发现，与模型组相比辣木籽能降低糖尿病脑病模型小鼠的血糖水平，明显改善小鼠的认知障碍和小鼠神经元损伤，从而对糖尿病脑病表现出良好的神经保护作用（表4-3-7）。

表4-3-7 辣木籽对血糖和胰岛素水平的影响

组别	血糖（mmol/L）	胰岛素（U/ml）
正常组	5.52 ± 0.97	30.12 ± 5.76
模型组	$17.15 \pm 1.55^{\triangle\triangle}$	$15.85 \pm 1.76^{\triangle\triangle}$
辣木籽组	$11.28 \pm 1.13^{\star}$	17.73 ± 2.54

与正常组比较，$^{\triangle\triangle}P<0.01$；与模型组比较，$^{\star}P<0.05$

Hanan等（2014）认为辣木叶水提物能降低由链脲霉素引起的血糖增加，同时辣木叶水提物能改善链脲霉素引起的糖尿病（表4-3-8）。表中链脲霉素组（STZ）FPG平均水平揭示了注射STZ后血糖显著增加，然而在辣木STZ组（*M. oleifera*-STZ group）中，FPG水平显著减少。而洪林等研究也显示辣木叶提取物能在3h内有效地降低血糖。Semenya等（2012）通过民族学调查发现在南非林波波省辣木的叶和根可以作为一种治疗糖尿病的药用植物。Ajit等（2003）通过研究发现95%乙醇提取的辣木茎皮醇提物作用于糖尿病大鼠2周后大鼠的血糖降低。

表4-3-8 各研究组之间空腹血糖（FPG）水平（mg/dl）

组别	平均值±SD	*P*-value
对照组	88.9 ± 11.39	
假对照组	83.6 ± 7.11	$P<0.227^{a}$

续表4-3-8

组别	平均值±SD	P-value
STZ组	339.0±35.12	$P<0.0001^a$
辣木-STZ组	129.2±21.31	$P<0.0001^a$ $P<0.0001^b$

$P<0.05$是显著的，a. 与对照组；b. STZ/辣木组对STZ组

Suresh等（2013）通过研究发现与高脂对照组相比经辣木叶水提物灌胃的高脂小鼠血糖水平和糖化血红蛋白HBAIC的百分比显著降低。

Dolly等（2009）通过实验发现给大鼠灌胃200 mg/kg的辣木叶水提物6h后大鼠空腹血糖与对照相比急剧下降了26.7%，达到了血糖最低值，另外在给大鼠灌胃100和300 mg/kg的辣木叶水提物后与对照组相比大鼠空腹血糖分别降低16.9%和25.1%（表4-3-9）；此外，给高脂大鼠灌胃200 mg/kg的辣木叶水提物7d、14d和21d后与对照组相比大鼠空腹血糖分别降低25.9%、53.5%和69.2%，进食后血糖分别降低21.4%、37.8%和51.2%（图4-3-4）。

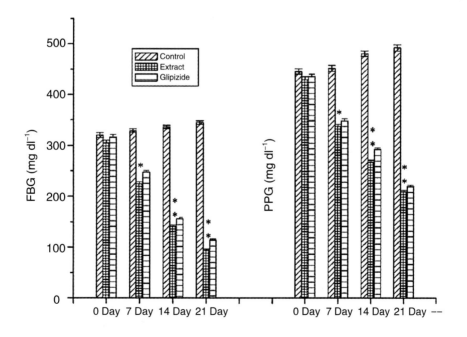

图4-3-4 辣木水提取物对患严重糖尿病的老鼠的作用

Control：对照组（蒸馏水）；Extract：提取物治疗组（300 mg/kg）；Glipizide：格列吡嗪治疗组（2.5 mg/kg）

表4-3-9　辣木水提取物对正常健康老鼠中空腹血糖水平的作用

组别	剂量	血糖水平（mgd^{-1}）				
		FBG	2h	4h	6h	8h
对照组	DW	78.4±2.1	78.1±2.2	77.5±1.9	76.9±3.9	76.3±2.8
提取物治疗组1	100 mg/kg	74.4±4.1	736.±2.7 a	71.2±4.1 c	63.9±4.3b	64.7±1.3
提取物治疗组2	200 mg/kg	78.1±3.6	72.6±3.9 a	67.4±3.8 a	56.4±3.6 c	58.5±2.4
提取物治疗组3	300 mg/kg	76.1±3.2	73.8±4.3	69.1±2.8 a	57.7±2.4 a	59.1±3.4
格列吡嗪	2.5 mg/kg	77.5±3.6	70.1±4.1	63.4±3.9 b	51.5±3.7 b	50.3±2.9

a. $P<0.05$与对照相比；b. $P<0.01$与对照相比；c. $P<0.001$与对照相比

Moussa等（2007）通过葡萄糖耐量实验发现给糖尿病模型GK鼠分别灌胃葡萄糖（2g/kgBM）和葡萄糖-辣木混合物（2g/kg葡萄糖BM和200 mg辣木叶粉/kg BW）20min、30min、45min和60min后与葡萄糖组比葡萄糖-辣木组小鼠血糖浓度显著降低（图4-3-5），同样的给Wistar大鼠分别灌胃葡萄糖（2g/kgBM）和葡萄糖及辣木（2g/kg葡萄糖BM和200 mg辣木叶粉/kg BW）10 min、30 min和45 min后与葡萄糖组比葡萄糖-辣木组的大鼠血糖浓度显著降低（图4-3-6）。

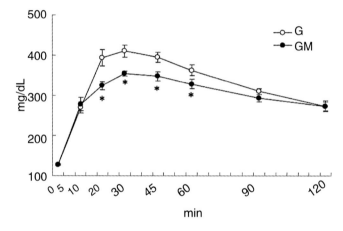

图4-3-5　给予葡萄糖（G）或葡萄糖-辣木（GM）单次剂量后GK鼠血糖变化

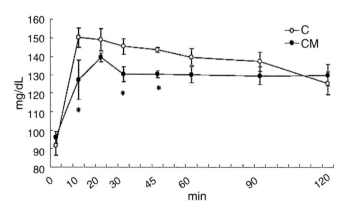

图4-3-6　给予葡萄糖（G）或葡萄糖-辣木（GM）单次剂量后Wistar鼠血糖变化

3.3　降血压

王柯慧（1996）摘译Limaye DA等研究后发现辣木茎皮水提物具有降血压的功效，同时辣木茎皮水提物这种降血压的作用不是通过激活毒蕈碱、β-肾上腺素及组织胺受体而起作用，而是直接作用于血管系统。Gilani等采用生物测定引导分离的方法，从辣木叶的乙醇提取物中分离出4种化合物miazininA（1）、niazininB（2）、niazimicin（3）和niazimininA+B（4+5），对麻醉大鼠静脉注射上述任一化合物（1~10 mg/kg）后均产生降血压和减慢心率的作用。李大喜（1999）摘译Faizs等研究后发现Faizs等在测定果壳、果肉和种子的乙醇浸膏的降压活性时，发现辣木荚果降压成分主要存在于种子中，以 30 mg/kg剂量给以大鼠整个荚果和种子的乙醇浸膏，使大鼠平均动脉血压分别下降41%和43%，Faizs等认为辣木荚果与叶的降压活性是由于氨基甲酸酯、硫代氨基甲酸酯和异硫氰酸酯苷的作用所致。

SHAHEEN等（1995）通过生物检测分离方法从辣木叶乙醇提取物中分离出6种新的和3种已知的苷类化合物，同时通过实验发现这些化合物中硫代氨基甲酸酯发挥主要的降血压作用。

Danho等（2012）研究传统膳食补充（TDSHP）对高血压患者的降血压作用，其使用鬼针草、辣木提取物和盐作为TDSHP饲喂兔子，结果显示，TDSHP的50%有效剂量为3.95×10^{-4} mg/kg（图4-3-7）。研究认为辣木叶具有降血压的作用，同时可以作为一种调节高血压病人血压的食疗材料。

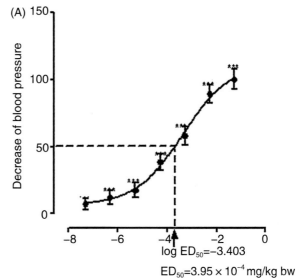

图4-3-7　TDSHP（$n=3$）剂量响应曲线

Chen等（2012）通过研究发现4.5 mg/kg的辣木叶水提物能显著降低由60 mg/kg野百合碱诱导的Wistar大鼠肺部动脉血压增加和肺部动脉内侧增厚，结果表明辣木叶水提物对由野百合碱诱导的大鼠肺部动脉高血压具有减缓作用（图4-3-8）。

3.4 辣木具有凝血作用

Uma等（2008）认为辣木种子中的血球凝集素能与人和兔子的红细胞黏合，并且其与兔子红细胞的黏合能力高于与人红细胞的黏合能力。

Luciana等研究了从辣木种子中提取的植物血凝素（cMol）的结构表征和对止血的作用，植物血凝素是一种多糖识别蛋白，结构研究显示它是一个热稳定的抗酸碱的101个氨基酸残基构成的蛋白。cMol能显著延长血液凝固所需要的时间（图4-3-9）。

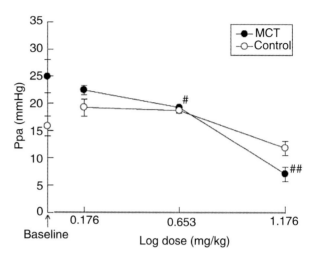

图4-3-8 老鼠肺部动脉血压（Ppa）变化图
MCT：野百合碱诱导的大鼠肺部动脉高血压

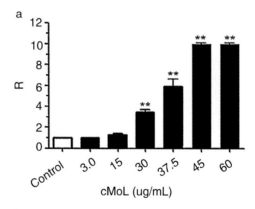

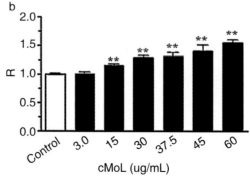

图4-3-9 体外cMol止血效果
b图显示cMol显著地延长活化部分促凝血酶原激酶（aPTT）和凝血酶原（PT）凝结时间（大于300s）；其中最受影响的因素是aPPT（图a），R：样品凝固时间和对照凝固时间的比率

3.5 辣木具有抗炎症的作用

3.5.1 抗胃溃疡作用

胃溃疡是消化性溃疡中最常见的一种，主要是指胃黏膜被胃消化液自身消化而造成的超过黏膜肌层的组织损伤。其病因很复杂，尚不明确，一般认为是胃壁或十二指肠壁组织被胃酸和胃蛋白酶消化的结果。早在20世纪就有学者对辣木的抗胃溃疡功效进行了相关研究。Pal等（1995）对Chorles Foster大鼠进行了胃溃疡治愈实验，并且所有动物处死后均做溃疡点测量，并计算溃疡指数和抑制率。结果表明：辣木叶的甲醇提取物（100 mg/kg和150 mg/kg）均能明显保护实验动物避免乙酰水杨酸、5-HT和消炎痛所造成的胃损害，并可显著提高醋酸导致的慢性胃损害后的溃疡治愈率。

近几年的研究中，Siddhartha 等（2011）评估了辣木水提物对胃溃疡的效用，并辨别出可能的调节机制。他们认为，辣木预防溃疡形成的机制是：在胃肠道中调节，通过5-HT3受体的EC细胞对5-HT分泌的过程。该结果给出了一种胃溃疡治疗新途径，可以有效用于对比传统的抗酸剂、抗组胺剂或外科治疗。Manor等（2013）则使用了乙醇诱导和幽门结扎诱导两种检测模型，发现相比于对照组，辣木树根提取物剂量为350 mg/kg 和500 mg/kg 实验组的溃疡指数下降显著（$P < 0.01$）。150 mg/kg、350 mg/kg和500 mg/kg辣木剂量的胃溃疡治疗率，在幽门结扎溃疡模型中分别为82.58%，85.13%和86.15%；在乙醇诱发的胃溃疡模型中分别是55.75%，59.33%和78.51%。与空白组相比，辣木显著降低了游离酸度、总酸度和溃疡指数（$P < 0.01$），且增加了胃内容物的pH值。这项研究表明，辣木具有高效的抗溃疡、抗分泌和细胞保护作用（表4-3-10，表4-3-11）。因此，辣木根皮的乙醇提取物可以用作抗溃疡的药物源。未来，存在于辣木叶中的生物碱将有助于制定有效的中药制剂并将用于治疗胃肠功能紊乱。

表4-3-10 奥美拉挫和辣木MO对大鼠幽门结扎性溃疡的治愈效果

	溃疡指数UI	治疗率	游离酸度	总酸度	pH
空白组（盐水）	4.91±0.11	—	56.00±2.70	85.00±2.51	1.25±0.02
奥美拉挫对照组	0.42±0.05	91.44%	2.00±0.40	16.20±1.02	2.74±0.09
MO（150 mg/kg）	0.85±0.11	82.58%	16.40±1.34	39.80±1.62	1.79±0.04
MO（350 mg/kg）	0.73±0.03	85.13%	12.20±1.12	32.80±1.51	1.91±0.04
MO（500 mg/kg）	0.68±0.01	86.15%	6.40±0.96	23.00±0.72	2.11±0.07

表4-3-11　奥美拉挫和辣木MO对大鼠乙醇诱发性胃溃疡的治愈效果

	溃疡指数UI	治疗率
空白组（盐水）	3.92±0.11	—
奥美拉挫对照组	0.44±0.03	88.47%
MO（150 mg/kg）	1.73±0.14	55.75%
MO（350 mg/kg）	1.59±0.15	59.33%
MO（500 mg/kg）	0.84±0.16	78.51%

由此，有研究者（Devaraj，2013）就对一个含辣木、Raphinus黄瓜和苋菜叶提取物的印度植物用药配方对实验大鼠的抗溃疡活性进行了探究。实验使用乙醇、吲哚美辛和缺血再灌注三种方法诱导的胃溃疡模型，通过测定溃疡指数评估功效，对该复方的抗溃疡活性进行评价。结果发现，该复方制剂给药（150 mg/kg口服）时有显著疗效，表明有效的胃肠保护活性可以通过其抗氧化性进行调节。

3.5.2　辣木对急性结肠炎的治疗作用

医学中，结肠炎是指各种原因引起的结肠炎症性病变，常用来描述大肠（结肠、盲肠和直肠）的发炎。Mohsen等（2014）研究者认为，辣木的抗炎、免疫调节以及抗氧化性表明它可能对结肠炎有效。故验证了辣木籽水醇提取物（MSHE）及其氯仿抽提物（MCF）对乙酸诱发结肠炎大鼠的抗结肠炎效果。发现两种辣木籽提取物MSHE和MCF的三个逐增剂量（50 mg/kg，100 mg/kg和200 mg/kg）能有效地减轻远端结肠（8 cm）的重量——作为炎症和组织水肿的标记物。对照组相比三个剂量的MSHE的和两个较大剂量的MCF（100 mg/kg和200 mg/kg）分别为有效地降低溃疡的严重程度、减少溃疡面积和指数；同时降低了黏膜炎严重程度和浸润程度，减少了隐窝损伤、炎症范围，总结肠炎指数及MPO（髓过氧化物酶）活性（表4-3-12）。

表4-3-12　不同浓度的辣木种子水醇提取物MSHE和氯仿抽提物MCF
对大鼠乙酸诱发性结肠炎的治疗效果

	病变程度	溃疡面积（cm^2）	溃疡指数UI	末端结肠重量 mg
空白对照组	0.0±0.0	0.0±0.0	0.0±0.0	786.2±32.2
模型对照组	4.0±0.0	5.8±0.8	9.9±0.8	1920.0±28.2

续表4-3-12

	病变程度	溃疡面积（cm²）	溃疡指数UI	末端结肠重量 mg
Pred.4	1.2±0.2	1.2±0.2	2.4±0.2	849.7±18.3
MSHE50	2.3±0.2	2.6±0.5	3.5±0.6	952.2±69.6
MSHE100	2.0±0.4	2.4±0.4	4.4±0.8	936.3±47.9
MSHE200	1.8±0.3	1.7±0.3	3.5±0.6	862.3±6.9
MCF50	2.7±0.4	4.7±1.2	7.4±0.3	1304.0±102.3
MCF100	2.1±0.3	2.8±0.4	5.0±0.7	960.7±52.9
MCF200	1.5±0.2	1.8±0.1	3.4±1.5	868.7±38.9

MSHE和MCF浓度依次为50 mg/kg，100 mg/kg，200 mg/kg，Pred.4组为4 mg/kg的泼尼松龙。病变程度0表示没有肉眼可见的病变，病变程度4表示严重的溃疡、水肿和组织坏死。

由上表可以看出结肠溃烂的面积以及末端结肠的重量都有所减少，表明结肠炎得到了一定的缓解。MSHE和MCF均有效治疗实验性结肠炎可能是由于它们具有相似的主要成分——生物酚和类黄酮。

3.5.3 辣木对关节炎的治疗作用

关节炎泛指发生在人体关节及其周围组织的炎性疾病，可分为数十种。临床表现为关节的红、肿、热、痛、功能障碍及关节畸形，严重者导致关节残疾、影响患者生活质量（徐晓峰，2014）。Homa等（2011）进行实验，研究辣木叶及根的甲醇提取物对弗氏佐剂致关节炎模型大鼠的止痛作用。辣木根或叶的甲醇提取物（300 mg/kg或400 mg/kg）的止痛作用与消炎痛（5 mg/kg）类似，与对照组比较，造模后第3天或第6天用药都能够显著降低弗氏佐剂致关节炎大鼠的温度痛觉过敏程度及机械性触诱发痛程度（$P < 0.01$或$P < 0.05$）。与对照组、辣木根提取物组及辣木叶提取物组比较，造模后第3天或第6天用药，辣木根和叶的甲醇提取物混合物（200 mg/kg）能够显著降低弗氏佐剂致关节炎大鼠的温度痛觉过敏程度（$P < 0.01$）。由此，研究者得出结论：辣木根或叶的甲醇提取物能够有效降低弗氏佐剂致关节炎大鼠的温度痛觉过敏程度。辣木根和叶的甲醇提取物混合物与根或叶单独的提取物的作用比较，显示出辣木根与叶在止痛效果上的协同作用。

临床上，有研究者（Vibha，2011）让参与实验的骨折患者服用辣木胶囊，并与其他草药的疗效进行对比，评估认为在不同的时间间隔服用辣木胶囊的患者都有疼痛、肿胀、压痛和迁移性的显著减少。据推测，由于辣木叶和茎含大量蛋白质和钙，它在骨骼形成方面极具开发和应用潜力。

3.5.4 辣木对脑脊髓炎的治疗和预防

Glucomoringin[4（α－L－rhamnosyloxy）－苯甲基葡糖异硫氰酸盐]（GMG）是硫代葡萄糖酸盐的一种非常见组分，它属于源自于分布最广的辣木科家族的辣木。具有生物活性的GMG和芥子酶形成相应的异硫氰酸酯[4（α－L－rhamnosyloxy）－苄基异硫氰酸酯]（GMG－ITC），它具有抗肿瘤活性，并在抵消炎症的反应中可以发挥关键作用。

脑脊髓炎种类很多，分病毒性和细菌性，通常患者发病后必致脊髓水肿而导致脊髓神经功能障碍而发生截瘫。近期有研究（Maria，2014）评估GMG－ITC对多发性硬化症（MS）的实验小鼠模型的治疗作用，结果清楚地表明，该治疗能够抵消炎症级联反应。特别地，GMG－ITC能有效对抗促炎细胞因子TNF-α。该项研究为GMG－ITC增加了有趣的新性质和新应用，且至少在与当前的常规疗法联合中，可认为该化合物对多发性硬化症的治疗或预防是一种有效药物。

3.5.5 辣木对慢性炎症的治疗作用

炎症反应可分为急性炎症和慢性炎症。急性炎症是生物体应对有害刺激的初步反应，而慢性炎症引致发炎部位的细胞类型改变、组织的毁坏与修复同时进行（Wikipedia，2014）。许多对此方面有兴趣的研究者通过实验验证了辣木提取物中的生物活性物质对慢性炎症的治疗效果和预防潜能。

辣木中的异硫氰酸盐、苯甲基异硫氰酸盐、异硫氰酸酯被证明能有效减轻炎症反应。首次报道是有印度研究者（Koneni，2009）分离并鉴定出罕见的金色酰胺醇酯

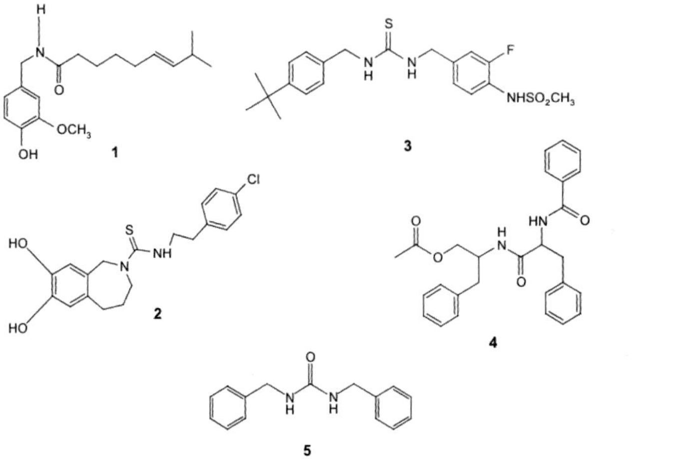

Scheme 1. Capsaicin, 1; capsazepine, 2; nonvanilloidal dibenzyl thioureas, 3; aurantiamide acetate, 4; 1,3-dibenzyl urea, 5.

图4-3-10　辣木根中提取的生物活性化合物

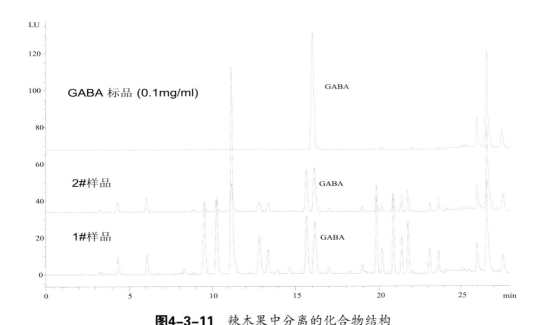

图4-3-11 辣木果中分离的化合物结构

和1,3-二苄基尿素（图4-3-10中化合物4和5）。该化合物抑制了TNF-α和IL-2的产生，且化合物5还进一步表现出显著的剂量依赖镇痛活性。之后Sarot等（2010）用多种光谱分析方法测定了从辣木果中提取的8种不同构型异硫氰酸盐，以鉴定其抗炎症活性。其中，值得后续研究者注意的是，化合物1、2、4、5并无炎症抑制效果（图4-3-11）。

Carrie 的研究团队（Carrie et al. ,2014）所优化的辣木提取物含有1.66%异硫氰酸盐和3.82%的总多酚。另一种提取的4-[（4'-O-乙酰基-α—L-rhamnosyloxy）苄基]异硫氰酸酯持续30天表现出37 ℃下80%的稳定性。以上两者在RAW巨噬细胞中都显著降低了基因的表达及炎症产物的标志物。他们认为，稳定的高浓度辣木异硫氰酸盐可提供为食品级产品，以减轻慢性疾病相关的轻度炎症。此外，有泰国的研究者通过测定促炎介体在脂多糖诱导的小鼠RAW264.7巨噬细胞的表达，对煮沸辣木荚果提取物的抗炎活性进行评估。以31~250μg/ml辣木提取物前处理1h后有效抑制了IL-6的蛋白水平、肿瘤坏死因子-α、诱导型一氧化氮合酶（iNOS）以及环氧酶-2（COX-2）的mRNA和蛋白表达增长（图4-3-12）。

另外的一些研究（Nateelak，2014）则是关于辣木对香烟烟雾提取物（CSE）诱导的人类巨噬细胞因子所产生的影响。从辣木鲜叶提取物制备的辣木的乙酸乙酯馏分

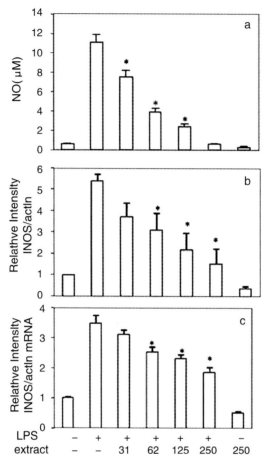

图4-3-12 用31~250μg/ml的提取物对细胞进行预处理后，再用5ng/ml的LPS对细胞进行孵育诱导，测量细胞内的iNOS表达水平

（MOEF）含有高浓度酚类，并有抗氧化活性，它能抑制的细胞因子包括：促进嗜中性粒细胞浸润肺组织的IL-8，以及介导组织疾病和损伤的TNF，IL-6。

3.6 辣木在癌症化学预防中的作用

癌症化学预防（chemorevention）这个名词在1976年由Michael Sporn创造，现在美国国立癌症研究所（NCI）以及其他多个机构和个人所公认的定义为：利用天然、合成或生物物质来阻止、减缓或者逆转癌症发生发展过程，从而降低癌症发生率和死亡率的方法策略（Michael et al., 2013）。而辣木作为一种常用药用植物，无论在种类或作用机制方面都可作为抗癌药物的理想原料。

3.6.1 辣木能抑制肿瘤细胞增殖并诱导凋亡

动物体内因分裂调节失控而无限增殖的细胞称为肿瘤细胞，而具有转移能力的肿瘤称为恶性肿瘤，即通常所说的癌细胞。也就是说，无限增殖是肿瘤细胞的一个重要特性。

细胞凋亡是一种有序的或程序性的细胞死亡方式，是细胞接受某些特定信号刺激后进行的正常生理反应应答。该过程具有典型的形态学和生化特征，凋亡细胞最后以凋亡小体被吞噬消化（瞿中和，2007）。因此，细胞凋亡在正常发育过程中，对维持动态平衡和消除受损细胞是必需的。在过去的20年中，细胞凋亡是被广泛研究并公认为是消除癌前病变和癌症细胞的理想途径（Brown，2005）。

印度的一些研究者（Sreelatha，2011）就使用人口腔表皮样癌细胞（KB细胞系）作为模型来确定辣木叶提取物（MLE）的抗增殖和促进凋亡作用。用MTT测定48h内各种浓度的叶提取物中细胞生存力的百分比；用DAPI和碘化丙啶染色定量测定凋亡细胞核的形态；还利用琼脂糖凝胶电泳的DNA片段化的程度进行了分析；其研究结果表明，辣木叶提取物具有较强的抗增殖作用和有效的诱导细胞凋亡的能力。

3.6.2 辣木的抗癌作用

关于辣木的早期研究中，研究者从菲律宾辣木籽中分离出8种生物活性物质，（图4-3-13）体外实验中，对淋巴瘤细胞的疱疹病毒抗原活性的抑制效果进行检测，

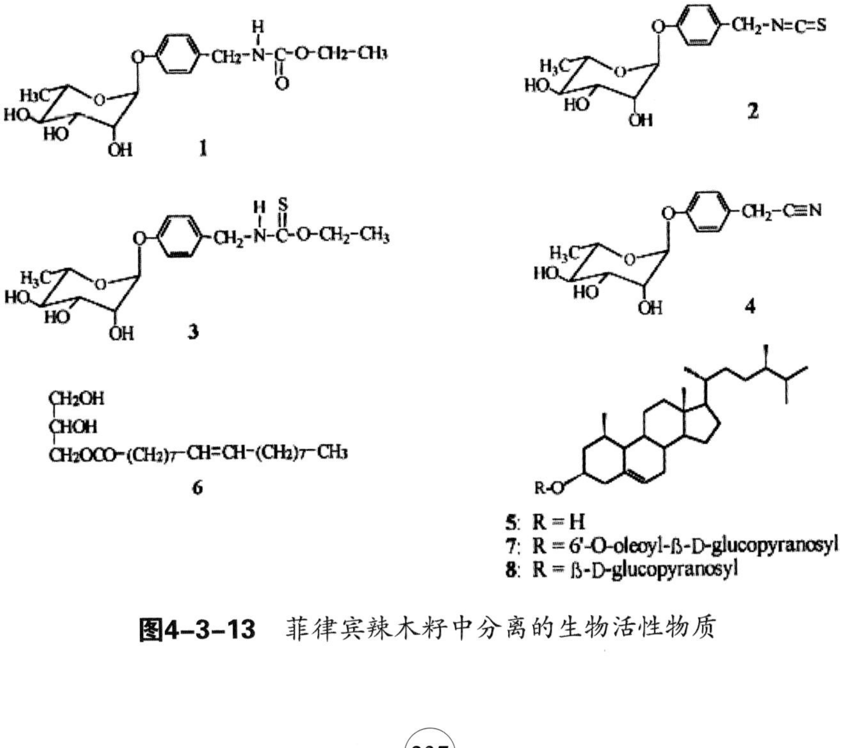

图4-3-13 菲律宾辣木籽中分离的生物活性物质

发现化合物2、3、7、8，尤其是化合物3，对抗肿瘤活性具有促进作用；进一步的活体实验则发现，化合物3对实验小鼠皮肤的继发性肿瘤具有促进抗肿瘤活性的潜在能力（图4-3-13）。之后还有孟加拉国的研究者（Let' cia Veras Costa-Lotufoa et al.，2005）对11种常用植物提取物进行盐水虾杀伤力实验、海胆卵实验、溶血实验测定细胞毒性，以及用肿瘤细胞系进行MTT实验，最终仅辣木和另一草药的提取物可以被认为是潜在的来源研究的抗癌化合物。

在对这8种物质进行淋巴瘤细胞的疱疹病毒抗原活性抑制效果实验中，检测显示的结果为4- [（2'-O-acetyl-α-L- rhamnosyloxy）benzyl] isothiocyanate（RBITC）（2）[4（α-L-rhamnosyloxy）-苯甲基异硫氰酸盐]、niazimicin（3）、3-O-（6'-O-oleoyl-β-D-glucopyranosyl）-β-sitosterol（7）、β-sitosterol-3-O-β-D-glucopyranoside（8）（β-谷甾醇-3-O-β-D-吡喃葡糖苷）这4种对EB病毒（Epstein-Barrvirus）有明显的抑制作用；对小鼠皮肤继发性肿瘤研究发现，niazimicin具有潜在的促进抑制肿瘤活性的能力（表4-3-13，4-3-14）。

表4-3-13　辣木种子乙醇提取物对EB病毒早期抗原（EBV-EA）诱导激活的抑制效果

浓度（μg/ml）	抑制率（存活率）
100	72.9（60）
10	40.4（>80）
1	11.2（>80）
0.1	0（>80）

（括号内数值表示的是淋巴瘤细胞的存活率）

表4-3-14　辣木种子各活性成分对EBV-EA诱导激活的抑制效果

活性物质	不同浓度的抑制率（存活率）				IC50
	1000	500	100	10	
4- [（2'-O-acetyl-α-L- rhamnosyloxy）benzyl] isothiocyanate	100（60）	83.1（>80）	52.6（>80）	20.3（>80）	32.7
niazimicin	100（60）	79.3（>80）	47.2（>80）	18.1（>80）	35.3
3-O-（6'-O-oleoyl-β-D-glucopyranosyl）-β-sitosterol	100（60）	65.3（>80）	15.2（>80）	0.0（>80）	70.4
β-sitosterol-3-O-β-D-glucopyranoside	100（60）	93.5（>80）	62.7（>80）	11.4（>80）	27.9

（括号内数值表示的是淋巴瘤细胞的存活率）

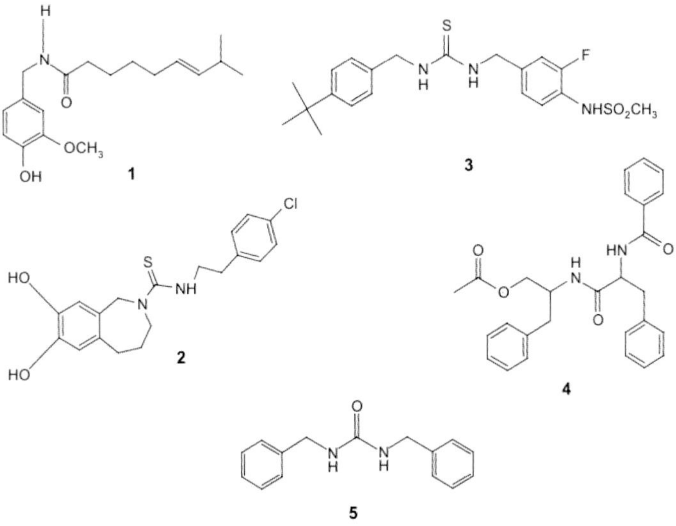

Scheme 1. Capsaicin, **1**; capsazepine, **2**; nonvanilloidal dibenzyl thioureas, **3**; aurantiamide acetate, **4**; 1,3-benzyl urea, **5**.

图4-3-14 辣木根中提取的生物活性化合物

有印度学者对辣木根中的活性成分进行了分离和鉴定，从中得到了罕见的橙黄胡椒酸胺乙酸酯（aurantiamide acetate）和1,3-dibenzyl urea（图4-3-14）。

Aurantiamide acetate很明显地抑制了肿瘤坏死因子（TNF-α）和白介素2（IL-2）的产生，1,3-dibenzyl urea在抑制IL-2的同时还进一步表现出显著的剂量依赖镇痛活性。这一结果表明这些化合物可能是辣木根具有镇痛和抗炎效果的原因（图4-3-15，图4-3-16）。

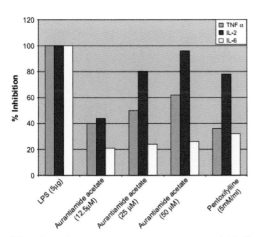

图4-3-15 Aurantiamide acetate对诱导LPS因子的影响

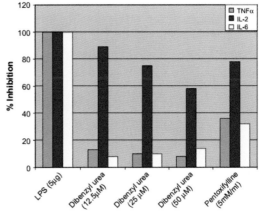

图4-3-16 1,3-dibenzyl urea对诱导LPS因子的影响

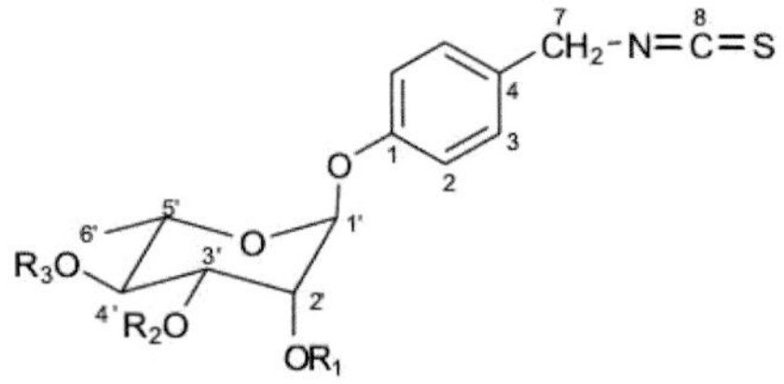

1: R_1 = Ac, R_2 = R_3 = H
2: R_1 = R_3 = H, R_2 = Ac
4: R_1 = R_2 = H, R_3 = Ac
5: R_1 = R_2 = R_3 = H

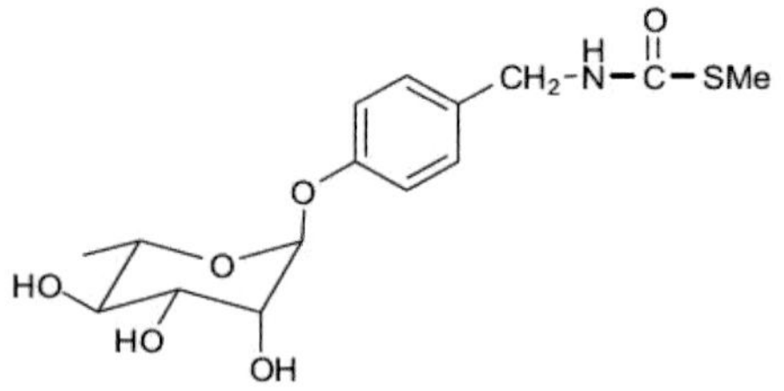

3

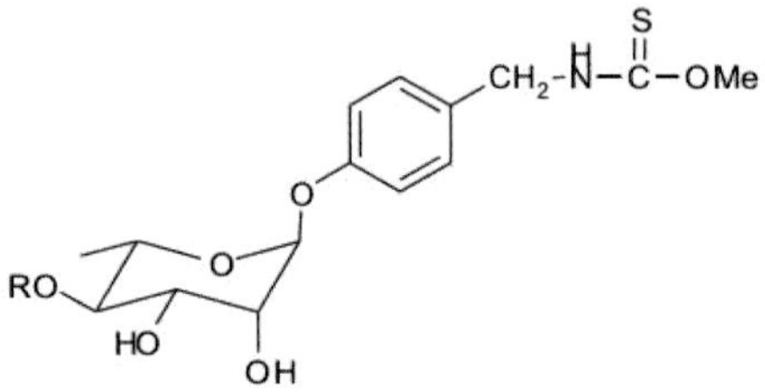

6: R = Ac
7: R = H

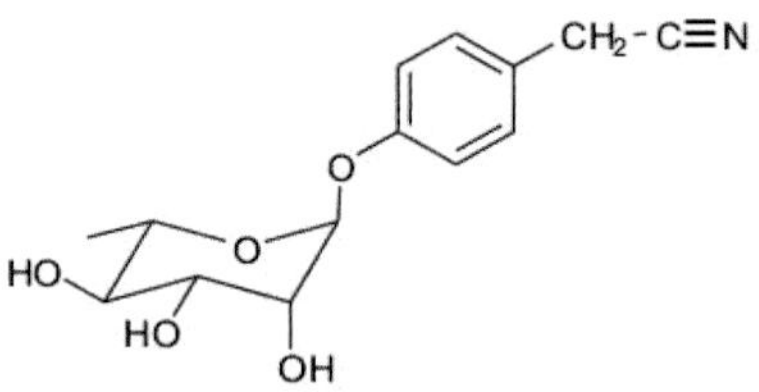

8

图4-3-17 辣木果中分离的化合物结构

之后Sarot等（2010）用多种光谱分析方法测定了从辣木果中提取的8种不同构型异硫氰酸盐，以鉴定其抗炎症活性。其中，值得后续研究者注意的是， 1、2、4、5四种化合物并无抑制炎症效果（图4-3-17）。

异硫氰酸盐类化合物主要存在于十字花科蔬菜中，其生物学作用主要有抗癌、抗炎、抗菌。人群研究证实异硫氰酸盐（ITCs）能降低一些癌症如肺癌、结肠癌、乳腺癌等的发病风险，例如，在肺癌、结肠癌、乳腺癌的人群膳食干预研究中，发现ITCs的摄入量与其中一些个体的患癌风险呈负相关性。同时，还发现ITCs的癌症预防作用与谷胱甘肽硫转移酶（GST）的基因多态性有关。近年来，有关ITCs抗炎生物学功能的研究发现其可降低炎症反应因子的表达（水平），如诱导型一氧化氮合酶（iNOS）、白介素1β（IL-1β）和环氧合酶2（COX-2）。ITCs的抗炎作用提示其在炎性疾病和心血管疾病方面有预防作用。

在癌症研究领域认为，环氧合酶-2（COX-2）和诱导型一氧化氮合酶（iNOS）的蛋白质抑制剂是潜在的抗炎因子和癌症化学预防因子。有报道发现（Eun-Jung, 2011），从辣木中分离出的生物活性酚苷物质4-［（2'-O-acetyl-α-L-rhamnosyloxy）benzyl] isothiocyanate （RBITC）（如上由种子中提取的活性成分）能在蛋白质和mRNA水平上抑制COX-2和iNOS的表达。RBITC会抑制ERK（细胞外信

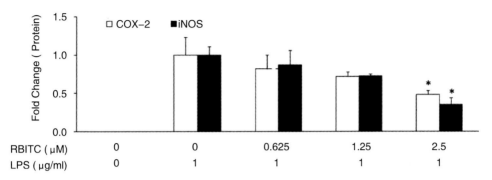

图4-3-18 RBITC预处理过后的细胞内iNOS和COX-2的蛋白表达水平

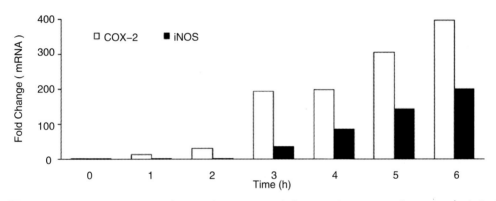

图4-3-19 RBITC处理细胞一段时间后，细胞内iNOS和COX-2的mRNA表达水平

号调节激酶）和JAPK（应激活化的蛋白激酶）的磷酸化以及抑制剂κBα（IκBα）的泛素依赖降解。RBITC处理后，随着IκBα的降解，NF-κB的核积累以及随后结合到NF-κB的顺式作用元件都会减少。这些数据表明了RBITC应具有潜在的介导抗炎或癌症化学预防活性（图4-3-18，图4-3-19）。

随着RBITC用量的加大，iNOS和COX-2蛋白的表达被进一步抑制，在2.5μM处有着明显的抑制效果。

在最初的两小时内，细胞内iNOS和COX-2的表达水平很低。经由LPC诱导3小时后，iNOS和COX-2蛋白mRNA的表达显著提升，并随着时间的增加持续增长（图4-3-20）。

在用0.625μM的RBITC处理后，iNOS的表达受到明显的抑制，COX-2在RBITC用量达到2.5μM时，其mRNA水平才受到明显的抑制。

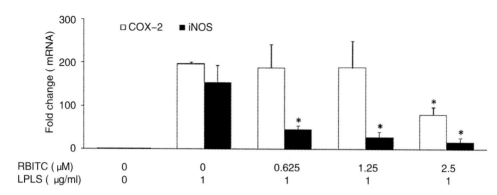

图4-3-20 LPC诱导4 h后，细胞内iNOS和COX-2蛋白的mRNA表达水平随RBITC用量变化的变化

　　JNK/SAPK信号通路和MAPK/ERK信号通路都属于MAPK信号通路，MAPK通路是一种从酵母到人类都保守的三级激酶模式，包括MAPK激酶（MAP kinase kinase kinase，MKKK）、MAPK激酶（MAP kinase kinase，MKK）和MAPK，这三种激酶能依次激活，共同调节着细胞的生长、分化、对环境的应激适应、炎症反应等多种重要的细胞生理/病理过程。JNK/SAPK信号通路的激活会诱导细胞凋亡的发生，而MAPK/ERK信号通路的激活会导致细胞增殖，激活的ERK可以拮抗由JNK/SAPK激活而诱导的凋亡。失控的MAPK通路会导致肿瘤的发生。核因子κB（NF-κB）主要与机体防御反应、组织损伤和应激、细胞分化和凋亡以及肿瘤生长抑制过程的信息传递有关。在多数细胞浆内NF-κB与抑制蛋白结合形成无活性复合物，当信息物质作用于相应受体后，磷酸化抑制蛋白使NF-κB脱落而活化，NF-κB进入胞核影响基因转录。

　　因此，辣木提取物可能是通过调控细胞内信号通路（如MAPK信号通路等）来介导抗炎或癌症化学预防。

3.7　辣木具有抗菌作用

　　微生物具有物种和数量的多样性，包括具有细胞结构的原核生物（细菌、放线菌、古细菌）和真核微生物（真菌、藻类和原生动物等），以及无细胞结构的侵染试剂（病毒和亚病毒）等类群。其中细菌最多，约占土壤微生物总数量的70%～90%，放线菌次之，藻类和原生动物等较少（沈萍，2006）。在生态系统中，辣木这种植物既以其植物体的形式存在，同时也与其内生真菌互利共生，所以不仅是辣木提取物具有药用价值，其内生真菌的次级代谢产物也具有研究意义。

3.7.1　辣木具有抗细菌作用

抗菌是一个泛指的说法，而通常主要指的是抗细菌。欧洲的一些学者（Mougli，2005）就将传统使用于澄清饮用水的天然絮凝剂——碾碎的辣木籽用于抗菌研究。他们之前的研究发现，某种种子的肽段能介导细菌细胞等悬浮颗粒的沉积，同时能直接杀菌。后续的研究中，又将该肽的构象模拟物的合成衍生物偶联，来进行功能分析，发现部分重叠的结构决定了沉淀和抗菌活性的调节。肽段要求呈正电荷且谷氨酰胺富集以聚集并沉降细菌细胞。该肽段的杀菌活性是基于局部的序列容易形成螺旋 – 环 –螺旋结构基序。氨基酸取代表明，杀菌活性需要突出环内疏水脯氨酸残基。活体染料染色显示：经过含有该基序的肽段处理会导致细菌细胞膜损伤。因此，该研究确定了合成肽针对特定的人类病原体的抗菌活性，同时也表明了每个活动部分不同的分子机制。沉降可能是源于从耦合絮凝和凝聚作用，而杀菌活性则需要细菌的疏水环将细胞膜去稳定化。

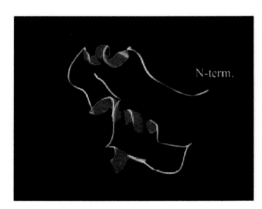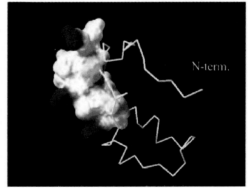

图4-3-21　絮凝相关蛋白的氨基酸重复排列及其结构模型

图4-3-21中左图是由已知的油菜籽氨基酸序列建立的絮凝相关多肽模型的三维构象，右图是通过与辣木等天然物质中抗菌肽氨基酸序列比较而合成的抗菌肽结构，揭示了它的疏水性和亲水性，蓝色区域是带正电荷肽段，白色区域是不带电部分。

3.7.2　辣木具有抗真菌作用

真菌感染可分为表浅真菌感染和深部真菌感染两类。表浅感染是由癣菌侵犯皮肤、毛发、指（趾）甲等体表部位造成的，发病率高，危害性较小；深部真菌感染是由念珠菌和隐球菌侵犯内脏器官及深部组织造成的，发病率低，危害性大。然而，抗真菌药容易影响白细胞及肝功能，长期使用会造成GPT上升或白细胞下降；另外由于5-氟胞嘧啶从尿中排泄，在肾功能不良者血中聚集，引起中毒，故肾功能差者应禁用或慎用；两性霉素B可损伤肾脏，并引起血钾降低，部分人会有发冷、发热反应，少数人可引起血栓性静脉炎；酮康唑应特别注意肝脏受损问题，长期使用可引起血中雄激素水平降低和肾上腺皮脂功能受到抑制。而使用一些天然抗真菌药物则可在达到疾病治愈效果的同时，有效避免这些副反应。

有研究者（Ping-Hsien，2007）为评估辣木种子和叶子的治疗特性，鉴定了其乙醇提取物在体外对皮肤癣菌如红色毛癣菌、须癣毛癣菌、絮状表皮癣菌和犬小孢子菌的抗真菌活性。同时从叶子精油化学成分的GC-MS分析显示总共有44种化合物，在一般情况下，二十五烷（17.41%），二十六烷（11.20%），（E）-叶绿醇（7.66%）和1-[2,3,6-三甲基－苯基]-2-丁酮（3.44%）是叶子精油的主要成分。分离得到的提取物可以促进未来抗皮肤病药物的发展。

3.7.3 辣木具有抗蓝藻作用

在所有藻类生物中，蓝藻是最简单、最原始的一种原核生物，又叫蓝绿藻或蓝细菌。

许多地表水中营养物质大量富集，这种持续的富营养化会导致蓝藻水华浮垢；而同时一些蓝藻可产生多种强效毒素，引起浊度高，缺氧，鱼类死亡，难闻的气味，甚至严重的环境和人类健康问题（Codd et al.，2005）。

荷兰的一些研究者（Miquel，2010）最先用压碎的辣木籽滤液检测其对水华蓝藻——铜绿微囊藻的生长和Ⅱ型光合系统效率的影响。实验发现，4～8 mg/L辣木籽滤液条件下的蓝藻与对照组的生长状态和生长率相似；而在20～160 mg/L条件下的的增长率则为负——平均每天-0.23（±0.05）。在160mg/L的最高剂量条件下，Ⅱ型光合作用效率迅速降至零且在实验（14 d）过程中保持为零（图4-3-22）。

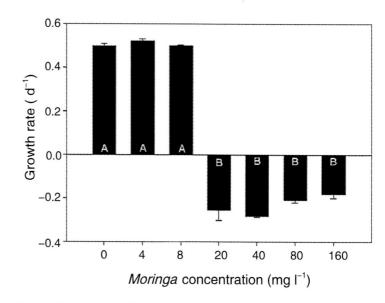

图4-3-22 不同浓度压碎的辣木籽滤液（0～160 mg/L）存在下铜绿微囊藻的生长率（每天）

因此，在实验室条件下，可以实现对水华的完全消灭。这表明辣木籽提取物的应用可以作为一个能减轻氰基细菌危害的有效措施。

5.1.4 辣木内生真菌次级代谢产物的抗菌活性

药用植物内生真菌中筛选到具有生物活性的菌株概率高，且菌株的次级代谢产物具有生物活性多样的特点，是寻找新药先导化合物的重要资源。

国内的一些早期研究中就有研究者（廖友媛等，2006）从新鲜植株辣木的茎和叶中分离出内生真菌35株。以金黄色葡萄球菌、藤黄八叠球菌、大肠杆菌、绿脓杆菌、白色念珠菌、掷孢酵母为受试菌株，对其进行抗菌活性筛选。结果表明，共有29株内生真菌受试菌株有抗菌活性，其中平板抑菌圈直径大于15 cm的菌株有1株。之后柯野等研究者（柯野，2006,2007）从辣木（*Moringa* sp.）中分离得到一株内生真菌（*Aspergillus* sp.），其发酵液对金黄色葡萄球菌和绿脓杆菌的生长有很强的抑制作用。实验测定曲霉lyl4发酵液抑菌效果的最适碳源是麦芽糖，最适氮源是玉米浆，最适初始pH为5，最适装液量为50 ml和最适培养时间160 h，但生长因子（叶酸和VB 除外）和无机盐离子并不促进发酵液的抑菌效果。

另外，又有研究者（蔡庆秀，2013）鉴定了一株来自药用植物辣木根部的内生真菌菌株LM033，分离其抗植物病原菌活性代谢产物。他们依据ITS序列测定结果对菌株LM033进行鉴定;采用硅胶柱层析，凝胶柱层析等色谱方法分离发酵液的乙酸乙醋提取物中的活性物质，并根据化合物的光谱分析（MS,'H- and "C-NMR,DEPT）确定化学结构。从而确定了菌株LM033被鉴定为链格孢属的一种，从该菌株分离得到5个化合物：链格花醇（1）、4,6,8（14）,22—麦角菌四烯—3—酮（2）、异细交链孢素（3）、链格孢霉酚（4）和链格孢霉甲基醚（5）。5个化合物对被测试植物病原菌都有一定抑制活性，其中链格花醇对供试的植物病原菌有较好的抑制活性，相应的对灰葡萄孢和终极腐霉的IC50值分别为25. 6和29.5 μg/ml，它对植物病害防治具有一定的意义。

3.8 辣木具有抗病毒作用

早期出现的病毒性传染病主要易发的是天花、脊髓灰质炎、麻疹和乙型脑炎等，而随着医疗科技的进步，这些疾病的发病率已日趋减少。1980年世界卫生组织（WHO）宣布已在全球范围内消灭天花。但是新的病毒不断被发现，有的甚至多地区、大面积暴发；而旧的病毒性疾病又时有起伏，潜在威胁严重。对人有致病性的病毒达1200多种，近年来发病率最高、危害性最大的是人免疫缺陷病毒（HIV）所致的艾滋病（AIDS）和乙型肝炎病毒（HBV）引起的乙型病毒性肝炎。基于如此现状，一些研究者对辣木的抗病毒作用进行了初步研究。

例如能引起人类急、慢性肝炎的DNA病毒——乙型肝炎病毒（hepatitis B virus），其在我国的感染率约为60%~70%；乙肝表面抗原携带者约占总人口的7.18%。我国制订的《慢性乙型肝炎防治指南》提出慢性乙肝治疗原则主要包括抗病毒、免疫调节、抗炎保肝、抗纤维化和对症治疗，其中抗病毒治疗是关键，只要有适应证，且条件允许，就应进行规范的抗病毒治疗。研究者通过HepG2.215细胞体外药物评价模型，观察观辣树水提物对乙肝病毒的抑制作用（许秀妮等，2012）。结果发现，观辣树水提物在HepG2.215细胞上的最大实验浓度200 mg/ml时对细胞的破坏率仅为48.65%，而对HBsAg的半数抑制浓度IC50为57.82 mg/ml，治疗指数TI>3.46；对HBeAg的半数抑制浓度IC50为51.68 mg/ml，治疗指数TI>3.87。

由单纯疱疹病毒所致的单纯疱疹是一种的病毒性皮肤病，中医称为热疮。在抗HSV的药物中，临床常用的有无环鸟苷/阿昔洛韦（acyclovir）、丙氧鸟苷（ganciclovir）、阿糖腺苷（vidarabine）等。这些药物均能抑制病毒DNA合成，使病毒在细胞内不能复制，从而减轻临床症状，但不能彻底防止潜伏感染的再发；而且固醇类药物容易在临床的使用中引发药物依赖、色素沉积等副作用。所以，为了发掘一些对该病作用效果明显的天然成分，国外有研究（Vimolmas et al.，2003）发现不同品种辣木的水提物和甲醇提取物对Ⅰ型单纯疱疹病毒（HSV-1）具有抗病毒作用。

HSV-1是单纯疱疹病毒两个血清型之一。一方面，在HSV-1感染的BALB/c小鼠体内实验中发现辣木提取物以750 mg/kg剂量每天注射，相比于对照组蒸馏水稀释的2% DMSO（$P<0.05$），能有效地拖延皮肤病灶的发展（图4-3-23），延长平均存活时间，减少致死率。

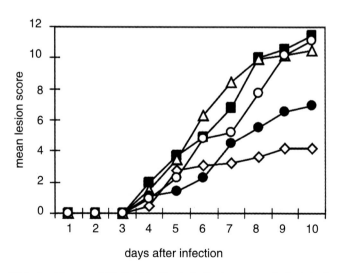

图4-3-23 不同植物提取物对注射了HSV-1病毒的小鼠的影响对比

（■）2% DMSO 蒸馏水稀释；（◇）阿昔洛韦；（△）米兰花；（●）辣木；（○）翼核果（阿昔洛韦和辣木组与对照相比具有显著效果 $P<0.05$）

上图中每组10只BA LB/C 小鼠都注射了ACV （5 mLB/g/kg per dose），注射后14天开始每日三次口服植物提取物（250 mg/kg per dose），实验观察明显发现，与对照组相比，服用辣木和服用阳性对照的高效抗病毒药物——阿昔洛韦的小鼠不仅病灶发展缓慢，而且平均损伤程度都有明显的降低。

另一方面，在体外用Vero细胞进行HSV-1蚀斑减少试验，观察到辣木提取物可以特异性抑制蚀斑形成，且对Apr HSV-1效果显著；与临床用药阿昔洛韦的效果对比，平均存活率无明显差异。

3.9　辣木对肝、肾的保护作用

肾结石为泌尿系统多发病，男性发病多于女性，多发生于青壮年，左右侧的发病率无明显差异。40%～75%的肾结石患者有不同程度的腰痛。结石较大，移动度很小，表现为腰部酸胀不适，或在身体活动增加时有隐痛或钝痛。较小结石引发的绞痛，常骤然发生腰腹部刀割样剧烈疼痛，呈阵发性。肾毒性是由药物引起的肾脏毒性反应。肾脏是机体的主要排泄器官，特别容易受到药物的影响，一些药物可对肾脏产生直接毒性作用或通过过敏反应造成肾脏损伤。辣木在印度医学中已经作为治疗肾结石和肾毒性的一种天然药物，并且已经有相关文献证实辣木的抗肾结石特性和改善肾损伤作用。Karadi等（2006）研究了辣木根水提物和醇提物对肾结石的效果。用乙二醇灌胃法给Wistar大鼠建立结石模型中，发现大鼠血液和尿液中草酸、钙和磷酸盐水平显著提升，而这三者正是肾结石的主要组成成分，同时血液中肌酸酐、尿酸以及血尿素氮水平的上升说明了肾组织受到损伤。实验发现同步给予辣木根提取物组草酸、钙和磷酸盐水平以及肌酸酐、尿酸和血尿素氮水平相对较低，表明辣木可以预防肾结石的形成并改善肾损伤（表4-3-15）。

表4-3-15　辣木根提取物对对照组和实验组尿液、血清和肾组织中参数的影响

组别	对照组	诱导结石组	辣木根AqE组	辣木根AlcE组
尿液（mg/dl）				
草酸	0.37±0.003	3.64±0.11	0.83±0.03	1.10±0.08
钙	1.27±0.07	4.51±0.10	1.71±0.07	1.96±0.08
磷酸盐	3.64±0.04	7.29±0.06	4.01±0.06	4.14±0.09
肾（mg/g）				
草酸	1.41±0.06	5.73±0.06	1.90±0.04	2.15±0.07

续表4-3-15

组别	对照组	诱导结石组	辣木根AqE组	辣木根AlcE组
钙	3.23±0.04	4.79±0.16	3.72±0.08	3.87±0.08
磷酸盐	2.35±0.03	3.74±0.10	2.69±0.07	3.03±0.07
血清（mg/dl）				
血尿素氮	37.61±0.15	49.97±0.48	40.99±0.42	41.83±0.10
肌酸酐	0.75±0.01	0.94±0.03	0.85±0.01	0.91±0.02
尿素	1.49±0.07	3.64±0.11	1.94±0.04	2.06±0.05

（$P < 0.05$）

Veena等（2012）通过给予小鼠二甲基苯蒽（DMBA）来诱导小鼠肾组织损伤，小鼠Cyt P450和Cyt b5的浓度增加，肾组织还原型谷胱甘肽（GSH）、谷胱甘肽S-转移酶（GST）活性降低（表4-3-16），天冬氨酸氨基转移酶（AST）、丙氨酸氨基转移酶（ALT）、碱性磷酸酶（ALP）的活性和蛋白质含量也显著降低，总胆固醇含量则显著增加。但是经200 mg/kg和400 mg/kg辣木豆荚提取物预处理14天的实验小鼠，其由二甲基苯蒽诱发的各项组织生化指标变化发生显著逆转，表明辣木豆荚的提取物可通过提高细胞抗氧化活性、减少自由基的生成来减少二甲基苯蒽引起的肾毒性，起到保护肾组织的作用。Moustapha等（2013）则通过在兔子体内研究发现辣木叶提取物可以改善由庆大霉素诱导引起的肾损伤。Adeyemi等（2014）研究了辣木叶粉作为补充饮食对由镍引起的肾毒性的保护作用。

表4-3-16　MOHE对DMBA处理小鼠肾组织中代谢酶和氧化应激参数影响

组别	N	Cyt P450	Cyt b5	GSH（nmol/g）	GST（nmol CDNB/（min·mg protein））
对照组		0.87±0.07	0.31±0.08	1.73±0.20	93.11±0.03
DMBA（15 mg/kg）	10	7.83±0.09★★	4.95±0.02★★	1.23±0.13★★	61.23±0.09★★
MOHE（200 mg/kg）+DMBA（15 mg/kg）	10	5.92±0.05△△	3.57±0.06△△	1.64±0.15△△	81.67±0.06△△
MOHE（400 mg/kg）+DMBA（15 mg/kg）	10	2.46±0.08△△	1.59±0.09△△	1.75±0.05△△	89.11±0.08△△

续表4-3-16

组别	N	Cyt P450	Cyt b5	GSH（nmol/g）	GST（nmol CDNB/（min·mg protein））
BHA（0.5%）+DMBA （15 mg/kg）	10	6.25±0.15$^{\triangle\triangle}$	4.32±0.11$^{\triangle\triangle}$	1.55±0.07$^{\triangle\triangle}$	69.43±0.15$^{\triangle\triangle}$
BHA（1%）+DMBA （15 mg/kg）	10	5.32±0.12$^{\triangle\triangle}$	2.81±0.13$^{\triangle\triangle}$	1.59±0.05$^{\triangle\triangle}$	75.34±0.07$^{\triangle\triangle}$

★★$P<0.01$，vs对照组；$^{\triangle\triangle}P<0.01$，vs DMBA组

MOHE：辣木豆荚提取物；Cyt：细胞色素；DMBA：二甲基苯蒽；BHA：丁羟茴醚；GSH：还原型谷胱甘肽；GST：谷胱甘肽-S-转移酶；CDNB：2，4-二硝基氯苯

表4-3-17 MOHE对DMBA处理的小鼠肾组织中生化指标的影响

组别	n	AST（IU/L）	ALT（IU/L）	ALP（μmolPNP/总蛋白[min·g（g/ml）tissue]	总蛋白	总胆固醇（mg/g）
对照组	10	75.23±0.03	47.34±0.02	95.23±0.05	5.32±0.06	75.34±0.04
DMBA（15 mg/kg）	10	36.55±0.07★★	21.54±0.06★★	52.33±0.12★★	3.98±0.09★★	116.28±0.08★★
MOHE（200 mg/kg）+DMBA（15 mg/kg）	10	61.43±0.05$^{\triangle\triangle}$	37.33±0.06$^{\triangle\triangle}$	81.44±0.13$^{\triangle\triangle}$	4.98±0.13$^{\triangle\triangle}$	92.87±0.05$^{\triangle\triangle}$
MOHE（400 mg/kg）+DMBA（15 mg/kg）	10	72.54±0.04$^{\triangle\triangle}$	44.67±0.07$^{\triangle\triangle}$	92.44±0.05$^{\triangle\triangle}$	5.25±0.07$^{\triangle\triangle}$	81.65±0.03$^{\triangle\triangle}$
BHA（0.5%）+DMBA（15 mg/kg）	10	43.58±0.17$^{\triangle\triangle}$	26.41±0.09$^{\triangle\triangle}$	63.77±0.09$^{\triangle\triangle}$	4.32±0.09$^{\triangle\triangle}$	109.65±0.10$^{\triangle\triangle}$
BHA（1%）+DMBA（15 mg/kg）	10	55.67±0.14$^{\triangle\triangle}$	32.42±0.02$^{\triangle\triangle}$	76.42±0.06$^{\triangle\triangle}$	4.56±0.02$^{\triangle\triangle}$	101.23±0.12$^{\triangle\triangle}$

★★$P<0.01$，vs对照组；$^{\triangle\triangle}P<0.01$，vs DMBA组

DMBA：二甲基苯蒽；BHA：丁羟茴醚；PNP：p-硝基酚；AST：天冬氨酸转氨酶；ALT：丙氨酸转氨酶；ALP：碱性磷酸酶

肝脏疾病目前还缺乏有效的预防和治疗方案，并且预后差，致死率高，对于治疗肝脏疾病的新型药物仍在研究中，而能否有效保护肝损伤则是至关重要，目前已有研究证明辣木对于肝损伤的保护作用。Alaaeldin等（2010）探究了辣木籽对于肝纤维化和肝损伤的作用，发现辣木籽提取物（1g/kg）可以显著抑制由四氯化碳诱导的血清转氨酶活性和球蛋白水平的上升（表4-3-18），同时肝脏羟脯氨酸含量和髓过氧化物酶活性也显著降低（图4-3-24）。通过免疫组化分析发现辣木籽提取物可以降低肝中平滑肌α-肌动蛋白阳性细胞的数量（图4-3-25）以及胶原蛋白Ⅰ和Ⅲ的积聚（图4-2-26），表明了辣木可以有效改善由四氯化碳引起的肝损伤和肝纤维化。

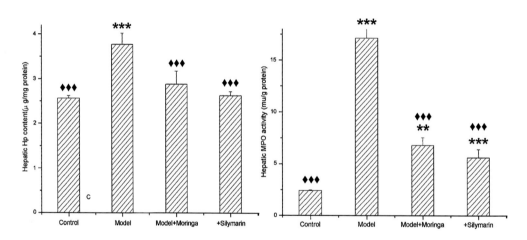

图4-3-24 羟脯氨酸含量和髓过氧化物酶活性

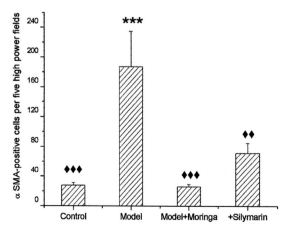

图4-3-25 平滑肌α-肌动蛋白阳性细胞的数量

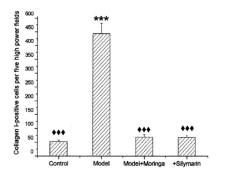 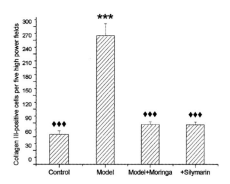

图4-3-26 胶原蛋白Ⅰ和胶原蛋白Ⅲ数量

表4-3-18 辣木和水飞蓟素对由四氯化碳诱导的肝损伤模型中血清中指标的影响

组别	对照组	模型组	模型组加辣木	模型组加水飞蓟素
ALT	$50.10 \pm 1.06^{\triangle\triangle\triangle}$	$99.00 \pm 13.00^{\bigstar\bigstar\bigstar}$	$63.83 \pm 5.85^{\triangle\triangle}$	$62.03 \pm 3.12^{\triangle\triangle}$
AST	$114.83 \pm 4.47^{\triangle\triangle\triangle}$	$177.30 \pm 2.65^{\bigstar\bigstar\bigstar}$	$119.08 \pm 6.54^{\triangle\triangle\triangle}$	$148.65 \pm 9.54^{\bigstar\bigstar\bigstar\triangle\triangle}$
总蛋白	$6.87 \pm 0.05^{\triangle\triangle}$	$6.56 \pm 0.03^{\bigstar\bigstar}$	$7.00 \pm 0.12^{\triangle\triangle\triangle}$	6.67 ± 0.07
白蛋白	$3.48 \pm 0.06^{\triangle\triangle\triangle}$	$2.63 \pm 0.08^{\bigstar\bigstar\bigstar}$	$3.69 \pm 0.12^{\triangle\triangle\triangle}$	$3.50 \pm 0.03^{\triangle\triangle\triangle}$
球蛋白	$3.47 \pm 0.01^{\triangle}$	$3.90 \pm 0.07^{\bigstar}$	$3.31 \pm 0.17^{\triangle\triangle\triangle}$	$3.19 \pm 0.07^{\triangle\triangle\triangle}$

★ $P<0.05$；★★ $P<0.01$；★★★ $P<0.001$ vs 对照组

$^{\triangle}P<0.05$；$^{\triangle\triangle}P<0.01$；$^{\triangle\triangle\triangle}P<0.001$ vs 模型组

Mansour等（2012）发现了辣木籽油对于四氯化碳引起的肝损伤有修复作用。Fakurazi等（2008）用醋氨酚处理实验大鼠后发现转氨酶和碱性磷酸酶的水平显著提升而谷胱甘肽的水平下降，而提前饲喂辣木的实验大鼠在给予醋氨酚后，相比没有饲喂辣木的大鼠，转氨酶和碱性磷酸酶水平下降，谷胱甘肽恢复至正常水平，由此证实了辣木叶可以通过抑制谷胱甘肽水平的下降来预防由醋氨酚引起的肝损伤。Sharida等（2012）也通过醋氨酚诱导实验大鼠产生肝损伤，发现饲喂辣木叶和花的提取物后，由醋氨酚引起的转移酶和丙二醛水平上升被显著抑制，而抗氧化酶活性显著提升，表明辣木也可以提升其抗氧化性来改善由醋氨酚引起的肝损伤。

3.10 辣木对甲状腺激素的调节作用

甲状腺的主要功能是合成甲状腺激素，调节机体代谢，甲状腺自身对碘供应的多少而调节甲状腺激素的分泌，而甲状腺激素的失调则会导致甲状腺疾病，如甲状腺功能亢进。甲状腺功能亢进症简称"甲亢"，是由于甲状腺合成释放过多的甲状腺激素，造成机体代谢亢进和交感神经兴奋，引起心悸、出汗、进食和便次增多和体重减少的病症。多数患者还常常同时有突眼、眼睑水肿、视力减退等症状。目前甲亢治疗有三种方法：抗甲状腺药物治疗，放射碘治疗和手术治疗。抗甲状腺药物治疗适应范围广，主要有两种——

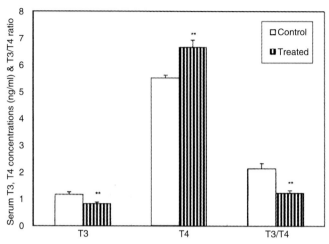

图4-3-27 辣木叶提取物（350 mg/kg）处理10天后T4（ng/ml）和T3（ng/ml）浓度对比及T3/T4比率

咪唑类和硫氧嘧啶类。药物治疗适合甲亢孕妇、儿童、甲状腺轻度肿大的患者，治疗一般需要1～2年，治疗中需要根据甲状腺功能情况增减药物剂量。放射碘治疗和手术治疗都属于破坏性治疗，甲亢不容易复发，治疗只需要一次。目前科学研究表明辣木对于甲状腺激素具有调节作用。Pankaj等（1999）研究了辣木叶水提物对实验大鼠甲状腺激素的调节作用。饲喂辣木叶提取物（350 mg/kg）10天后，发现血清中三碘甲状腺氨酸（T3）的浓度下降，肝脏脂质过氧化减少，而四碘甲状腺氨酸（T4）浓度上升（图4-3-27），表明辣木叶提取物可以抑制T4转化为T3，而T3是起主要作用的甲状腺激素，作用于机体的大多数代谢效应中，如生热作用、氧消耗和维持等，从而证实了辣木可以调节机体甲状腺激素的水平，用于甲状腺功能亢进的治疗。

3.11 辣木对胃肠的作用

胃肠是人体最大的免疫器官，附着人体50%的免疫细胞，产生人体80%的抗体，胃肠健康可以避免70%的患病几率，因此健康的胃肠是保证人体健康的重要前提之一。研究表明，辣木对胃肠功能具有一定的改善作用。胡宗礼等（2009）研究了辣木提取物对小鼠胃肠运动功能的影响，发现辣木浸膏和辣木片剂均能显著增加便秘小鼠的排便数，明显促进胃排空和小肠内容物的推进速度，这可能与辣木中丰富的营养成分及矿物质有关。

另外，也有关于辣木对特定人群胃肠功能影响的研究。如王昆华等（2011）研究发现，辣木等免疫营养素及生态免疫营养对艾滋病患者肠道免疫及微生态素具有影响，辣木营养组成非常适合艾滋病的营养要求。从微生态角度，辣木还刺激肠黏膜，利于黏膜屏障的恢复和维持，同时还有助于黏膜腺体的功能恢复、促进营养成分的吸收。因此，作为肠内营养来源，辣木制剂可能在辅助治疗艾滋病方面有良好的应用前景。通过合理的辣木营养治疗，可改善艾滋病患者的营养状况，纠正肠道微生态紊乱，恢复肠道屏障功能。在此基础上，雷毅（2012）报道了辣木复合肠内营养能显著增加艾滋病患者肠道益生菌的数量，拮抗肠道"机会"致病菌，对艾滋病患者肠道微生态有显著改善作用。

3.12 辣木对哮喘的治疗作用

哮喘是由多种细胞（如嗜酸性粒细胞、肥大细胞、T淋巴细胞、中性粒细胞、气道上皮细胞等）和细胞组分参与气道慢性炎症性疾患。这种慢性炎症导致气道高反应性的产生，通常出现广泛多变的可逆性气流受限，并引起反复发作的喘息、气急、胸

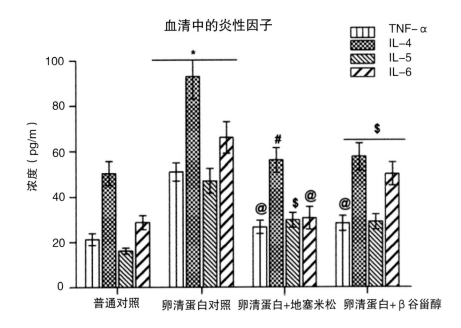

图4-3-28 辣木中 β 谷甾醇对血清中炎性因子的抑制作用（TNF-α 为肿瘤坏死因子，IL为白细胞介素）

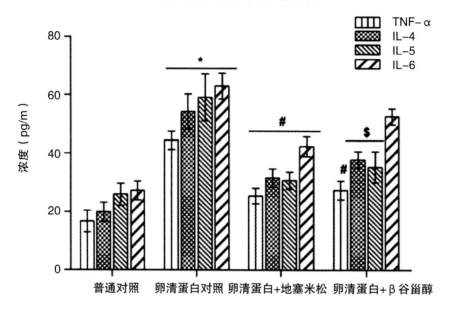

图4-3-29 辣木中β谷甾醇对支气管肺泡灌洗液中炎性因子的抑制作用（TNF-α为肿瘤坏死因子，IL为白细胞介素）

闷或咳嗽等症状，常在夜间和（或）凌晨发作。哮喘可能会导致水电解质和酸碱失衡、呼吸骤停和呼吸衰竭、气胸和纵隔气肿、多脏器功能不全和多脏器衰竭甚至猝死，是一种不可小视的疾病。

Mahajam和Mehta（2010）利用β谷甾醇在天竺鼠哮喘模型中抑制了卵清蛋白诱导的气道炎症，研究表明β谷甾醇对过敏原引起的气道炎症有很好的治疗效果。这是由于β谷甾醇能够抑制辅助T细胞驱使的细胞因子的产生并且具有封闭释放出的炎症因子的能力。经测定，在哮喘天竺鼠体内，血清中和支气管灌洗液中的炎性因子浓度均在β谷甾醇（2.5 mg/kg）的作用下降低（图4-3-28与图4-3-29）。由于辣木中含有一定量的β谷甾醇，从而说明辣木具有潜在治疗哮喘的功效。

3.13 辣木的毒性

尽管，辣木富含各类营养物质，具有极高食用价值和药用价值。但是，辣木中同时也存在一些对人体有害的成分，如在烤熟的辣木种子中发现含有4（α-L-苄基氨基甲酸叔丁酯）苯乙腈、4-杏仁腈、4羟基苯乙酰胺等对小鼠具有诱变作用的物质。Mahajan 和Mehta（2010）通过免疫炎性实验发现，辣木种子醇提物在剂量依赖的情况下（50,100和200 mg/kg）不仅抑制了小鼠脾脏重量的增加，同时还抑制了小鼠循环白细胞和脾细胞的数量。他们还发现，辣木种子醇提物能够抑制小鼠体内的细胞和体液免疫应答，并具有潜在抑制巨噬细胞吞噬作用的活性。最终总结为，辣木种子具有抑制免疫力的活性。Asaare等（2011）发现当摄入高剂量（3000 mg/kg体重）的辣木时，会出现急性中毒情况，但在摄入较低剂量（1000 mg/kg体重）的情况下是安全的。Larissa等（2013）发现辣木种子水提物和从中分离出的促凝剂辣木外源性凝集素对免疫细胞有毒性，这就可能解释了辣木种子提取物为何具有潜在的抑制免疫力的作用。由于辣木种子被广泛用于净水，那么辣木种子对水生物是否会有其他影响呢？Kavitha等（2011）就这一问题就行了初步研究，他们测定了辣木种子提取物对鲤鱼的半致死剂量为124.0 ml/L（置信区间在95%）。他们的研究可能提供了辣木种子提取物对鲤鱼的毒性的基准信息，并建立了辣木种子在净水过程中的安全使用限度。

3.14 辣木具有抗氧化作用

人体因为与外界的持续接触，包括呼吸、外界污染、放射线照射等因素会在人体体内不断地产生自由基。科学研究表明，癌症、衰老或其他疾

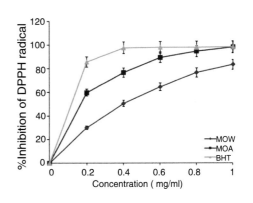
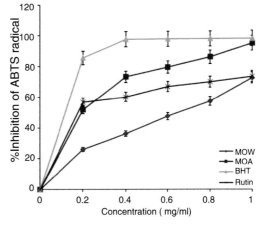
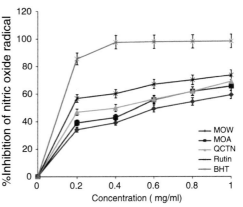

图4-3-30 DPPH,ABTS,NO自由基清除率

病大都与过量自由基的产生有关联。抗氧化就是任何以低浓度存在就能有效抑制自由基的氧化反应的物质，其作用机理可以是直接作用在自由基，或是间接消耗掉容易生成自由基的物质，防止发生进一步反应。人体在不可避免地产生自由基的同时，也在自然产生着抵抗自由基的抗氧化物质，以抵消自由基对人体细胞的氧化攻击。研究证明，人体的抗氧化系统是一个可与免疫系统相比拟的、具有完善和复杂功能的系统，机体抗氧化的能力越强，就越健康，生命也越长。

氧化应激是指机体在遭受各种有害刺激时，自由基产生过多，抗氧化系统失衡，从而导致组织损伤。在临床上，氧化应激与许多疾病密切相关，如糖尿病、神经退行性疾病、癌症、心血管疾病、动脉粥样硬化以及炎症等。已经有大量研究证明辣木具有抗氧化活性，可以改善由氧化应激引起的氧化损伤。Moyo等（2012）发现辣木叶丙酮和水提取物多酚含量高，相比传统抗氧化剂维他命C和丁羟甲苯，辣木叶提取物对1，1-二苯基-2-三硝基苯肼（DPPH）、2，2-连氮基-双-（3-乙基苯并二氢噻唑啉-6-磺酸）（ABTS）以及氧化氮（NO）自由基的清除活性更强（图4-3-30），并且可以提升超氧化物歧化酶（SOD）、过氧化氢酶（CAT）和还原型谷胱甘肽（GSH）的活性（表4-3-19），脂质过氧化（LPO）水平也显著降低，从而证实了辣木的强抗氧化活性。

表4-3-19 对山羊喂食辣木、葵花和干草后在CAT,SOD和GSH上变化的效应

组别	动物数量（n）	GSH（%）	CAT（%）	SOD（%）
辣木组	8	86.0 ± 1.00c	0.177 ± 0.006 c	97.80 ± 1.21c
葵花组	8	35.0 ± 2.00b	0.145 ± 0.009b	89.15 ± 1.55b
干草组（对照）	8	19.0 ± 8.39a	0.027 ± 0.02a	74.50 ± 1.43a

a、b、c表示同一列的显著差异（$P<0.05$） GSH：还原型谷胱甘肽

CAT：过氧化氢酶 SOD：超氧化物歧化酶

Peramaiyan等（2014）发现了辣木中强力的抗氧化活性成分山奈酚，而Suaib等（2012）用辣木提取物做了体内和体外研究，发现辣木叶乙醇提取物可以使谷胱甘肽水平提升，丙二醛水平下降，铁离子还原能力和自由基清除能力强，表明辣木具有强力的抗氧化活性。Sreelatha等（2010）发现辣木叶提取物可以抑制由过氧化氢引起的氧化损伤，以及对由糖尿病和电离辐射等引起的氧化应激反应的改善作用（Dolly et al.，2013；Mahuya et al.，2011）。Rajnish等（2012）用300 mg/kg辣木豆荚提取物喂食小鼠21天后，发现胰腺抗氧化水平显著提升。Sandip等（2011）证实了辣木籽水提物（5g/

kg/day）对于由砷引起的氧化应激的改善作用。Saad （2013）通过向豆科植物喷洒辣木叶水提物从而发现辣木可以提升豆科植物的抗氧化系统的水平，提高豆科植物对盐和镉离子的耐受能力，保护其光合作用并使其正常生长。

3.15 辣木促进伤口愈合的作用

Abubakar等（2013）用体外实验探究了辣木对伤口愈合的作用。研究发现辣木粗提物可以显著增加成纤维细胞的增殖活性，而成纤维细胞的迁移和增殖是伤口愈合过程中的重要事件，从而证实了辣木粗提物可以有效促进伤口愈合。段琼芬等（2011）研究了辣木油对家兔皮肤创伤愈合的影响。将背部左右侧各切取直径2.35 cm大小皮肤，深及皮下筋膜，造成创伤模型。每天涂辣木油，测定创面面积，计算愈合率和愈合时间（表4-3-20），并作HE染色后观察创面组织形态学改变。结果显示辣木油可加速创面愈合，减轻组织的病理学变化，对家兔皮肤机械损伤有明显保护作用。

表4-3-20　辣木油对家兔皮肤创面愈合率和愈合时间的影响

组别	n	创面愈合率（%）				创面愈合时间（time/d）
		3d	6d	10d	13d	
空白对照组	6	11.5±6.0	16.70±12.67	41.03±14.31	75.18±11.55	16.50±2.07
京万红组	6	17.0±9.36	24.60±13.73	57.75±7.52★★	91.13±4.74★	13.67±1.21★
辣木油组	6	2.0±13.34★★	26.14±8.21	48.02±10.27	79.79±14.10	14.83±1.47★

★ $P<0.05$；★★ $P<0.01$；vs对照组

3.16 辣木对白内障的治疗作用

凡是各种原因如老化，遗传、局部营养障碍、免疫与代谢异常，外伤、中毒、辐射等，都能引起晶状体代谢紊乱，导致晶状体蛋白质变性而发生混浊，称为白内障，此时光线被混浊晶状体阻扰无法投射在视网膜上，导致视物模糊。多见于40岁以上，且随年龄增长而发病率增加。目前白内障主要依赖于手术治疗，白内障超声乳化术为近年来国内外开展的新型白内障手术。使用超声波将晶状体核粉碎使其呈乳糜状，然后连同皮质一起吸出，术毕保留晶状体后囊膜，可同时植入房型人工晶状体。其优点是切口小，组织损伤少，手术时间短，视力恢复快；白内障囊外摘除手术切口较囊内摘除术小，将混浊的晶状体核排出，吸出皮质，但留下晶状体后囊。后囊膜被保

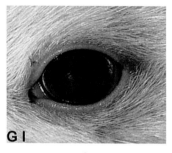
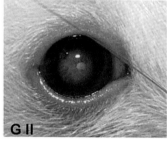
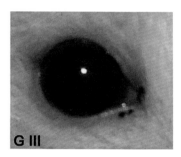

G Ⅰ　　　　　　　　　　G Ⅱ　　　　　　　　　　G Ⅲ

正常组　　　　　　　诱发白内障组　　　　　　喂食辣木叶组

图4-3-30　辣木叶对亚硒酸钠诱导的白内障的作用

留，可同时植入后房型人工晶状体，术后可立即恢复视力功能。因此，白内障囊外摘出已成为目前白内障的常规手术方式。而白内障的药物治疗没有确切的效果，目前国内外都处于探索研究阶段，而已经有研究发现辣木对于白内障具有预防作用。Sasikala等（2010）通过给新生大鼠注射亚硒酸钠（4 μg/g体重）来诱发白内障，分析大鼠晶状体及抗氧化酶活性，活性氧的产生，谷胱甘肽、蛋白氧化以及脂质过氧化的水平。结果发现喂食辣木叶组大鼠自由基清除活性增强，抗氧化酶活性增强，而活性氧的产生、蛋白质氧化以及脂质过氧化被显著抑制，并成功预防了晶状体的形态学变化和氧化损伤，表明了辣木可以通过增强抗氧化酶活性，降低脂质过氧化和清除自由基来预防由亚硒酸盐诱导的白内障，可以作为潜在的抗白内障药物（图4-3-30）。

3.17　辣木对生殖方面的影响

　　辣木叶和种子作为印度传统草药，其在生殖方面的应用均有相关记载，然而现代人对辣木在这一方面的研究却凤毛麟角。

　　Ayobami等（2013）研究了辣木叶的甲醇提取物对于患有隐睾症的大鼠的生殖系统各指标的影响。对人体而言，隐睾症指的是婴儿出生2个月以后，双侧或单侧睾丸没有下降到阴囊内的一种畸形状态。隐睾症分真性隐睾和假性隐睾两种。假性隐睾是指在阴囊内摸不到睾丸，但阴囊上方或腹股沟部可摸到睾丸；真性隐睾不但在阴囊内摸不到睾丸，就是在阴囊上部或腹股沟处也摸不到睾丸，其位置过高，常位于腹腔内。不论是真性、假性隐睾，还是双侧、单侧隐睾，统称为隐睾症。而作者所研究的

患有隐睾症的大鼠，其具体表型为：患病大鼠睾丸比正常大鼠睾丸小，重量轻，其精子数量、生殖细胞数量、睾丸超氧化物歧化酶量、睾丸总白蛋白量均比正常大鼠小，而其睾丸丙二醛的量却比正常大鼠的要高。作者通过实验发现辣木叶甲醇提取物能够显著提升患有隐睾症的大鼠的精子数量、生殖细胞的数量、睾丸过氧化物

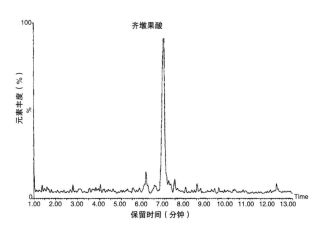

图4-3-31 辣木样品中的齐墩果酸的液相色谱分析图

歧化酶的量和睾丸总白蛋白的量。这一研究结果显示，辣木可能具有潜在治疗隐睾症的功效。

Akwasi等（2013）利用液相色谱和质谱联用法首次发现了辣木种子中含有齐墩果酸，它是一种三萜类物质，对一些种类的家畜具有抗生育作用（即避孕作用），它在辣木中的含量约为$0.508 \pm 0.032 \mu g/g$（图4-3-31）。

Mutheeswaran等（2011）在他们的关于部分印度传统草药药性的研究中提到，辣木的确具有类似催情药物的效果，但并未对辣木的催情效果的药理机制进行深入研究。

3.18 辣木具有预防与治疗老年痴呆的作用

老年痴呆症亦称阿尔茨海默病（Alzheimer's disease，简称AD），指的是一种持续性高级神经功能活动障碍，即在没有意识障碍的状态下，记忆、思维、分析判断、视空间辨认、辨认等方面的障碍，常发生于50岁以上的老年人（邓颖，

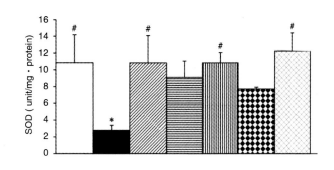

对照+ACSF
对照+AF64A
多奈哌齐 1mg/kg BW + AF64A
维生素C 250mg/kg BW + AF64A
辣木 100mg/kg BW + AF64A
辣木 200mg/kg BW + AF64A
辣木 400mg/kg BW + AF64A

图4-3-32 辣木提取物对超氧化物歧化酶（SOD）活性的影响（Chatchada，2013）

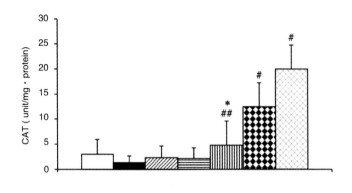

对照+ACSF

对照+AF64A

多奈哌齐 1mg/kg BW + AF64A

维生素C 250mg/kg BW + AF64A

辣木 100mg/kg BW + AF64A

辣木 200mg/kg BW + AF64A

辣木 400mg/kg BW + AF64A

图4-3-33 辣木提取物对过氧化氢酶（CAT）活性的影响（Chatchada，2013）

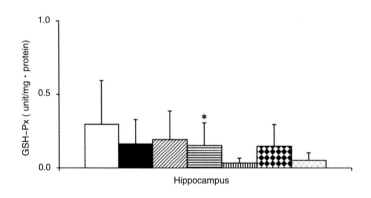

对照+ACSF

对照+AF64A

多奈哌齐 1mg/kg BW + AF64A

维生素C 250mg/kg BW + AF64A

辣木 100mg/kg BW + AF64A

辣木 200mg/kg BW + AF64A

辣木 400mg/kg BW + AF64A

图4-3-34 辣木提取物对谷胱甘肽过氧化物酶（GSH-Px）活性的影响（Chatchada，2013）

2008）。在Chatchada等（2013）的研究中，使用体重180~220 g的雄性Wistar大鼠为实验对象，1~7 d给大鼠分别口服浓度为100 mg/kg，200 mg/kg和400 mg/kg的辣木叶提取物，7~14 d给大鼠注射AF64A。然后，对大鼠的神经元密度，MDA含量和SOD活性，CAT活性，GSH-Px活性，乙酰胆碱酯酶活性进行评估。结果表明，辣木叶提取物能够改善空间记忆能力，降低MDA水平，降低AChE的活性，增加SOD和CAT活性（图4-3-32~图4-3-34）。数据表明，辣木叶提取物是潜在的认知增强剂和神经保护剂，可以通过减少氧化应激和增强胆碱能功能来预防和治疗老年痴呆。

3.19 辣木具有防治缺血性中风的作用

缺血性中风是指脑血栓形成或脑血栓的基础上导致脑梗塞、脑动脉堵塞而引起的偏瘫和意识障碍。脑血栓形成多在50岁以后起病，男性较多，常于休息、静止或睡

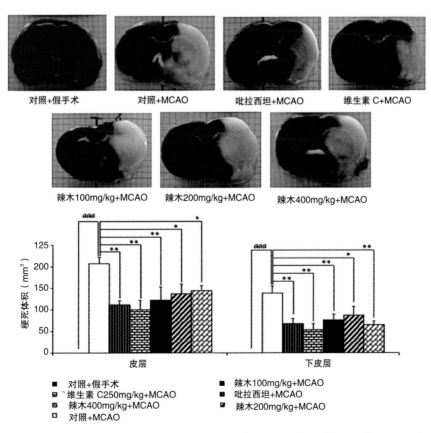

图4-3-35 辣木叶提取物对局部性缺血性中风动物模型中脑梗塞体积的影响

眠时发生症状，发病情况较脑出血缓慢。在Woranan等（2013）的研究中，使用体重300～350g的雄性Wistar大鼠为实验对象，对大鼠进行手术使右侧中脑动脉堵塞，然后给大鼠分别口服浓度为100 mg/kg，200 mg/kg和400 mg/kg的辣木叶提取物持续21天。每7天对大鼠的运动和感觉功能恢复进行评估，第21天测定实验动物的脑梗塞体积、MDA含量和SOD、CAT、GSH-Px的活性。

结果表明，所有剂量的辣木叶提取物都能减小皮层和下皮层的脑梗塞体积，具有预防缺血性中风的功能（图4-3-35）。

3.20 辣木具有镇静催眠的作用

在Adewale等（2013）的研究中，进行戊巴比妥诱导催眠测试，通过测量睡眠的持续时间来评估镇静活性。戊巴比妥是一种超短效巴比妥类催眠药物。在适当的剂量可以通过增加GABA的释放来诱导镇静或催眠动物。将小鼠随机分为6组，每组5只小鼠，分别为对照组；250 mg/kg、500 mg/kg、1 000 mg/kg和2 000 mg/kg的辣木叶乙醇提取物实验组；3 mg/kg的地西泮药物对照组。给药1小时后，对每只小鼠腹腔注射40 mg/kg的戊巴比妥诱导睡眠，观察每只小鼠的睡眠持续时间。结果显示小鼠的睡眠持续时间与辣木叶乙醇提取物成浓度依赖性（图4-3-36）。辣木叶的乙醇提取物具有镇静催眠的功效。

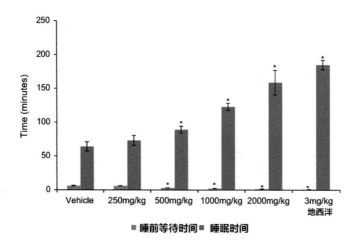

图4-3-36 辣木乙醇提取物对戊巴比妥钠睡眠潜伏期和睡眠持续时间的影响（Adewale,2013）

3.21　辣木具有心脏保护的作用

从辣木叶分离出的　N,α–L–rhamnopyranosyl vincosamide（VR）具有保护异丙肾上腺素（ISO）诱导的心脏毒性作用。连续 7 天口服 VR 40 mg/kg 显著降低了 ISO 所致的血清心肌标志物水平，如肌钙蛋白 T、肌酸激酶–MB、乳酸脱氢酶、谷氨酸丙酮酸转氨酶等，表明其具有心脏的保护和清除自由基的潜力。该化合物也能改善 ISO 诱导的大鼠在心脏组织学的异常变化。三苯基四氮唑（TTC）染色试验进一步证明了该化合物预处理的大鼠心肌坏死的减少。这些研究结果表明从辣木叶中分离出的生物碱具有潜在的心脏保护作用（贺艳培，2013）。

参考文献

江晃荣（台湾）.2014.酵素[M].

刘昌芬，李国华. 2004.辣木的营养价值. 热带农业科技[J],27（1）：4-7.

段琼芬，李迅，陈思多，等. 2008.辣木营养价值的开发利用[J].安徽农业科学，36（29）：12670-12672.

刘昌芬，李国华.2002.辣木的研究现状及其开发前景 [J]. 云南热作科技，（03）：20-24.

MCBURNEY R P H，GRIFFIN C，PAUL AA. 2004.The nutritional composition of African wild food plants: from compilation to utilization. Journal of Food Composition and Analysis, 17（3）: 277-289.

罗云霞，陆斌，石卓功.2006.辣木的特性与价值及其在云南引种发展的景况 [J].西部林业科学，35（4）: 137-140.

彭兴民，郑益兴，段琼芬，等.2008.印度传统辣木引种栽培研究[J]. 热带亚热带植物学报，16（6）：579~585.

Akwasi Ampofo-Yeboah.2013.Analys is of Oleanolic Acid and Ursolic Acid，Potential Antifertility A gents in Moringa （M oringa oleifera）Seed [J].Journal of Agricultural Science and Technology,（2）.

饶之坤，封良燕，李聪，等. 2007.辣木营养成分分析研究 [J].现代仪器, 13（2）：18-20.

马李一，余建兴，张重权，等.2008.不同干燥方法对辣木叶营养价值的影响 [J].食品科学，29（9）：331-333.

Gilani AH, Khalid A, Amin S, et al. 1994.Pharmacologicalstudies on hypotensive and spasmolytic activities of purecompounds from *Moringa oleifera* [J]. Phytotherapy Research, 8（2）: 87- 91.

Faizi S, Siddiqui BS, Saleem R., et al. 1998.Hypotensiveconstituents from the pods of *Moringa oleifera* [J]. Planta Medica, 64（3）: 225- 228.

Limaye, Dyanesh Arun, Anil Yashvant Nimbkar, et al. 1998.Cardiovascular effects of the aqueous extract of Moringa pterygosperma [J]. Phytotherapy Research, 9（1）: 37- 40.

Pal, Saroj K, Pulok K. Mukherjee, et al. 1995.Studieson the antiulcer activity of *Moringa oleifera* leaf extract ongastric ulcer models in rats [J]. Phytotherapy Research, 9（6）: 463- 465.

Chuang PH, Lee CW, Chou JY, et al.2007.Anti-fungal activity of crude extracts and essential oil of *Moringa oleifera* Lam[J].Bioresource Technology, 98: 232 - 236.

da Silva JPV, Serra TM, Gossmann M, et al. 2010.*Moringa oleifera* oil: Studies of characterization and biodiesel production [J]. Biomass and Bioenergy, 34: 1527-1530.

Vlahov G, Chepkwony PK, Ndalut PK. 2002.13C NMR characterization of triacylglycerols of *Moringa oleifera* seed oil: An "oleic-vaccenic acid" oil [J]. Journal of Agricultural and Food Chemistry. 50: 970-975.

Tsaknis T, Lalas S, Gergis V, et al. 1999.Characterization of *Moringa oleifera* variety mbololo seed oil of Kenya [J]. Journal of Agricultural and Food Chemistry.47: 4495-4499.

Moyo B, Oyedemi S, Masika PJ, et al. 2012.Polyphenolic content and antioxidant properties of *Moringa oleifera* leaf extracts and enzymatic activity of liver from goats supplemented with *Moringa oleifera* leaves/ sunflower seed cake [J]. Meat Science, 91: 441－447.

Atawodi SE, Atawodi JC, Idakwo GA, et al. 2010.Evaluation of the polyphenol content and antioxidant properties of methanol extracts of the leaves, stem, and root rarks of *Moringa oleifera* Lam [J]. Journal of Medicinal Food, 13: 710－716.

Siddhuraju P, Becker K. 2003.Antioxidant properties of various solvent extracts of total phenolic constituents from three different agroclimatic origins of drumstick tree （*Moringa oleifera* Lam.） leaves [J]. Journal of Agricultural and Food Chemistry.51, 2144−2155.

Vongsaka B, Sithisarna P, Mangmool S, et al. 2013.Maximizing total phenolics, total flavonoids contents and antioxidant activity of *Moringa oleifera*leaf extract by the appropriate extraction method [J]. Industrial Crops and Products, 44: 566－571.

Karthivashan G, Fard MT, Arulselvan P, et al. 2013.Identification of bioactive candidate compounds responsible for oxidative challenge from hydro−ethanolic extract of *Moringa oleifera* Leaves [J]. Journal of Food Science, 9: 1368−1375.

Newton KA, Richard NB, Rosario BLC, et al. 2010.Profiling selected phytochemicals and nutrients in different tissue of the multipurpose tree *Moringa oleifera* L. grown in Ghana[J]. Food Chemistry, 122: 1047−1054.

Coppin JP, Yanping Xu YP, Chen H, et al. 2013.Determination of flavonoids by LC/MS and anti−inflammatory activity in *Moringa oleifera* [J]. Journal of Functional Foods, 5: 1892−1899.

Singh RSG, Pradeep S. Negi PS, Radha C. 2013.Phenolic composition, antioxidant and antimicrobial activities of free and bound phenolic extracts of *Moringa oleifera* seed flour [J]. Journal of Functional Foods. 1883−1891.

Alhakmani1 F, Kumar S, Khan S A, et al.2013. Estimation of total phenolic content, in−vitro antioxidant and anti−inflammatory activity of flowers of *Moringa oleifera* [J].Asian Pacific Journal of Tropical Biomedicine, 3（8）: 623−627.

Kumbhare MR, Guleha V, Sivakumar T. 2012.Estimation of total phenolic content, cytotoxicity and in−vitro, antioxidant activity of stem bark of *Moringa oleifera* [J]. Asian Pacific Journal of Tropical Disease. 144−150.

孟祥颖，郭良，李玉新，等，2003.芦丁的来源、用途及提取纯化方法[J]. 长春中医学院学报，19：61−64.

臧志和, 曹丽萍, 钟铃. 2007.芦丁药理作用及制剂的研究进展[J]. 医药导报，7：758−760.

许进军,何东初.2006.槲皮素的研究进展[J]. 实用预防医学，13：1095−1097.

王艳芳，王新华，朱宇同. 2003.槲皮素药理作用研究进展[J]. 天然产物研究与开发，15：171−173.

林亲录，施兆鹏，刘湘新，等. 2002.儿茶素和表儿茶素对动物血脂的影响[J].中国食品学报，3：16−20.

郑瑞霞，杨峻山. 2005.黄烷醇类化合物及其药理活性[J]. 国外医药：植物药分册，2：58-61.

高茹，林以宁，梁鸽，等. 2012.绿原酸的吸收与代谢研究进展[J]. 中国实验方剂学杂志，10：316-319.

吴卫华，康桢，欧阳冬生，等. 2006.绿原酸的药理学研究进展[J]. 天然产物研究与开发，18：691-694.

张鞍灵，马琼，高锦明，等.2001.绿原酸及其类似物与生物活性[J]. 中草药，32：173-176.

戚晓渊，史秀灵，高银辉，等.2011.绿原酸抗肝纤维化作用的研究[J].中国实验方剂学杂志，8：139-143.

李沐涵，殷美琦，冯靖涵，等. 2011.没食子酸抗肿瘤作用研究进展[J].中医药信息，28：109-111.

李肖玲，崔岚，祝德秋. 2004.没食子酸生物学作用的研究进展[J]. 中国药师，10：767-768.

Panda S, Kar A, Sharma A, et al.2013.Cardioprotective potential of N, α -L-rhamnopyranosyl vincosamide, an indole alkaloid, isolated from the leaves of *Moringa oleifera*in isoproterenol induced cardiotoxic rats: In vivo and in vitro studies[J]. Bioorganic & Medicinal Chemistry Letters, 23: 959‒962

Chen GF, Yang ML, Kuo PC,et al. 2014.Chemical constituents of *Moringa oleifera* and their cytotixycity against doxorubicin-resistant human breast cancer cell line （mcf-7/adr）[J]. Chemistry of Natural Compounds, 50: 175-178.

Nikkon F, Zahangir AS, Habibur Rahman M,et al.2003. Invitro antimicrobial activity of the compound isolated from chloroform extract of *Moringa oleifera* Lam. Pak[J]. Journal of Biological Science, 6（22）: 1888-1890.

Pachauri SD, Khandelwal K,Singh SP, et al. 2013.HPLC method for identification and quantification of two potential anti-inflammatory and analgesic agents 1, 3-dibenzyl urea and aurantiamide acetate in the roots of *Moringa oleifera*[J]. Medicinal Chemistry Res earch, 22: 5284‒5289.

Buchnea D.1971. Synthesis of C-18 mixed acid di-acylsn-glycerol[J]. enantiomers Lipids, 6: 734-739.

Guevara AP, Carolyn V, Hiromu S, et al. 1999.An antitumor promoter from *Moringa Oleifera* Lam [J]. Mutation Research, 440: 181-188.

李庆勇，姜春菲，张黎，等.2012. β -谷甾醇、豆甾醇诱导人肝癌细胞SMMC-7721凋亡[J]. 时珍国医国药，23：1173-1175.

Lakshminarayana R, Raju M, Krashnakantha T P，et al,2005.Determination of major carotenoids in a few iIndian leafy vegetables by high-performance liquid chromatography[J]. Journal of Agricultural and Food Chemistry, 53: 2838-2842.

Cheenpracha S, Park EJ, Yoshida WY, et al. 2010.Potential anti-inflammatory phenolic glycosides from the medicinal plant *Moringa oleifera*fruits [J].Bioorganic & Medicinal Chemistry, 18: 6598‒6602.

Shanker K, Gupta MM, Srivastava SK, et al. 2007.Determination of bioactive nitrile glycoside（s） in drumstick （*Moringa oleifera*） by reverse phase HPLC [J]. Food Chemistry, 105: 376‒382.

Faizi S, Siddiqui B, Saleem R, et al. 1994.Isolation and structure elucidation of new nitrile and mustard oil glycosides from Moringa, oleifera and their effect on blood pressure[J]. Journal of Natural Product, 57: 1256-1261.

Sahakitpichan P, Mahidol C, Disadee W, et al. 2011.Unusual glycosides of pyrrole alkaloid and 4'-

hydroxyphenylethanamide from leaves of *Moringa oleifera*[J]. Phytochemistry, 72: 791‐795.

Chen GF, Yang ML, Kuo PC,et al. 2014.Chemical constituents of *Moringa oleifera* and their cytotixycity against doxorubicin‐resistant human breast cancer cell line （mcf‐7/adr）[J]. Chemistry of Natural Compounds, 50: 175‐178.

Waterman C, Cheng DM, Rojas‐Silva P，et al.2014.Stable, water extractable isothiocyanates from *Moringa oleifera*leaves attenuate inflammation in vitro[J]. Phytochemistry, 103: 114‐122.

Roy SK, Chandra K, Ghosh K, et al.2007. Structural investigation of a heteropolysaccharide isolated from the pods （fruits） of *Moringa oleifera* （Sajina） [J].Carbohydrate Research, 342：2380‐2389.

贺艳, 培王倩, 孔令钰. 2013.辣木的研究进展[J]. 科学观察, 2: 87‐90.

董小英，唐胜球. 2008.辣木的营养价值及生物学功能研究 [J]. 广东饲料, 17（9）：39‐41.

Teixeira EMB, Carvalho MRB, Neves VA, et al. 2014.Chemical characteristics and fractionation of proteins from*Moringa oleifera* Lam. leaves [J]. Food Chemistry, 147: 51‐54.

Luza LA, Silva MCC, Ferreira RS, et al. 2013.Structural characterization of coagulant *Moringa oleifera*Lectin and its effect on hemostatic parameters [J]. International Journal of Biological Macromolecules, 58: 31‐36.

Ghebremichael KA, Gunaratna KR, Henriksson H, et al. 2005.A simple purification and activity assay of the coagulant protein from *Moringa oleifera* seed [J]. Water Research, 35: 2338‐2344.

Abrogoua, D. P., D. S. Dano, P. Manda, et al.2012. "Effect on blood pressure of a dietary supplement containing traditional medicinal plants of Côte d'Ivoire." Journal of Ethnopharmacology,141（3）：840‐847.

Bour, S., V. Visentin, D. Prévot, et al. 2005. "Effects of oral administration of benzylamine on glucose tolerance and lipid metabolism in rats." Journal of physiology and biochemistry, 61（2）：371‐379.

Chen, K.‐H., Y.‐J. Chen, C.‐H. Yang, et al.2012. "Attenuation of the Extract from *Moringa Oleifera* on Monocrotaline‐Induced Pulmonary Hypertension in Rats." The Chinese journal of physiology,55（1）：22‐30.

Faizi, S., B. S. Siddiqui, et al.1995. "Fully acetylated carbamate and hypotensive thiocarbamate glycosides from< i> *Moringa oleifera*</i>." Phytochemistry 38（4）：957‐963.

Ghasi, S., E. Nwobodo and J. Ofili.2000. "Hypocholesterolemic effects of crude extract of leaf of<i> *Moringa oleifera*</i> Lam in high‐fat diet fed wistar rats." Journal of Ethnopharmacology 69（1）：21‐25.

Iffiú‐Soltész, Z., E. Wanecq, et al.2010. "Chronic benzylamine administration in the drinking water improves glucose tolerance, reduces body weight gain and circulating cholesterol in high‐fat diet‐fed mice." Pharmacological Research,61（4）：355‐363.

Jaiswal, D., P. Kumar Rai, A. Kumar, et al.2009. "Effect of< i> *Moringa oleifera*</i> Lam. leaves aqueous extract therapy on hyperglycemic rats." Journal of Ethnopharmacology,123（3）：392‐396.

Kar, A., B. Choudhary and N. Bandyopadhyay.2003. "Comparative evaluation of hypoglycaemic activity of some Indian medicinal plants in alloxan diabetic rats." Journal of Ethnopharmacology,84（1）: 105-108.

Katre, U. V., C. Suresh, et al.2008. "Steady state and time-resolved fluorescence studies of a hemagglutinin from *Moringa oleifera*." Journal of fluorescence,18（2）: 479-485.

Katre, U. V., C. Suresh, et al.2008. "Structure - activity relationship of a hemagglutinin from< i> *Moringa oleifera*</i> seeds." International journal of biological macromolecules,42（2）: 203-207.

Kumar Gupta, S., B. Kumar, et al.2013. "Retinoprotective effects of *Moringa oleifera* via antioxidant, anti-inflammatory, and anti-angiogenic mechanisms in streptozotocin-induced diabetic rats." Journal of Ocular Pharmacology and Therapeutics, 29（4）: 419-426.

Ndong, M., M. Uehara, et al.2007. "Effects of oral administration of *Moringa oleifera* Lam on glucose tolerance in Goto-Kakizaki and Wistar rats." Journal of clinical biochemistry and nutrition,40（3）: 229.

Ndong, M., M. Uehara, et al.2007. "Preventive effects of *Moringa oleifera*（Lam）on hyperlipidemia and hepatocyte ultrastructural changes in iron deficient rats." Bioscience, biotechnology, and biochemistry,71（8）: 1826-1833.

Sangkitikomol, W., A. Rocejanasaroj and T. Tencomnao.2013. "Effect of *Moringa oleifera* on advanced glycation end-product formation and lipid metabolism gene expression in HepG2 cells." Genetics and molecular research: GMR,13（1）: 723-735.

Semenya, S., M. Potgieter and L. Erasmus.2012. "Ethnobotanical survey of medicinal plants used by Bapedi healers to treat diabetes mellitus in the Limpopo Province, South Africa." Journal of Ethnopharmacology,141（1）: 440-445.

Yassa, H. D. and A. F. Tohamy.2014. "Extract of< i> *Moringa oleifera*</i> leaves ameliorates streptozotocin-induced< i> Diabetes mellitus</i> in adult rats." Acta histochemica.

李大喜 .1999. 辣木荚果的降压成分. 国外医药：植物药分册，2: 021.

李丽，张莉，齐刚.2005. 辣木果实对正常和高胆固醇血症家兔血脂的影响. 国外医药：植物药分册，19（4）: 170-170.

刘冰，王永明，徐蓉，等.2010. 辣木籽对大鼠糖尿病脑病的神经保护作用. 长春中医药大学学报，26（2）: 179-180.

王柯慧.1996. 印度辣木水提取物对心血管的作用. 国外医学：中医中药分册，4: 047.

余建兴. 2009. 辣木油提取技术及对大鼠辅助降血脂作用的研究. 昆明医学院.

Woranan Kirisattayakul, Jintanaporn Wattanathorn, Terdthai Tong-Un, et al. 2013.Cerebroprotective Effect of *Moringa oleifera* against Focal Ischemic Stroke Induced by Middle Cerebral Artery Occlusion.Oxidative Medicine and Cellular Longevity.1-10.

Adewale G. Bakre, Adegbuyi O. Aderibigbe , Olusegun G. Ademowo.2013.Studies on neuropharmacological profile of ethanol extract of *Moringa oleifera* leaves in mice.Journal of Ethnopharmacology,149（2013）:783 - 789.

邓颖. 2008.老年痴呆症的现状与预防.读与写杂志，5（11）:113

贺艳培,王倩,孔令钰.2013.辣木的研究进展.科学观察,（2）;87-90

Maria Galuppoa , Sabrina Giacoppoa , Gina Rosalinda De Nicolab , et al.2014. Antiinflammatory activity of glucomoringin isothiocyanate in a mouse model of experimental autoimmune encephalomyelitis.[J]. Fitoterapia , 95 : 160 - 174.

Pal S. 1995.辣木抗溃疡作用的研究[J]. Phytother Res, 9（6）: 463-465

Siddhartha Debnath , Debasis Biswasa , Koushik Rayb , 2011. *Moringa oleifera* induced potentiation of serotonin release by 5-HT3 receptors in experimental ulcer model.[J].Phytomedicine,18:91 - 95.

Manor Kumar Choudhary , Surendra H. Bodakhe , Sanjay Kumar Gupta . 2013 . Assessment of the antiulcer potential of *Moringa oleifera* root-bark extract in rats.[J]. J Acupunct Meridian Stud , 6（4）:214-220.

V.C. Devaraj , B.Gopala Krishna. 2013 . Antiulcer activity of a polyherbal formulation （PHF） from Indian medicinal plants.[J]. Chinese Journal of Natural Medicines, 11（2）: 0145-0148.

Mohsen Minaiyan , Gholamreza Asghari , Diana Taheri , et al. 2014. Anti-inflammatory effect of *Moringa oleifera* Lam. seeds on acetic acid-induced acute colitis in rats.[J]. Avicenna J Phytomed , 4（2）: 127-136.

Chatchada Sutalangka, Jintanaporn Wattanathorn, Supaporn Muchimapura, et al.2013.*Moringa oleifera* Mitigates Memory Impairment and Neurodegeneration in Animal Model of Age-Related Dementia. Oxidative Medicine and Cellular Longevity,1-9.

徐晓峰.关节炎.2014-10-27.国家卫生计生委临床医生科普项目/百科名医网. http://www.baikemy. com/disease/detail/8895/1.

Homa Manaheji , Soheila Jafari , Jalal Zaringhalam,et al. 2011. Analgesic effects of methanolic extracts of the leaf or root of *Moringa oleifera* on complete Freund's adjuvant-induced arthritis in rats.[J]. Journal of Chinese Integrative Medicine, 9（2）: 216-222.

Vibha Singh, Narendra Singh1, U. S. Pal, et al.2011. Clinical evaluation of cissus quadrangularis and *moringa oleifera* and osteoseal as osteogenic agents in mandibular fracture.[J]. National Journal of Maxillofacial Surgery,2（2）: 132-136.

Wikipedia.2014-10-27.炎症.维基百科. http://zh.wikipedia.org/wiki/%E7%82%8E%E7%97%87. Koneni V. Sashidharaa , Jammikuntla N. Rosaiaha, Ethika Tyagib, et al. 2009. Rare Dipeptide and Urea Derivatives from Roots of *Moringa oleifera* as Potential Anti-inflammatory and Antinociceptive Agents.[J].European Journal of Medicinal Chemistry, 44 :432-436.

Sarot Cheenprachaa, Eun-Jung Parka, Wesley Y. Yoshidab.2010. Potential anti-inflammatory phenolic glycosides from the medicinal plant *Moringa oleifera* fruits.[J]. Bioorganic & Medicinal Chemistry. 18: 6598 - 6602.

Carrie Watermana, Diana M. Chenga, Patricio Rojas-Silvaa, et al.2014.Stable, water extractable isothiocyanates from *Moringa oleifera* leavesattenuate inflammation in vitro.[J]. Phytochemistry, 103 : 114 - 122.

Channarong Muangnoi, Pimjai Chingsuwanrote,Phawachaya Praengamthanachoti,et al.2012. *Moringa oleifera* pod inhibits inflammatory mediator production by lipopolysaccharide-stimulated RAW 264.7 murine macrophage cell lines.[J]. Inflammation, 35（2）：445-455.

Nateelak Kooltheat, Rungnapa Pankla Sranujit, Pilaipark Chumark, et al.2014.An ethyl acetate fraction of *Moringa oleifera* Lam. Inhibits human macrophage cytokine production induced by cigarette smoke[J]. Nutrients, 6: 697-710.

Michael B. Sporn , Karen T. Liby.2013. A Mini-Review of Chemoprevention of Cancer——Past, Present, and Future [J]. Progress in Chemistry, 25（9）: 1422-1428.

瞿中和,王喜忠,丁明孝.2007.细胞生物学（第三版）.北京:高等教育出版社.

Brown, J.M., Attardi, L.D.. 2005. Opinion: the role of apoptosis in cancerdevelopment and treatment response. Nat. Rev. Cancer, 5:231‒237.

S. Sreelatha, A. Jeyachitrab, P.R. Padma. 2011. Antiproliferation and induction of apoptosis by *Moringa oleifera* leaf extract on human cancer cells.[J].Food and Chemical Toxicology,49:1270‒1275.

Amelia P. Guevaraa, Carolyn Vargasa, Hiromu Sakuraib, et al. 1999.An antitumor promoter from *Moringa oleifera* Lam.[J]. Mutation Research,440: 181‒188.

Let′cia Veras Costa-Lotufoa,Mahmud Tareq Hassan Khanb, Arjumand Atherc,et al.2005. Studies of the anticancer potential of plants used in Bangladeshi folk medicine.[J]. Journal of Ethnopharmacology,99: 21‒30.

Eun-Jung Park, Sarot Cheenpracha, Leng Chee Chang, et al. 2011.Inhibition of lipopolysaccharide-induced cyclooxygenase-2 and inducible nitric oxide synthase expression by 4-[（2'-O-acetyl-α-L-rhamnosyloxy）benzyl]isothiocyanate from *Moringa oleifera*.[J]. Nutr Cancer.,63（6）: 971‒982.

沈萍,陈向东.2006.微生物学（第二版）.北京:高等教育出版社.

Mougli Suarez, Marisa Haenni, Ste′phane Canarelli, et al.2005.Structure-function characterization and optimization of a plant-derived antibacterial peptide.[J]. ANTIMICROBIAL AGENTS AND CHEMOTHERAPY, 9: 3847‒3857.

Maria Galuppo, Gina Rosalinda De Nicola, Renato Iori, et al.2013.Antibacterial activity of glucomoringin bioactivated with myrosinase against two important pathogens affecting the health of long-term patients in hospitals.[J]. Molecules,18:14340-14348.

Ping-Hsien Chuang, Chi-Wei Lee, Jia-Ying Chou,et al.2007.Anti-fungal activity of crude extracts and essential oil of *Moringa oleifera* Lam.[J]. Bioresource Technology,98 : 232-236.

Codd GA, Morrison LF, Metcalf JS .2005. Cyanobacterial toxins: risk management for health protection. Toxicol Appl Pharmacol,203:264‒272.

Miquel Lürling，Wendy Beekman.2010. Anti-cyanobacterial activity of *Moringa oleifera* seeds.[J]. J Appl Phycol,22:503‒510.

曾松荣,马建波,等. 2006.药用植物辣木内生真菌的分离及其抗菌活性分析[J]. 株洲工学院学报, （6）:

36—38.

柯野,陈喆,马建波,等. 2006.辣木内生真菌的分离及其抗菌活性物质的初步研究[J]. 湖南农业大学学报（自然科学版）,（5）：521—523.

柯野，黄志福，曾松荣，等. 2007.辣木内生真菌产生抗菌物质的生物学特性研究[J].西北林学院学报，22（1）：31—33.

蔡庆秀，赵金浩，王佳莹，等. 2013.辣木内生真菌LM033的分离鉴定及其代谢产物抗植物病原菌活性[J].Chinese Journal of New Drugs,22（18）：2168—2173.

许秀妮，赵昉赵，敬贤，张奉学. 2012.观辣树水提物体外抗乙肝病毒的实验研究[J]. 浙江中西医结合杂志，22（7）：514—516.

Vimolmas Lipipun , Masahiko Kurokawa , Rutt Suttisri, et al.2003 . Efficacy of Thai medicinal plant extracts against herpes simplex virus type 1 infection in vitro and in vivo. [J]. Antiviral Research , 60 :175—180.

胡宗礼，黄晓萍、陈珺霞，等.2009.辣木对小鼠胃肠运动功能的改善.中外健康文摘,6（26）:115—116.

王昆华，郭世奎，龚昆梅，等.2011.艾滋病患者肠内营养的研究进展.见黎介寿主编.2011全国肠外肠内营养学术会议论文集.北京：科学出版社：300—304.

Shailaja G. Mahajan,Anita A. Mehta.2010.Suppression of ovalbumin—induced Th2—driven airway inflammation by β —sitosterol in a guinea pig model of asthma.European Journal of Pharmacology,650（2011）:458—464.

Chokkalingam Kavitha, Mathan Ramesh, Satyanarayanan Senthil Kumaran,et al.2012. Toxicity of *Moringa oleifera* seed extract on some hematological and biochemical profiles in a freshwater fish, Cyprinus carpio. Experimental and Toxicologic Pathology, 64（2012）681‐687.

Larissa Cardoso Corrêa Araújo, Jaciana Santos Aguiar, Thiago Henrique Napoleão, Fernanda.

Virgínia Barreto Mota, André Luiz Souza Barros1, Maiara Celine Moura, et al.2013.Evaluation of Cytotoxic and Anti—Inflammatory Activities of Extracts and Lectins from *Moringa oleifera* Seeds.Plos One,8（12）.

Shailaja G. Mahajan, Anita A. Mehta.2010. Immunosuppressive activity of ethanolic extract of seeds of *Moringa oleifera* Lam in experimental immune inflammation. Journal of Ethnopharmacology, 130（2010）183‐186.

George Awuku Asarea, Ben Gyanb, Kwasi Bugyeic, et al.2012. Toxicity potentials of the nutraceutical *Moringa oleifera* at supra—supplementation levels. Journal of Ethnopharmacology,139（2012）265‐272.

Al—Said, M. S., et al.2012. "Edible oils for liver protection: hepatoprotective potentiality of *Moringa oleifera* seed oil against chemical—induced hepatitis in rats." J Food Sci,77（7）: T124—130.

Chattopadhyay, S., et al. 2011. "Protective role of *Moringa oleifera*（Sajina）seed on arsenic—induced hepatocellular degeneration in female albino rats." Biol Trace Elem Res,142（2）: 200—212.

Fakurazi, S., et al. 2008. "*Moringa oleifera* Lam prevents acetaminophen induced liver injury through restoration of glutathione level." Food Chem Toxicol, 46（8）: 2611—2615.

Fakurazi, S., et al. 2012. "*Moringa oleifera* hydroethanolic extracts effectively alleviate acetaminophen-induced hepatotoxicity in experimental rats through their antioxidant nature." Molecules, 17（7）: 8334-8350.

Gupta, R., et al. 2012. "Evaluation of antidiabetic and antioxidant activity of *Moringa oleifera* in experimental diabetes." J Diabetes, 4（2）: 164-171.

Hamza, A. A. 2010. "Ameliorative effects of *Moringa oleifera* Lam seed extract on liver fibrosis in rats." Food Chem Toxicol, 48（1）: 345-355.

Howladar, S. M.（2014）. "A novel *Moringa oleifera* leaf extract can mitigate the stress effects of salinity and cadmium in bean（Phaseolus vulgaris L.）plants." Ecotoxicol Environ Saf, 100: 69-75.

Jaiswal, D., et al.2013. "Role of *Moringa oleifera* in regulation of diabetes-induced oxidative stress." Asian Pacific Journal of Tropical Medicine, 6（6）: 426-432.

Karadi, R. V., et al. 2006. "Effect of *Moringa oleifera* Lam. root-wood on ethylene glycol induced urolithiasis in rats." J Ethnopharmacol, 105（1-2）: 306-311.

Luqman, S., et al. 2011. "Experimental assessment of *Moringa oleifera* leaf and fruit for its antistress, antioxidant, and scavenging potential using in vitro and in vivo assays." Evidence-Based Complementary and Alternative Medicine,2012.

Moyo, B., et al. 2012. "Polyphenolic content and antioxidant properties of *Moringa oleifera* leaf extracts and enzymatic activity of liver from goats supplemented with *Moringa oleifera* leaves/sunflower seed cake." Meat Sci, 91（4）: 441-447.

Muhammad, A. A., et al. 2013. "In vitro wound healing potential and identification of bioactive compounds from *Moringa oleifera* Lam." Biomed Res Int, 2013: 974580.

Ouedraogo, M., et al. 2013. "Protective effect of *Moringa oleifera* leaves against gentamicin-induced nephrotoxicity in rabbits." Exp Toxicol Pathol, 65（3）: 335-339.

Rajendran, P., et al. 2014. "Kaempferol, a potential cytostatic and cure for inflammatory disorders." Eur J Med Chem,86: 103-112.

Sasikala, V., et al. 2010. "*Moringa oleifera* prevents selenite-induced cataractogenesis in rat pups." J Ocul Pharmacol Ther,26（5）: 441-447.

Sharma, V., et al. 2012. "Renoprotective effects of *Moringa oleifera* pods in 7, 12-dimethylbenz [a] anthracene-exposed mice." Zhong xi yi jie he xue bao= Journal of Chinese integrative medicine,10（10）: 1171-1178.

Sinha, M., et al. 2011. "Leaf extract of *Moringa oleifera* prevents ionizing radiation-induced oxidative stress in mice." J Med Food,14（10）: 1167-1172.

Sreelatha, S. and P. R. Padma 2009. "Antioxidant activity and total phenolic content of *Moringa oleifera* leaves in two stages of maturity." Plant Foods Hum Nutr,64（4）: 303-311.

Tahiliani, P. and A. Kar2000. "Role of *Moringa oleifera* leaf extract in the regulation of thyroid hormone status in adult male and female rats." Pharmacol Res,41（3）: 319-323.

段琼芬, 等. 2011. 辣木油对家兔皮肤创伤的保护作用. 天然产物研究与开发, 23（1）: 159-162.

Ayobami Oladele Afolabi, Hameed Adeola Aderoju, and Isiaka Abdullateef Alagbonsi.2013. effects of methanolic extract of *moringa oleifera* leaves on semen and biochemical parameters in cryptorchid rats .Afolabi et al., Afr J Tradit Complement Altern Med, 10（5）:230-235

Akwasi Ampofo Yeboah,Helet Lambrechts ,Danie Brink,et al.2013. Analysis of Oleanolic Acid and Ursolic Acid，Potential Antifertility Agents in Moringa（*Moringa oleifera*）Seed. Journal ofAgricultural Science and Technology A,3（2013）989-999

S. Mutheeswaran, P. Pandikumar, M. Chellappandian, et al.2011. Documentation and quantitative analysis of the local knowledge on medicinal plants among traditional Siddha healers in Virudhunagar district of Tamil Nadu,India. Journal of Ethnopharmacology,137（2011）523-533

第五章
DIWUZHANG
辣木的深加工和产品研发

氨基丁酸产品的研究开发

1.1 γ-氨基丁酸简介

γ-氨基丁酸（gamma-Aminobutyric Acid，γ-aminobutyric acid, GABA），化学名（IUPAC Name）4-氨基丁酸（4-aminobutanoic acid），别名4-aminobutyric acid，Piperidic acid, Piperidinic acid（Information N C F B. 4-aminobutyric acid－PubChem[EB/OL]. 2014）。GABA为哺乳动物中枢神经系统一种主要的抑制性神经递质，介导了40 %以上的抑制性神经传导（杨胜远等，2005）。分子式为$C_4H_9NO_2$，分子量为103.12，结构式见图5-1-1（Information N C F B. 4-aminobutyric acid－PubChem[EB/OL]. [2014-11-24]；Society A C. Common Chemistry－Substance Details－56-12-2：Butanoic acid, 4-amino-[EB/OL]. [2014-11-24]）。GABA极易溶于水，25 ℃时溶解度为130g/100 ml，微溶于乙醇，不溶于冷乙醇、苯、乙醚等常见有机溶剂。结晶为白色小叶状（甲醇-乙醚）或针状（水-乙醇），味微苦（耿敬章，2012）。

1975年在加利福尼亚州召开了

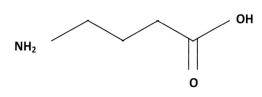

图5-1-1 γ-氨基丁酸化学结构式

第二届国际性GABA专题讨论会，确认了GABA 是哺乳动物中枢神经系统的抑制性递质（叶惟泠，1986）。目前已经明确，GABA不仅是脊椎动物中枢神经系统主要的抑制性神经递质，存在于中枢及周围神经系统、内分泌组织以及其他非神经组织，并具有多种生理功能（Tillakaratne, Medina-Kauwe, Gibson,1995）。GABA和其受体广泛存在于原生动物到脊椎动物的生物体内（Tillakaratne, Medina-Kauwe, Gibson,1995）。

2001年，日本厚生劳动省将GABA列入食品系列；2008年美国食品药品管理局（The Food and Drug Administration, FDA） 将GABA列为公认安全物质（Generally Recognized as Safe, GRAS）（No. GRN 000257），允许在食品饮料中添加（1%~4%）；中国卫生部也于2009年9月27日将GABA列为新资源食品，允许在除了婴幼儿食品之外的饮料、可可制品、巧克力和巧克力制品、糖果、焙烤食品和膨化食品中添加，建议摄取量不超过500 mg/d。近年来，富含 GABA 食品的研究与开发，已经成为国内外研究热点，具有广阔的发展前景。

1.2 GABA 的生理功能

GABA为非蛋白质组成氨基酸，虽然不参与蛋白质合成，但GABA分布广泛，广泛存在于蔬菜、水果和发酵食品中，在植物发育、抵御逆境及调节生命活动方面有着重要作用，同时对人体具有重要的生理功能。

辣木中GABA合成途径在本书第二章已有所研究，但是详细机制有待进一步研究。GABA在植物体内的生理作用尚未十分清楚。最近的研究表明，GABA是植物细胞游离氨基酸中重要组分之一，具有贮存氮素、诱导激素产生、调节作物生长发育和免疫、调控信号传导、调节pH值、兼容性渗透、离子传输和谷氨酸盐的选择性利用等作用（贾琰，2014；吕莹果，2010），可能参与植物生长发育（有性生殖、细胞生长与识别）、抵抗逆境、抵御病害等生物过程（H Usler et al., 2014; Jiang et al., 2010; Shelp et al., 1999）。

哺乳动物体内的GABA 是由 α - 酮戊二酸经转氨基反应生成谷氨酸，随后经谷氨酸脱羧酶（GAD）催化生成GABA，继而在 γ - 氨基丁酸转氨酶（GABAT）作用下生成琥珀酸半醛和谷氨酸，最后再转化为琥珀酸进入三羧酸循环进行代谢（雷娜等，2011）。

GABA不仅存在于脑部等中枢神经系统（Central Nervous System, CNS），还存在于周围神经系统（Peripheral Nervoussystem, PNS），内分泌组织以及其他非神经组织中（Tillakaratne et al., 1995）。

最近Diana（2014）详细整理综述了GABA的生理功能的研究，发现GABA具有11个大类，30多个小类的生理功能（表5-1-1）（Diana et al., 2014）。

表5-1-1　GABA的生理功能

生理功能（Physiologicalfunction）	具体功能（Specific function）
神经传递抑制活性（Neurotransmission inhibitory）	抑制性神经递质（Neurotransmitter）
调节血压（Blood pressure regulator）	可能降血压药物（Potent hypotensive agen）
脑部病变（Brain diseases）	作用于神经障碍（Action on neurological disorders）
精神疾病（Psychiatric diseases）	增强记忆（Enhances memory） 作用于情绪失调（Action on mood disorders） 放松作用（Relaxing effect） 抗失眠（Action on sleeplessness） 抗抑郁（Antidepression） 预防治疗酒精中毒（Prevention and treatment of alcoholism）
保护重要器官（Vital organs）	预防慢性肾病（Action on chronic kidney disease） 活化肝功能（Activates liver function） 提高视觉功能（Improves visual function） 提高脑部蛋白分泌（Increases rate secretion protein in brain）
作用于免疫系统（Immune system）	增强免疫（Enhances immunity）
预防癌症（Protective againstcancer）	延迟或抑制癌细胞增殖（Delays and/or inhibits cancer cells proliferation） 促进癌细胞凋亡（Stimulatory action on cancer cells apoptosis） 促进肿瘤抑制基因（Potent tumour suppressor）

续表5-1-1

生理功能（Physiologicalfunction）	具体功能（Specific function）
调节细胞（Cell regulator）	保持细胞容积（Keeps cell volume homeostasis） 抗炎和促进成纤维细胞增殖（Anti-inflammation and fibroblast cell proliferation） 合成透明质酸（Synthesis of hyaluronic acid） 提高皮肤成纤维细胞的存活率（Enhances the rate of dermal fibroblasts） 群体细胞与此细胞之间的信号传导（Quorum sensing signal cell-to-cell）
保护心脑血管（Protector of CVD）	降低类风湿关节炎的炎症（Reduces inflammation in rheumatoid arthritis） 减轻局部缺血的代谢反应（Attenuates the metabolic response to ischemicincidence） 减肥（Preventer of obesity）
呼吸道疾病（Respiratory diseases）	控制哮喘（Control in asthma） 控制呼吸（Control on breathing）
调节激素（Hormonal regulator）	增加生长激素（Increases growth hormone） 调节激素分泌（Regulation of hormone secretion） 调节黄体酮（Regulation of progesterone） 调节甲状腺激素（Regulation of thyroid hormone） 促进胰岛素分泌（Potent secretor of insulin）

目前GABA的生产方法主要有化学法、植物富集法和微生物发酵法三种。由于具有多种生理功能，GABA在食品、保健品、药品，乃至动物饲料等都有广泛的应用。

目前富含GABA的食品研究与开发如火如荼，迄今，已经制备了富含GABA的果酱、饮料、调味料和面包等日常生活食品，以及乳酸菌、红曲和酵母等微生物食品。

GABA在食品中的应用主要有二种途径，第一是通过厌氧等处理食物原料或应用产GABA的微生物发酵，加工富含GABA的食品，产品主要包括富含GABA的茶叶、粮食产品（如发芽玄米、发芽糙米、谷韵米乳、米胚芽、麦茶等）、豆类制品、乳制品等；第二是外源添加加工富含GABA的食品，如富含GABA的番茄红素（崔晓俊等，

2013）、水晶粉丝（陈志刚等，2013）、桑叶豆腐脑（江明珠等，2014）、冷冻甜食（M·J et al., 2009）、饼干（李园莉等，2014）、软糖（徐丽红等，2013）、嚼茶（梁永林，2010）、压片糖果（石雨竹，2010）、果冻粉（白厚增等，2013）、面条（孙宜彬等，2005）和番茄酱（汤姆森等，2010）。

GABA具有众多生理活性，动物实验与临床研究也已经证实GABA以及富含GABA的茶叶、糙米、乳制品等食品具有降血压、镇静、抗抑郁等保健功能。因此，GABA有可能单独或组合加工保健品。

国内近年来GABA医药需求市场增长相当快，国家食品药品监督管理局批准生产氨酪酸（GABA的别称）片以及氨酪酸注射液的药厂已达75家。

此外，GABA可以应用于面膜、洗面奶等日用品，以及防晒霜等化妆品。近年来研究表明，GABA 因其作用的高效性和使用的安全性，已经成为一种新型的绿色饲料添加剂（李占占等，2014）。GABA还可以单独或与其他化合物组合作为保鲜剂。

1.3　GABA辣木产品的研究与开发

分析检测辣木营养成分发现其GABA含量近5 mg/g，显著高于其他植物，甚至高于其他富含GABA的产品，如GABA茶叶（含量>1.5 mg/g的茶叶）。因此项目组开展了GABA辣木研究与产品开发，开发了高含量GABA辣木的加工工艺和数种富含GABA的辣木产品，一方面为富含GABA的食品、饮料、保健品、日化用品、药品及饲料等提供了原料与基础，另一方面也促进和拓展了辣木产业开发范围。

1.4　辣木GABA含量的测定与比较

准确测定辣木GABA含量是进行其GABA产品开发的基础。目前GABA测定方法主要有比色法、薄层扫描法、高效液相色谱法（High Performance Liquid Chromatography, HPLC）、气相色谱法、液相色谱–质谱联用法、氨基酸分析仪法等（殷美华等，2013）。编者结合已建立的针对茶叶氨基酸的研究，建立了OPA在线衍生荧光检测法，测定辣木GABA含量。应用HPLC测定市售辣木产品的GABA含量，GABA保留时间16.1 min，与其他氨基酸基线分离，代表样品的色谱图见图5-1-2。测定市售2个辣木样品GABA的含量，结果见表5-1-2。1、2号样品GABA平均含量分别为5.18±0.23 mg/g和4.64±0.21 mg/g，进一步将此次测定辣木样品与文献报道的其他植物GABA含量进行比较，结果见表5-1-3。通过比较发现辣木的GABA含量很高，不仅高于很多植物，而且超过了很多经过加工富含GABA的食品。这个发现说明以下几个问题：①GABA可能是辣木重要的功能活性物质；②由于其高含量的GABA，因此辣木可能具有降血压、缓解压力等保健功能；③辣木是一种优良的原料，经加工处理后可成为GABA含量更高的辣木产品。

表5-1-2　辣木样品的GABA含量

样品编号	GABA 含量（mg/g干物质）	平均（mg/g干物质）
1-1-1	5.17	
1-1-2	5.02	
1-2-1	5.45	
1-2-2	5.45	5.18±0.23
1-3-1	4.90	
1-3-2	5.10	
2-1-1	4.37	
2-1-2	4.42	
2-2-1	4.83	
2-2-2	4.60	4.64±0.21
2-3-1	4.78	
2-3-1	4.84	

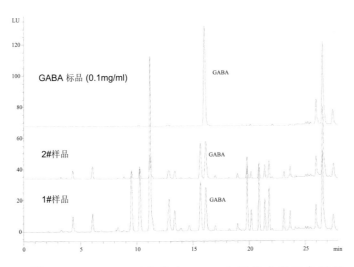

图5-1-2　HPLC测定辣木GABA含量代表样品色谱图

表5-1-3　不同样品GABA含量比较

样品名称	GABA含量（mg/g）
辣木1	5.18±0.23
辣木2	4.64±0.21
16种稻米品种发芽前	0.008～0.058（房克敏等，2006）
16种稻米品种发芽后	0.06～0.42（房克敏等，2006）
原料糙米	0.038～0.077（李勇等，2014）
发芽糙米	0.127～0.249（李勇等，2014）
半夏	0.13～0.18（陈文琼等，2008）；0.11-0.15（黄琳等，2012）
大豆芽	2.12（杨润强等，2014）；1.97（杨润强等，2014）
大麦	0.13～0.35（曹斌等，2010）
黑豆芽	1.88（常银子等，2010）
北大荒养生米	1.33（吴兵等，2011）
浸渍处理马铃薯	0.929（鲜重）（何秋云等，2011）
浸渍处理前马铃薯	0.357（鲜重）（何秋云等，2011）
天花粉	0.72～0.91（刘文等，2012）
野生山黄皮果果核	1.95（杨益林等，2012）
苦荞	0.035～0.063（邹亮等，2012）
苦荞芽	0.27（赵琳等，2012）
GABA白茶	2.4～4.31（邬龄盛等，2012）
发芽绿豆	7.97（郝文静等，2012）
龙眼	0.78～2.40（黄岛平等，2012）
泰山白首乌	2.02（赵健等，2012）
GABA清酒	0.439 mg/mL（吴岱熹等，2012）
明党参	0.34～1.16（步达等，2012）
豆豉	1.12（马艳莉等，2012）
腐乳	2.77（马艳莉等，2012）
豆酱	0.69（马艳莉等，2012）
酱油	1.42 mg/mL（马艳莉等，2012）
豇豆芽	1.16（郭祯祥等，2012）
小扁豆芽	3.81（谢海玉等，2013）
檀香叶	0.05～0.4（杨艳等，2013）

续表5-1-3

样品名称	GABA含量（mg/g）
胁迫处理的结球甘蓝的外叶和内叶	1.04～2.32（何娜等，2013）
金荞麦	0.68～1.73（顾亮亮等，2014）
欧李果实	0.14（蔡愈杭等，2014）
中国市售茶叶	绿茶（0.18±0.11）；红茶（0.23±0.15）、乌龙茶0.16±0.08）；白茶（0.46±0.08）；GABA茶叶（2.79±1.15）；普洱熟茶（0.016±0.01）（Zhao M et al., 2011）
蕨菜叶	3.19（黄美娥等，2005）
蕨菜茎	1.4（黄美娥等，2005）
桑叶	1.99（李炳坤等，2009）；1.48~3.08（肖洪等，2013）

Moringa oleifera Lam.

GABA辣木产品加工工艺研究

2.1 干燥方式的选择

干燥是加工GABA辣木的最后工序,研究发现干燥方式对样品中GABA含量影响非常显著,因此首先进行了多种干燥方式的研究。设置了50℃、60℃、80℃鼓风烘干、自然阴干和微波干燥5种处理。HPLC测定各种干燥方式样品均值与方差分析结果见图5-2-1。自然阴干样品GABA含量显著高于其他处理,但是耗时很长,而且受天气制约,不易控制,因此后续研究中选择50℃鼓风烘干。

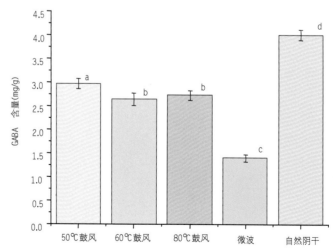

图5-2-1 不同干燥方式处理辣木的GABA含量

2.2　富集方式研究与选择

目前加工GABA食品主要有以下途径：①胁迫（厌氧、低温、真空、高盐等）处理；②含有谷氨酸液体浸泡处理；③种子发芽处理；④以谷氨酸为底物进行微生物发酵。其中厌氧、低温、真空等以物理方式提高GABA含量，具有工艺简单、易于后续处理、产品天然等优点，广泛应用于茶叶、桑叶等植物材料的GABA加工。本研究选择了以物理方式处理辣木叶片富集GABA，具体加工中，设计了冷冻

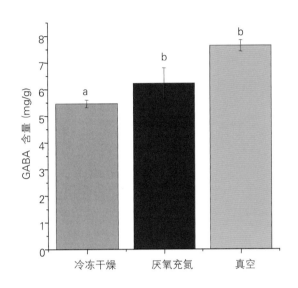

图5-2-2　不同处理方式辣木GABA含量

干燥9h、真空处理9h以及厌氧充氮9h的三种处理方式。HPLC测定各处理样品的GABA含量，均值与方差分析结果见图5-2-2，由图可知真空处理加工的辣木GABA含量显著高于其他处理（$P<0.05$）。

2.3　处理时间研究

在确定处理方式的基础上，参考GABA茶叶等加工工艺，分别进行了40℃真空处理3、6、9、12、18、24h，HPLC测定各处理样品的GABA含量，均值与方差分析结果见图5-2-3。由图可知，处理12h的辣木GABA含量显著高于其他处理时间。

通过处理方式与时间的研究，初步建立GABA辣木的加工工艺，并且申请了中国发明专利。

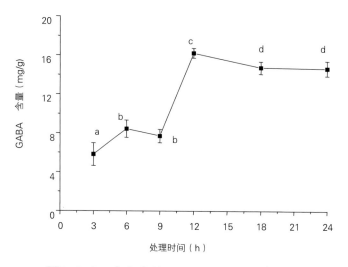

图5-2-3 真空条件下不同处理时间辣木GABA含量

Moringa
oleifera
Lam.

辣木酸乳的开发

3.1 辣木酸乳概述

3.1.1 辣木酸乳

辣木全身都是"宝"（董小英，唐胜球，2008），辣木叶含有丰富的营养成分，是食物、饲料的最佳来源。辣木籽可食用，有一种天然的甘甜，除有神奇之养生效果外，并可增强体力，滋补养身，堪称为极佳的保健食品，同时，其中的絮凝物质具有很好的清洁水作用。辣木花白色，非常漂亮，散发着淡淡的香味，蒸熟后凉拌即可食用。在印度，通常将辣木花用开水冲泡加适量的糖，用来治疗感冒及加牛奶煮熟增加性欲。辣木花汁可以减轻喉咙发炎，花朵还可提炼油香精。

辣木酸乳是指以80%以上生牛（羊）乳或乳粉为原料，添加辣木粉或其发酵液，经杀菌、接种嗜热链球菌和保加利亚乳杆菌（德氏乳杆菌保加利亚亚种）发酵制成的产品。具有辣木酸乳特有的酸香味、呈糊状或液状、营养丰富。

3.1.2 辣木酸乳的研究进展

辣木虽然含有丰富的蛋白质、钙和维生素等营养物质，然而其生物学价值备受关注，值得探讨，特别是辣木叶的钙的有效利用问题不容忽视，发酵是提高其生物学价值的有效途径。辣木酸乳的研究报道较少，内蒙古农业大学贺银凤教授以脱脂奶粉为原料，添加辣木叶汁、白砂糖，利用保加利亚乳杆菌和嗜热链球菌进行发酵，研制了一种具有辣木风味的酸乳，但对其产品质量及其生物学特性未进行深入研究（贺银凤，任安祥，廖婉琴，2010）。

云南农业大学辣木酸乳课题组以辣木叶干燥粉末为原料，针对其蛋白质含量虽高，但可溶性蛋白少，钙含量高，有可能是草酸钙等问题为突破口，致力于提高辣木叶的生物学价值，促进辣木产业发展。课题组以辣木酸乳的研究为着力点，先后筛选7种乳酸菌发酵辣木液，结果表明乳酸菌具有较强的降解蛋白能力。可通过发酵辣木使蛋白降解，改变其生物效价从而提高代谢和利用效率是一种有效途径，并且可以减轻辣木的"辣味""怪味"。课题组以鲜牛乳为原料，添加白砂糖和已发酵的辣木液，利用保加利亚乳杆菌和嗜热链球菌进行发酵，研制了具有独特风味的辣木酸乳，并筛选了一种辣木发酵剂。

将辣木与发酵乳的有益作用相结合，研发辣木发酵乳系列产品，具有十分广阔的市场前景。2014年11月15日课题组与云南皇氏来思尔乳业有限公司研制的辣木酸乳隆重上市，深受广大消费者的喜爱。项目将进一步研究发酵对辣木草酸钙或者草酸降解作用，使辣木钙与酸乳的乳酸结合形成乳酸钙，提高其利用价值。

3.2　辣木酸乳的营养价值和保健功能

3.2.1　营养价值

（1）具有极好生理价值的蛋白质

首先，在辣木酸乳中，牛奶提供动物性蛋白，辣木提供植物性蛋白，能满足机体合理的蛋白质结构，为人们提供较全面的蛋白质需求。其次，由于在发酵过程中，乳酸菌发酵产生蛋白水解酶，能分解部分蛋白质，使酸乳含有比原料中更多的肽和比例更合理的人体所需的必需氨基酸，从而使酸乳中的蛋白质更易被机体吸收及利用。另外，发酵产生的乳酸使乳蛋白形成微细的凝块，使酸乳中的蛋白质比在未发酵前在肠道中释放速度更缓慢、更稳定，这样就使蛋白质分解酶在肠道中充分发挥作用，使蛋白质更易被人体消化吸收。因而辣木酸乳所提供的蛋白质具有更高的生理价值。

（2）更利于矿物质的吸收

发酵后的辣木酸乳，乳酸与原料中的Ca、P、Fe等矿物质形成易溶于水的盐类物质，提高了Ca、P、Fe等矿物质的吸收利用率。

（3）富含维生素

牛奶中含有丰富的维生素B，而辣木中含有大量的维生素A、维生素C，因而辣木酸乳融合两者的优点，为人体提供更多而全面的维生素A、B、C。

3.2.2 保健功能

（1）缓解"乳糖不耐症"

由于牛奶中含有乳糖，当人体内乳糖酶缺乏或其活力不足时，饮用牛奶就会出现腹痛、腹泻，严重时会出现痉挛等症状，称为"乳糖不耐症"。而酸乳中部分乳糖在乳酸菌的作用下，会水解生成半乳糖和葡萄糖，从而减少了乳糖的含量，减缓了乳糖不耐受症。

（2）抑制肠道内有害菌生长，增加有益菌的数量，调节肠道内微生物菌群结构的平衡，增进人体健康。

（3）促进消化机能

酸乳中的有机酸能促进消化腺机能，增加肠胃蠕动和机体的新陈代谢，促进食欲，增强消化机能，防止便秘。

（4）增强消费者机体的免疫功能，提高人体抗病能力

辣木酸乳及时补充人体所必需的多种氨基酸和矿物质，能有效改善睡眠、健脾胃，提高生活及饮食品质，有效排除体内垃圾，补充能量，增强人体免疫力，促进身心健康，更能有效地预防和对抗各种"富贵病"。大量研究都证明了辣木的医疗保健功能，具体参见第四章。

（5）其他

辣木中富含的维生素A、维生素C可消除人体过多的自由基，而酸乳能改善人体的消化功能，抑制有害物酚、吲哚及胺类化合物在肠道内产生和积累，能防止细胞老化，维持皮肤细嫩，是抗氧化及预防老化的美容圣品，更有养颜、清火、排毒、减肥之神奇功效。辣木和酸乳中都含有丰富的钙质和大量的维生素A、维生素B，可满足人体对钙和维生素的需求，对固齿、预防骨骼疏松和明目有较好的作用。

3.3 辣木酸乳的加工

3.3.1 发酵剂制备

（1）发酵剂菌种及作用

根据食品安全国家标准-发酵乳（GB19302—2010），加工酸乳的菌种是嗜热链球菌和保加利亚乳杆菌（德氏乳杆菌保加利亚亚种）。经长期的生产实践证明，此两株乳酸菌作为混合发酵剂最适宜加工酸乳，除了相同的最适温度外，二者各偏重于产酸和产香，且具有共生特性：发酵初期乳杆菌生长缓慢，但其有微弱的蛋白质分解能

力，产生一定的肽和氨基酸，对球菌的生长具有刺激作用。嗜热链球菌的旺盛生长将使乳糖等产生乳酸、乙酸、双乙酰及甲酸等，甲酸对保加利亚乳杆菌生长有促进作用。乳糖发酵产生的乳酸等使乳蛋白质凝固，同时使乳成分降解成小分子的风味物质，形成酸乳特有的酸香味和形态。

（2）发酵剂的调制

目前酸乳加工常用的发酵剂有继代式发酵剂和直投式发酵剂

1）继代式发酵剂

①纯培养菌种的活化　从微生物研究单位购入的纯种，通常装在小试管中或安瓿中，由于保存时间及寄送等因素的影响使活力减弱，故需进行反复接种恢复活力。菌种若是粉剂，首先应用灭菌脱脂乳将其溶解，然后用灭菌液管吸取少量的液体接种于预先灭菌的11%脱脂乳培养基中，并置于培养箱中培养到乳凝固。从凝固后的培养物中取1%～3%再接种于灭菌培养基中，依次反复活化数次。在活化操作中必须严格执行无菌操作，当菌种充分活化后，即可调制母发酵剂。

②母发酵剂或中间发酵剂的制备　此工艺是乳品厂中最难的工艺过程，尤其生产量较大的加工厂，如果发酵剂制备不好会造成停产或较大的经济损失。生产厂家必须慎重选择发酵剂的生产工艺及设备要求极高的卫生条件，为尽量减少霉菌、酵母菌和噬菌体被空气污染的危险，最好是在具备空气过滤的正压的单独房间中制备，如果不具备上述条件，也必须在经严格处理的无菌室内操作。

对母发酵剂而言，如果只以保持活力和连续生产为目的，只需将凝乳后的试管在0～6℃的冰箱中保存即可，但需在两周以内移植一次。中间发酵剂可依据生产发酵剂的生产时间及产量来调制。

③工作发酵剂或生产发酵剂　当调制工作发酵剂时，为了使菌种的生活环境不致急剧改变，生产发酵剂所用的培养基最好与成品的原料相同。在调制时取生产原料的5%装入生产发酵剂的容器中，90～95℃杀菌5～15 min，然后冷却至菌种发育的最适温度（40～45℃），再用3%～5%的中间发酵剂进行接种，接种量的大小视中间发酵剂的活力而定，接种后充分搅拌均匀，然后在42℃温度下培养，达到所需酸度即可降温冷藏待用。

2）直投式发酵剂

直投式酸乳发酵剂是一系列浓缩酸乳菌种，大多为干燥粉末，该菌种可直接接种于加工牛奶中。应用直投酸乳发酵菌种可使酸乳产生精确的感官特性，每一种直投酸乳发酵菌种均有不同的稠度水平和风味浓度，因此可适用于各种酸乳制品的生产，为酸乳生产提供很大的灵活性。该发酵剂具有质量稳定、使用简单方便等优点，缺点是使用成本高。目前国内外均有直投式酸乳发酵剂，其中国外生产的菌种更受乳品厂家的欢迎。

3.3.2 辣木酸乳生产技术

（1）原料乳

根据食品安全国家标准-发酵乳（GB19302-2010）对酸乳的定义，以生牛（羊）乳或乳粉为原料，但事实上目前世界上大多数酸乳多以牛乳为原料，我国目前生产酸乳的原料主要有生鲜乳，要求原料乳质量合格，避免使用有抗生素残留和微生物污染严重的原料乳。无生鲜乳的情况下也可用奶粉等配合而成。

（2）预处理

经验收合格的原料乳应及时过滤、净化、脱气、冷却和贮藏。

（3）标准化

对于蛋白含量不达标的原料乳可以通过直接加入全脂或脱脂乳粉、酪蛋白粉、奶油、浓缩乳等或通过浓缩方法来达到标准化目的；而对于一些受奶源条件限制的地区或国家，可通过用奶粉配制成标准原料乳（即复原乳）来实现。

（4）配料

①加入蔗糖，在酸乳中加入蔗糖的主要目的是为了减少酸乳特有的酸味感，使其口味更柔和，还可提高酸乳黏度，利于其凝固；蔗糖的添加量一般为6%～8%，考虑到生产成本等原因，经折算后可适量添加蛋白糖等甜味剂。

②加入稳定剂，加稳定剂的主要目的是提高其黏度并改善其质地、状态与口感，防止乳清析出；添加量一般控制在0.1%左右，稳定剂种类的选择应考虑其耐酸性，食用明胶、果胶等常作为酸乳稳定剂。

③添加辣木叶粉或辣木发酵物，辣木叶粉通常作为辣木酸乳的配料，为了防止其沉淀，一般选用优质的超微粉碎粉。辣木粉呈绿色、且味重，添加量一般为0.1%～0.3%。

（5）均质

均质的目的主要是使原料充分混合均匀，阻止脂肪球上浮，提高酸乳的稳定性和稠度，并保证乳脂肪均匀分布，从而获得质地细腻、口感良好的产品。均质条件为温度55～65℃、压力17～20 mPa。

（6）杀菌

经均质后的牛奶送到热交换器采用85～90℃、5 min条件进行杀菌，其目的在于杀灭原料乳中的杂菌，确保乳酸菌的正常生长和繁殖，钝化原料乳中的天然抑制物，使乳清蛋白变性，以改善组织状态，提高黏稠度和防止成品有乳清析出。

（7）冷却与接种发酵剂

杀菌后的乳要立即冷却到40～45℃，以便接种发酵剂。接种量应根据菌种活力、发酵方法、生产时间的安排和混合菌种的比例不同而定。一般液体发酵剂，其产酸活力在0.7%～1%之间，接种量应为2%～4%。接种后要充分搅拌，使发酵剂与原料乳混合均匀。

（8）凝固型酸乳的后续生产技术

①调味、罐装　均质后的牛奶应进行适当的调味，以增强产品的香味成分，应按国家规定标准进行，加入的香精应先用水溶解、过滤并杀菌处理。若要生产含果肉粒的酸乳，应在罐装牛奶前定量加入果肉颗粒于包装容器中。

②发酵　发酵工序主要是对发酵温度、发酵时间、各菌种比例及发酵终点判定的管理，是酸乳生产的关键工艺部分，它直接影响产品的质地、口感和风味。

A.发酵温度　由于保加利亚杆菌最适温度略高于嗜热链球菌的最适温度，所以发酵温度应选择在两种菌都宜生长的温度，一般采用41～42℃，若温度低，则嗜热链球菌比保加利亚杆菌生长旺盛，L（+）-乳酸的比例增大，酸味不足，酸乳硬度较小，达到规定酸度的时间较长；如果培养温度高于这个范围，则保加利亚乳杆菌比嗜热链球菌生长旺盛，D（-）-乳酸的比例增大，出现刺激味较强的酸味，酸乳酸度较大，达到规定酸度的时间较短，香味不足，口感变差。

B.发酵时间　制作酸乳的条件一般控制在41～42℃、3h（短时间培养）。在特殊情况下，也采用30～37℃、8～12 h培养（长时间培养）。影响发酵时间的因素包括接种量、发酵剂活性、培养温度、乳品厂加工时间、冷却的速度和容器的类型等。如玻璃瓶的传热速度比塑料杯的慢，培养时间也就会延长，需要5～6 h才能达到发酵终点。另外，每批进入发酵室的数量和堆叠高度、密度、距离地面的高度等都会影响传热效果，最终也会影响发酵时间。

C.发酵终点的判定　产品发酵时间一般3h左右，长者达5～6h，而发酵终点的时间范围较小。如果发酵终点确定的过早，则酸乳组织嫩，风味差；过晚则酸度高，乳清析出过多，风味也差。可采用以下方法判断发酵终点：a. 抽样测定酸乳的酸度，一般酸度达到65～70°T即可终止；b. 控制酸乳进入发酵室的时间，在同等生产条件下，以上几班发酵时间为准；c. 抽样及时观察，打开瓶盖缓慢倾斜瓶身，观察酸乳的流动性和组织状态，如流动性变差，且有微小颗粒出现，可终止发酵终点。

③冷却　冷却的目的是迅速而有效地抑制酸乳中乳酸菌的生长，降低酶的活性，防止产酸过度，使酸乳逐渐形成坚固的凝固状态，降低和稳定酸乳脂肪上浮和乳清析出的速度，延长酸乳的保存期限。发酵终点一到，可将酸乳从保温室中移到外面进行自然冷却或强制送风冷却，当酸乳温度冷却至10℃左右时转入冷库，在2～7℃下进行冷藏后熟，若终止发酵时，酸乳酸度偏高（≥70°T），酸乳应从培养室直接转移到冷库，以缩短冷却时间。

④后熟　冷藏过程的24 h内，风味物质继续产生，而且多种风味物质相互平衡形

成酸乳的特征风味，通常把这个阶段称为后成熟期。一般2～7℃下酸乳的贮藏期为7～14 d。

⑤运输　凝固型酸乳在运输与销售过程中不能过于振动和颠簸，否则其组织结构易遭受到破坏，析出乳清，影响外观。

（9）搅拌型酸乳后续生产要点

①发酵　预处理的牛奶冷却到培养温度，然后连续地与所需体积的生产发酵剂一并泵入发酵罐，搅拌均匀。典型的搅拌型酸乳生产的培养条件为42～43℃、2.5～3h。若用浓缩、冷冻和冻干菌种直接做发酵剂时，应考虑其发酵迟滞期较长，发酵时间可控制在4～6h。为了方便随时检查罐内酸度的变化，可在罐上安装pH计。

②搅拌　在发酵罐中搅拌凝乳胶体使之破碎，粒子直径达到0.01～0.4 mm，并使酸乳的硬度和黏度及组织状态发生变化。搅拌时应注意速度不宜过快，时间不宜过长。采用宽叶轮搅拌，条件控制在每分钟缓慢转运1～2次，搅4～8 min，凝乳pH要低于4.7，温度要低于38～40℃，同时采用间隔的搅拌方法可获得均匀的搅拌凝乳。

③凝乳输送　凝乳的输送包括用泵和管道对凝乳进行输送和在热交换器的冷却及往小容器中的充填等。在输送过程中搅拌型酸乳的黏度较大，在管道输送过程黏度会受到损害，以层流（流速0.5／s以下）对酸乳黏度的破坏较小。因此输送管道的直径不应随着包装线的延长和改道而改变，特别是要避免管道变细。

将搅拌型酸乳从培养罐经管道和冷却器输送到充填机，必须借助泵的力量。在用泵输送凝乳时，要求减轻对凝乳的破坏，不要混入空气。因此选用容积式泵，这种泵不损伤凝乳的结构，并能保证一定的凝乳量。

④凝块的冷却　发酵达到所需的酸度时（pH4.2～4.5），酸乳必须迅速降温至15～22℃，这样可以暂时阻止酸度的进一步增加。同时为确保成品具有理想的黏稠度，对凝块的机械处理必须柔和。冷却是在具有特殊板片的板式热交换器中进行，这样可以保证产品不受强烈的机械搅动。为了确保产品质量均匀一致，泵和冷却器的容量应恰好能在20～30 mim内排空发酵罐。如果发酵剂使用的是其他类型，并对发酵时间有影响，那么冷却时间也应相应变化。冷却的酸乳在进入包装机以前一般先打入到缓冲罐中。

⑤调配　冷却到15～22℃以后，酸乳包装前，可在酸乳从缓冲罐到包装机的输送过程中加入辣木发酵物、果料和香料。通过一台可变速的计量泵连续地把这些成分打到酸乳中，经过混合装置混合，保证果料与酸乳彻底混合。此时辣木发酵物、果料计量泵与酸乳给料泵是同步运转的，有些小厂采用在缓冲罐中一次性混合。辣木发酵物、果料应尽可能均匀一致，并可以加果胶作为增稠剂，果胶的添加量约0.1%。

⑥包装　为使产品贮藏、运输和消费方便，酸乳要包装在小容器中。容器的材

质要求不透气、避光、无毒，不与产品发生反应、有一定的抗酸性能。目前，有玻璃瓶、陶器瓶、塑料杯、塑料袋和纸盒等形式。包装酸乳的包装机类型很多，产品包装体积也各不相同。

（10）质检

酸乳出厂前，需进行质量检验，具体指标与检验方法参照附件1予以制定。

附件1 食品安全国家标准—发酵乳（GB19302-2010）

①感官要求：应符合表1的规定。

表1　感官标准

项目	要求		检验方法
	发酵乳	风味发酵乳	
色泽	色泽均匀一致，呈乳白色或微黄色	具有与添加成分相符的色泽	取适量试样置于50 mL 烧杯中，在自然光下观察色泽和组织状态。闻其气味，用温开水漱口，品尝滋味
滋味、气味	具有发酵乳特有的滋味、气味	具有与添加成分相符的滋味和气味	
组织状态	组织细腻、均匀，允许有少量乳清析出；风味发酵乳具有添加成分特有的组织状态		

②理化指标：应符合表2的规定。

表2　理化指标

项目	指标		检验方法
	发酵乳	风味发酵乳	
脂肪a/（g/100g）≥	3.1	2.5	GB 5413.3
非脂乳固体/（g/100g）≥	8.1	—	GB 5413.39
蛋白质/（g/100g）≥	2.9	2.3	GB 5009.5
酸度/°T　　　　≥	70.0	—	GB 5413.34

　　　　a仅适用于全脂产品

③污染物限量：应符合GB 2762 的规定。

④真菌毒素限量：应符合GB 2761 的规定。

⑤微生物限量：应符合表3的规定。

表3 微生物限量

项目	采样方案a及限量（若非指定，均以CFU/g 或CFU/mL 表示）				检验方法
	n	c	m	M	
大肠菌群	5	2	1	5	GB4789.3 平板计数法
金黄色葡萄球菌	5	0	0/25g（ml）	—	GB 4789.10 定性检验
沙门氏菌	5	0	0/25g（ml）	—	GB 4789.4
酵母≤	100				GB 4789.15
霉菌≤	30				

a样品的分析及处理按GB 4789.1 和GB 4789.18 执行。

⑥乳酸菌数：应符合表4的规定。

表4 乳酸菌数

项目	限量[CFU/g（mL）]	检验方法
乳酸菌数a ≥	1×10^6	GB 4789.35

a 发酵后经热处理的产品对乳酸菌数不作要求。

⑦食品添加剂和营养强化剂的使用应符合GB 2760 和GB 14880 的规定。

Moringa
oleifera
Lam.

辣木其他产品开发

辣木叶片、嫩茎、花朵和种子含有丰富的营养成分，分别可加工制成辣木纯粉、饮料、花茶和蛋白饮料。

4.1 清凉饮料

辣木叶片中含有丰富的蛋白质（包括19种氨基酸）、矿物质元素（其中铁和硒的含量特别高）和不饱和脂肪酸。清凉饮料以辣木幼叶、嫩茎为主要原料，添加软水混合打浆萃取其汁液，过滤后可添加适量甘草、决明子浸提液进行调味，调制成清凉饮料。该产品具有辣木特有风味，清凉、甘甜，回味悠长。

4.1.1 工艺流程

甘草、决明子→焙烤→润湿→萃取

↓

原料→清洗→磨浆→萃取→过滤→调配→高压均质→灌装→密封→杀菌→反压冷却→检验→成品

4.1.2　操作要点

（1）原料要求

辣木幼叶和嫩茎饱满、无斑病，去除不适宜加工的幼叶或嫩茎。

（2）清洗

流水清洗，洗后备用，彻底清洗表面杂质。加工用水符合GB5749 d要求。

（3）磨浆

将清洗干净的辣木幼叶和嫩茎，以料液比1∶10添加加热至60～70℃的软水进行磨浆，并过滤。

（4）调配

在过滤后的辣木汁液中添加一定量的甘草、决明子萃取液，白砂糖或木糖醇等调味剂及悬浮剂进行调配。

（5）高压均质

将调配后的辣木清凉饮料以35~40 mPa压力，高压回流均质。

（6）灌装

将辣木清凉饮料灌装到耐高温的食品包装容器中，经过高压均质后的饮料应尽快灌装、封口。

（7）密封

将灌装好的辣木清凉饮料进行封口，封口要求美观、严密、整齐。

（8）杀菌和反压冷却

经过反复试验和研究最终确定杀菌式为10′－15′－10′/121℃，即升温10 min，在121℃条件下杀菌15 min，杀菌后反压冷却至40℃左右。

（9）检验

经杀菌冷却后的饮料，取出擦净包装外污物和水珠，剔除不合格品，并抽样进行产品感官检验、理化检验及微生物检验。

（10）成品贮藏

室内避光保藏。贮存环境应干燥、清洁、卫生。

4.1.3　产品质量标准

（1）感官指标

表5-4-1　辣木清凉饮料感官指标

项目	要求	
	含糖型	低糖型
色泽	具有辣木应有的色泽	具有辣木应有的色泽
风味	具有辣木固有的香气、风味，甜度适口，有滑爽的口感	具有辣木固有的香气、风味，甜度适口，有滑爽的口感
外观	澄清透明，允许有少量沉淀	澄清透明，允许有少量沉淀
杂质	无肉眼可见的外来杂质	

（2）理化和微生物指标

表5-4-2　辣木清凉饮料理化和微生物指标

项目	指标
砷 mg/L≤	0.2
铅 mg/L≤	0.3
铜 mg/L≤	5.0
菌落总数 cfu/ml≤	20
大肠菌群MPN/100 ml≤	3
致病菌（肠道致病菌和致病性球菌）	不得检出
霉菌、酵母个/ml≤	20

4.2　辣木粉（主要有超微粉和冻干粉）

4.2.1　冻干辣木粉

以辣木幼叶、嫩茎为原料，添加软水混合打浆萃取其汁液，过滤后进行调配，再经冷冻干燥制成辣木粉。所得辣木粉较好地保存了辣木特有风味，可作为辣木食品的原料，用途广泛。

（1）工艺流程

原料→清洗→磨浆→萃取→过滤→调配→高压均质→装盘→入仓→冷冻→干燥→出仓→分装→检验→贮藏

（2）操作要点

1）原料要求

辣木幼叶和嫩茎饱满、无斑病，去除不适宜加工的幼叶或嫩茎。

2）清洗

流水清洗，洗后备用，彻底清洗表面杂质。

3）磨浆

将清洗干净的辣木幼叶和嫩茎，以料液比1∶10添加加热至60～70℃的软水进行磨浆，并过滤。

4）调配

在过滤后的辣木汁液中添加适量的乳化悬浮剂进行调配。

5）高压均质

将调配后的辣木汁液以35~40 mPa压力高压回流均质。

6）冷冻干燥

高压均质的辣木汁液，进行装盘冷冻干燥。冷冻温度至-30℃，持续时间约4h待形成冰核；完成冻结后，接着开启真空泵；物料仓内随着气压下降，物料中的水分发生升华脱水干燥；整个冷冻干燥过程约36h，物料温度在此期间缓慢上升，最后稳定维持在30℃左右，冷冻干燥结束。

7）出仓卸盘

将完成冷冻干燥的物料尽快从物料仓中取出，迅速转移至开启除湿机的包装间内，除湿（空气湿度小于30%），避免回潮。

8）分装

根据需要分别使用适当包装材料进行分装，分装过程中不能过度挤压，需要保持冷冻干燥辣木粉的蓬松状态。成品应尽快分装、封口，减少产品暴露于空气中的时间。

9）检验

经分装封口后的产品，擦净包装外污物与残粉，检视包装密封程度，剔除破袋等不合格产品，并抽样进行产品感官检验、理化检验及微生物检验。包装材料为国家批准可用于食品的材料，所有材料保持清洁卫生，在干燥通风的专用库内存放。

10）成品贮藏

室内避光保藏。贮存环境应干燥、清洁、卫生。

（3）产品质量标准（见表5-4-3～表5-4-5）

1）感官指标

表5-4-3　辣木粉感官指标

项目	要求
色泽	具有辣木应有的墨绿色
风味	具有辣木固有的滋味，无异味
外观	细腻的粉状，无结块
杂质	无肉眼可见的外来杂质

2）理化指标

表5-4-4　辣木粉理化指标

项目	指标
水分（%）	≤3.8
蛋白质（%）	≥25.0
脂肪（%）	≤4.3
灰分（%）	≤6.5
溶解度（%）	≥95.2

3）微生物指标

表5-4-5　辣木粉微生物指标

项目	指标
细菌总数	≤80cfu/g
大肠菌群（近似数）	≤10cfu/g
致病菌	不得检出

4.2.2　辣木超微粉

以辣木幼叶、嫩茎为原料，经热力干燥后，进行超微粉碎制成的粉。所得辣木超微粉具有辣木特有风味，可作为辣木食品的原料，用途广泛。

（1）工艺流程

原料→分拣→装盘→热力干燥→超微粉碎→包装→检验→贮藏

（2）操作要点

1）原料要求及分拣

原料要求，辣木幼叶和嫩茎饱满、无斑病，去除不适宜加工的幼叶或嫩茎。

2）装盘

将适宜加工的原料以适当的厚度均匀的平铺于干燥盘中。

3）热力干燥

对辣木幼叶和嫩茎进行热力干燥，干燥温度在65~70℃之间。

4）超微粉碎

将热力干燥后的原料进行超微粉碎达800~1000目。

5）包装

根据需要分别使用适当包装材料进行包装，包装过程中不能过度挤压。

6）检验

包装密封后的产品，抽样进行产品感官检验、理化检验及微生物检验。

7）成品贮藏

室内避光保藏。贮存环境干燥、清洁、卫生。

（3）产品质量标准（参照表5-4-3～表5-4-5）

4.3 辣木花茶

以花蕾朵为原料，经冷冻干燥或热力干燥，制成辣木花茶。其冲泡饮用或作为其他辣木花茶饮品的原料。

4.3.1 工艺流程

辣木花蕾→分拣→装盘→入仓→冷冻干燥（或热力干燥）→出仓→包装→检验→贮藏

4.3.2 操作要点

（1）原料要求及分拣

原料要求，新鲜的辣木花蕾饱满、无斑病，去除不适宜加工的辣木花朵蕾。

（2）装盘

将适宜加工的原料以适当的厚度均匀的平铺于干燥盘中。

（3）冷冻干燥

经过分拣的原料，进行装盘冷冻干燥。冷冻温度至-30℃，持续时间约4h待形成冰核；完成冻结后，接着开启真空泵；物料仓内随着气压下降，物料中的水分发生升华脱水干燥；整个冷冻干燥过程约36h，物料温度在此期间缓慢上升，最后稳定维持在30℃左右，冷冻干燥结束。

（4）热力干燥

对新鲜的辣木花朵蕾进行热力干燥，干燥温度在60~65 ℃之间。

（5）包装

根据需要分别使用适当包装材料进行包装。

（6）成品贮藏

室内避光保藏。贮存环境干燥、清洁、卫生。

4.4 辣木籽油

由于辣木籽含有丰富的蛋白质、脂肪以及矿物质元素，以辣木种子为原料，经过焙烤压榨可以得到辣木籽毛油，所得毛油进行精炼后可作为高级食用植物油、香料精油和胶囊。

4.4.1 工艺流程

原料→去荚→去种皮→焙烤→压榨→粗清油→过滤→毛清油→备用→精炼→辣木籽精油

4.4.2 操作要点

（1）原料要求

辣木种子饱满、无虫眼、无霉变，剔除有虫眼的、霉变的或干瘪的等不适宜加工的辣木种子。

（2）焙烤

将去荚去种皮的辣木种子以70~80℃进行焙烤，以提高出油率。

（3）压榨

将焙烤过的辣木种子进行压榨，过滤后得清油待用。

4.5 辣木乳饮品

由于辣木籽含有丰富的蛋白质、脂肪、维生素（特别是维生素B）以及矿物质元素（铁含量颇高），以辣木种子为原料，添加软化水混合打浆萃取其汁液，过滤后添加乳化剂，经蒸煮调配定容，经高压均质、灌装、密封和杀菌后，即制成辣木乳饮品。该产品具有辣木特有风味，颇具回味甘甜、润泽持久等特点。

4.5.1 工艺流程

辣木种子→去荚→脱皮→浸泡→磨浆→过滤→蒸煮调配定容→高压均质→灌装→密封→杀菌→反压冷却→检验→成品。

4.5.2 操作要点

（1）原料要求

原料要求，辣木种子饱满、无虫眼、无霉变，剔除有虫眼的、霉变的或干瘪的等不适宜加工的辣木种子。

（2）浸泡

经过去荚去皮的辣木种子需要放在软水中浸泡吸水，以便软化磨浆。

（3）磨浆

将经过浸泡的辣木种子，以料液比1∶15添加软化水进行磨浆，并过滤。

（4）蒸煮调配定溶

蒸煮过滤后的辣木乳，在其中添加适量的乳化悬浮剂及调味剂进行调配，加软水定溶到适当浓度。

（5）高压均质

将调配后的辣木乳饮料以35～40 mPa压力高压回流均质。

（6）灌装

将辣木乳饮料灌装到耐高温的食品包装容器中，经过高压均质后的饮料应尽快灌装、封口。

（7）密封

将灌装好的辣木乳饮料进行立式封口，封口要求美观、严密、整齐。

（8）杀菌和反压冷却

经过反复试验和研究最终确定杀菌式为10′-15′-10′/121 ℃，即升温10 min，在121 ℃条件下杀菌15 min，杀菌后反压冷却至37 ℃。

（9）检验

经杀菌冷却后的饮料，取出擦净包装外污物和水珠，剔除不合格品，并抽样进行产品感官检验、理化检验及微生物检验。

（10）成品贮藏

室内避光保藏，贮存环境应干燥、清洁、卫生。

4.5.3 产品质量标准（见表5-4-6～表5-4-8）

（1）感官指标

表5-4-6　辣木乳饮品感官指标

项目	要求
色泽	具有辣木种子应有的色泽
风味	具有辣木固有的香气、风味，无异味
外观	允许有少量沉淀
杂质	无肉眼可见的外来杂质

（2）理化指标

表5-4-7　辣木乳饮品理化指标

项目	指标
砷　mg/L≤	0.2
铅　mg/L≤	0.3
铜　mg/L≤	5.0
蛋白质　g/100 ml≥	0.5

（3）微生物指标

表5-4-8　辣木乳饮品微生物指标

项目	指标
菌落总数　cfu/ml≤	100
大肠菌群MPN/100 ml≤	3
致病菌（肠道致病菌和致病性球菌）	—
霉菌、酵母个/ml≤	20

参考文献

Information N C F B. 4−aminobutyric acid − PubChem[EB/OL]. [2014−11−24]. http://pubchem.ncbi.nlm. nih.gov/compound/119?from=summary#section=Top.

杨胜远, 陆兆新, 吕风霞, 等. 2005. γ−氨基丁酸的生理功能和研究开发进展[J]. 食品科学, （09）:528−533.

Society A C. Common Chemistry − Substance Details − 56−12−2 : Butanoic acid, 4−amino−[EB/OL]. [2014−11−24]. http://www.commonchemistry.org/ChemicalDetail.aspx?ref=56−12−2.

耿敬章. 2012. γ−氨基丁酸（GABA）在食品工业中的应用研究[J]. 饮料工业, （01）:11−14.

叶惟冷. 1986. γ−氨基丁酸的发现史[J]. 生理科学进展, （02）:187−189.

Tillakaratne N J, Medina−Kauwe L, Gibson K M.1995. gamma−Aminobutyric acid （GABA） metabolism in mammalian neural and nonneural tissues[J]. Comp Biochem Physiol A Physiol, 112（2）:247−263.

贾琰, 赵宏伟, 王敬国, 等. 2014.逆境胁迫下作物中 γ−氨基丁酸代谢及作用的研究进展[J]. 作物杂志, （05）.

吕莹果, 张晖, 王立, 等. 2010.植物中 γ−氨基丁酸的代谢和功能[J]. 中国食品添加剂, （01）:92−99.

H Usler R E, Ludewig F, Krueger S. 2014. Amino acids − A life between metabolism and signaling[J]. Plant Science, 229（0）:225−237.

Jiang B, Fu Y, Zhang T. 2010. Gamma−Aminobutyric Acid[M]//Wiley−Blackwell, 121−133.

Shelp B J, Bown A W, McLean M D. 1999. Metabolism and functions of gamma−aminobutyric acid[J]. Trends in Plant Science, 4（11）:446−452.

雷娜, 鲁亚平. 2011. γ−氨基丁酸生理机理研究进展[J]. 清远职业技术学院学报, （03）:9−11.

Diana M, Qu í lez J, Rafecas M. 2014. Gamma−aminobutyric acid as a bioactive compound in foods: a review[J]. Journal of Functional Foods, 10（0）:407−420.

崔晓俊, 山衡, 苏霞. 2013−06−05. 一种含有 γ−氨基丁酸和番茄红素的组合物及其制备方法.

陈志刚, 王芬. 2013−03−27. 一种富含 γ−氨基丁酸保健水晶粉丝加工新技术及其产品.

江明珠, 张佳鑫, 周润龙, 等. 2014−04−30. 一种即食无糖高GABA的桑叶豆腐脑及其制备方法.

M.J.贝里, A.霍德尔, R.B.G.尼科尔, 等. 2009−11−18. 冷冻甜食产品.

李园莉, 王红梅, 马圣洲. 2014−01−01. 一种高 γ−氨基丁酸饼干及其制备方法.

徐丽红, 潘炳阳, 洪嘉明, 等. 2013−12−11. 一种改善睡眠的 γ−氨基丁酸软糖及其制备方法.

梁永林. 2010−02−03. 一种嚼茶.

石雨竹. 2010−03−03. 一种压片糖果及其制造方法.

白厚增, 焦颖, 杨则宜, 等. 2013−01−16. 一种代餐果冻粉及其制备方法.

孙宜彬, 岳鹏. 2005−03−16. 生物功能面条及其制备方法.

H.E.C.汤姆森, J.A.卡斯蒂尔霍. 2010−02−10. 生产番茄酱的方法.

李占占, 王恬. 2014.GABA的生物学功能及其在养鸡生产中的应用[J]. 畜牧与兽医, （01）:115−120.

殷美华, 陈孝权, 赵亚华, 等. 2013. 茶叶中 γ-氨基丁酸的功效及含量测定研究进展[J]. 安徽农业科学,
　　（21）:9063-9064.

房克敏, 李再贵, 袁汉成, 等. 2006. HPLC法测定发芽糙米中 γ-氨基丁酸含量[J]. 食品科学,
　　（04）:208-211.

李勇, 刘建伟, 袁娇, 等. 2014. HPLC柱前衍生法测定发芽糙米中 γ-氨基丁酸的含量[J]. 食品与机械,
　　（04）:119-121.

陈文琼, 余敏灵, 陈文秋, 等. 2008. 柱前衍生RP-HPLC法测定法半夏中 γ-氨基丁酸的含量[J]. 中国药
　　房,（12）.

黄琳, 程小宁, 刘培尧, 等. 2012. 柱前衍生RP-HPLC测定法半夏中的精氨酸和 γ-氨基丁酸[J]. 华西药
　　学杂志,（03）.

毛健, 马海乐. 2009. 大豆发芽富集 γ-氨基丁酸的工艺优化[J]. 食品科学,（24）.

杨润强, 王淑芳, 顾振新. 2014. 低氧胁迫下大豆发芽富集GABA品种筛选及培养条件优化[J]. 食品科学.

曹斌, 潘志芬, 尼玛扎西, 等. 2010. 青藏高原和国外裸大麦 γ-氨基丁酸的含量与分布[J]. 麦类作物学
　　报,（03）.

常银子, 王丽霞, 仲山民, 等. 2010. 不同生长条件对黑豆芽中 γ-氨基丁酸含量的影响[J]. 食品工业,
　　（04）.

吴兵, 陈新, 高冰, 等. 2011. 北大荒碱地养生米 γ-氨基丁酸的含量测定[J]. 中国酿造,（11）.

何秋云, 杨志伟, 王挥, 等. 2011. 马铃薯浸渍富集 γ-氨基丁酸工艺研究[J]. 食品科技,（08）.

刘文, 陈文秋, 潘健, 等. 2012. 天花粉中瓜氨酸与 γ-氨基丁酸的含量测定[J]. 中国药业,（04）.

杨益林, 黄艳. 2012. 三种功能氨基酸在野生山黄皮果果核中的测定[J]. 食品研究与开发,（03）.

邹亮, 彭镰心, 许丽佳, 等. 2012. UPLC-TOF/MS测定苦荞中的 γ-氨基丁酸[J]. 华西药学杂志,（03）.

赵琳, 周小理, 周一鸣, 等. 2012. 高效液相色谱法测定苦荞及其萌发物中 γ-氨基丁酸的含量[J]. 食品工
　　业,（06）.

邬龄盛, 王振康, 郭少平, 等. 2012. 高 γ-氨基丁酸白茶加工工艺探讨[J]. 福建茶叶,（04）.

郝文静, 张晓鸣, 黄汉荣. 2012. 发芽绿豆生物转化法富集 γ-氨基丁酸[J]. 食品与机械,（05）.

黄岛平, 陈秋虹, 刘永强, 等. 2012. 广西龙眼果实中 γ-氨基丁酸含量的测定研究[J]. 安徽农业科学,
　　（30）.

赵健, 李凤华, 杨丽, 等. 2012. 超高效液相色谱-质谱/质谱联用法测定泰山白首乌中 γ-氨基丁酸含量
　　及其相关药效分析[J]. 世界科学技术（中医药现代化）,（05）.

吴岱熹, 吴非. 2012. 富含 γ-氨基丁酸清酒酒曲的研究[J]. 食品工业科技,（21）.

步达, 段志富, 李恩彬, 等. 2012. 江苏栽培明党参中 γ-氨基丁酸累积规律研究[J]. 现代中药研究与实
　　践,（06）.

马艳莉, 张晓阳, 卢忆, 等. 2012. 中国传统发酵豆制品 γ-氨基丁酸研究[J]. 中国食物与营养,（11）.

郭祯祥, 朱青霞, 赵艳丽. 2012. 豇豆发芽富集 γ-氨基丁酸工艺研究[J]. 农业机械,（33）.

谢海玉, 庞中存, 黄玉龙. 2013. 浸泡条件和萌芽条件对小扁豆中 γ-氨基丁酸合成的影响[J]. 食品科学,

（02）.

杨艳, 贺丽苹, 高向阳. 2013. 檀香叶中的γ-氨基丁酸的HPLC测定研究[J]. 林产化学与工业, （02）.

何娜, 叶晓枫, 李丽倩, 等. 2013. 不同胁迫处理方法对结球甘蓝GABA含量的影响[J]. 南京农业大学学报, （06）.

顾亮亮, 陈庆富. 2014. 不同金荞麦收集系叶中黄酮及γ-氨基丁酸含量的变异[J]. 西南农业学报, （02）.

蔡愈杭, 王小曼, 戴文君. 2014. HPLC法测定欧李果实中γ-氨基丁酸的含量[J]. 食品工业, （07）.

Zhao M, Ma Y, Wei Z Z, et al. 2011. Determination and comparison of gamma-aminobutyric acid （GABA） content in pu-erh and other types of Chinese tea[J]. J Agric Food Chem, 59（8）:3641-3648.

黄美娥, 于华忠, 曹庸. 2005. 蕨菜叶、茎中γ-氨基丁酸的提取分离及含量测定[J]. 氨基酸和生物资源, （01）:77-78.

李炳坤, 衷明华. 2009. 离子色谱法测定桑叶中γ-氨基丁酸[J]. 韩山师范学院学报, （06）:62-65.

肖洪, 丁晓雯, 黄先智, 等. 2013. 不同桑品种桑叶中的3种生物活性物质含量测定[J]. 蚕业科学, （06）:1145-1149.

董小英，唐胜球. 2008. 辣木的营养价值及生物学功能研究. 广东饲料.17（9）:39-41.

贺银凤，任安祥，2010. 廖婉琴.辣木酸奶的研制.保鲜与加工，10（5）:40-43.

第六章
DILIUZHANG

辣木综合利用及开发

Moringa oleifera Lam.

辣木在保健食品及药品中的应用

1.1 辣木保健食品简介

保健食品是一类为特定人群设计生产的具有特定保健功能的食品，是能调节机体某些功能，不以治病为目的的食品。随着人们生活水平的提高与生活节奏的加快，饮食结构不合理的问题日趋突出以及消费者健康保健意识的不断增强，保健食品市场空间变得广阔。如今，保健品面临的最大问题是保健食品缺乏特色创新，特别是仿照国外重复的产品居多，而利用天然产物及地方特色植物加工的保健食品及创新产品非常少。利用天然特色植物开发创新的保健食品品种，代表着未来我国保健品产业的发展趋势，预计未来中国保健食品市场的发展，将呈现消费者群体多元化、产品功能逐步细分、产品结构趋向合理、保健食品销售模式专营化、宣传模式推陈出新等爬坡趋势。

保健食品不是药品，不以追求治疗疾病为目的，是适用于特定人群，促进人体亚健康状态转化，重在调节机体内环境与生理节律，增强防御功能，达到保健康复功能的食品。

最近几年辣木受到欧美等发达国家很多研究机构和消费者的关注和热捧，2013年辣木树的不同植物器官保健食品的研发生产已经成为一个方向，该产业也成为欧、美、日等国家和中国台湾地区备受关注的新兴产业。目前，国内以辣木树为材料研究开发生产了系列规格的保健食品或食药同源食品，如辣木片剂、辣木胶囊、辣木绿茶等，成为补充人体营养、增强免疫力、预防疾病、提高生活品质、保证身体健康的神奇产品。随着辣木的保健价值逐步被人们了解、接受，辣木保健食品将给人类带来新的天然保健理念与系列保健食品，为人类的养生保健产业注入新鲜的血液，就像老百姓通俗说的"宁可站着跑着吃辣木产品，也不睡倒喝医生的药"，由此可以预见，辣木将成为保健食品的热点，发展空间广阔。

目前多项研究已明确，辣木在保健和药效方面的功效成分已有几十种，其中几种起基础和关键性作用的成分有：硫代氨基甲酸醋、氨基酸、活性蛋白、粗多糖、维生素、矿物质元素、过氧化氢酶和超氧化物歧化酶、香草醛和壳华醇、辣木素、苄基异硫氰酸盐，具体参见第四章。

1.2 辣木在保健食品中的应用

新型的保健食品强调的是营养性与功能性，辣木的营养价值与保健功能正是这一特点的体现，而这一特性在被人们了解、接受后逐步发展成为热点并受到人们的追捧。辣木应用在保健食品的深加工生产中，在为消费者提供一种全新保健食品的同时，也为云南热区辣木产业的发展提供了原料再生产，扩大了辣木原料的使用范围，增加了农民收入，并带动其他食品、医药、养殖业、农林等相关产业的综合发展，更重要的是天然辣木的开发可保证食品营养全面充足、安全和真正促进身体健康。辣木在治疗心血管疾病、降血压、降血脂、促进消化、改善视力、改善消化吸收、延缓衰老、改善肌肤、调节呼吸系统及中枢神经系统等方面都具有明显效果，参见第四章。研发的辣木保健食品主要有：

①辣木含片　是一种含有辣木叶提取物及人参和玛咖的含片，就像玫瑰含片一样，方便易携带，随时可含在口腔里，味道清香，回味甘甜，给药快。可防御口腔溃疡，牙龈肿痛，改善疲劳和口臭等常见症状。

②辣木咀嚼片　是用辣木粉制备的保健食品，通过在嘴里咀嚼可对口腔及咽喉直接给药，增大了对辣木有效成分的吸收度，具有提高口腔抗菌、消炎、增强体力、预防感冒等保健作用。

③辣木面包　是用辣木叶、辣木籽磨成粉，过筛取精粉与面粉混合发酵而成，可保护肝脏、预防动脉硬化，具有抗衰老、降压、降脂等保健作用，并能带动面包内营养物质的吸收和利用。

④辣木养生茶 选取优质辣木叶，用类似绿茶、红茶、乌龙茶等的制备方法制备而成，能最大限度地保留辣木叶本身颜色及所含营养物质，对提高人体精力、免疫力起到最佳保健目的。

⑤辣木微丸 以辣木叶粉为主料研发加工而成，具有提高精力、抗疲劳、增强人体免疫力、促进人体健康等保健功能。

⑥辣木营养豆腐 采用具高蛋白及多种保健效果的辣木叶为原料，经多重工序制作而成。具有促进人体的新陈代谢、增强体质、提高免疫力等的功效。

⑦辣木营养饮料 是以辣木提取物制备而成的，目前市场上很多饮料无法满足一些特殊人群的营养需求，随着人们营养需求意识的提高，人们对健康绿色食品的要求越来越高，从而使得具有保健功能的饮料供不应求。该产品具有补充人体营养、增强体内功效、保护肝、促进睡眠、抗疲劳等保健功能。

⑧辣木营养饼干 辣木含有丰富的蛋白质、维生素、膳食纤维及人体必需微量元素铁、硒、锌、铜等营养物质。以辣木为主原料，口感酥脆、味道香甜，解决了人们直接食用辣木叶粉口感稍显苦涩的不良感觉，其具有消费量大、保质期长、贮运方便、营养丰富、老幼皆宜、工业化程度高和易于营养强化处理等特点。因此，制作辣木营养饼干将有助于改善辣木叶粉的口感，使辣木迅速成为人们喜爱的营养食品，对人体也具有很大的保健效果。

⑨辣木营养奶粉 辣木粉及牛奶经过一系列加工而得。本奶粉在营养和保健方面的功效较同类产品显著提高，具有增进营养、食疗、保健的功效，是优质的补血保健食品。

⑩辣木叶营养蔬菜 辣木叶营养丰富，可选新鲜辣木叶作为蔬菜用于餐桌食用或腌制、烘干后做干菜备用，四季都能吃上辣木营养蔬菜。

⑪辣木保健灵芝 以辣木籽为主原料与其他的辅料按比例混合，再加水混匀，后装袋、灭菌、接种等多道工序加工而成。本产品营养丰富，富含微量元素和维生素，具有降压、降糖、活血的保健功效。

⑫辣木保健年糕 该年糕由辣木叶、辣木籽粉与其他辅料混合制作而成，年糕具有清香润滑等特点，适合各类人群食用，改变了传统年糕不易消化的缺点，同时也改变了传统药膳保健的草药味，并具有润肺、滋阴补肾、助消化、调节三高的功效，特别适合三高病人食用。

⑬辣木蜜饯 以辣木和果蔬等为原料，经用糖或蜂蜜腌制加工而成，能健脾养胃、消暑解暑、提高免疫力，同时能够促进消化达到补血活血、安神养颜、润肤乌发、健体瘦身的作用，老少皆宜，特别适合女性人群食用。

⑭辣木卷烟滤棒 是一种将辣木提取物放在卷烟滤棒中，既丰富卷烟的香气，又

增加口腔的回甘，还可增加滤棒的吸附能力，从而进一步降低卷烟的危害，制备得到高品质的卷烟产品，可以带动卷烟市场的壮大。

⑮辣木外服剂　在天然的提取物中，辣木种子的提取物具有优良的美白效果，特别是发芽的辣木种子的提取物含有更多类胡萝卜素、氨基酸，这将有更佳的美肤增白、抗衰老的效果。

⑯辣木营养茶　本营养品原料包括辣木树枝、辣木叶等为主料，鲜品原料经挑选加工制成均衡的茶饮品。其原料天然绿色，气味清香扑鼻，有助人体清热解暑、化痰止咳、抗疲劳、抗辐射、降血压、改善生殖功能等的保健作用。

⑰辣木虫草保健品　其有效成分包括不同组分的辣木茎叶粉，加入虫草粉，干燥后经超微粉碎加工制成的片剂和胶囊。通过口服或含服后，以提高机体免疫力，增加营养补充，改善亚健康状态，抵抗各种病菌的侵入。

⑱辣木保健牙膏　以辣木浸膏或临界二氧化碳萃取液的提取物为原料，在牙膏的基础上制成食药同源的保健牙膏，除具有抑菌和改善洁净口腔环境功能外，辣木提取物易被吸收，对口腔溃疡具有杀菌、清热解毒、消炎止血、固齿和补充营养的作用。

⑲辣木牛肉干　以辣木粉和牛肉为主料生产而成，肉干酥脆清香、风味独特、营养丰富、耐贮藏为高蛋白低脂肪食品，具有补中益气、强健筋骨、增强肌肉力量和恢复体力的功效。

⑳辣木桑葚酒　以辣木提取物和桑葚制备的酒，颜色透红、夺人眼目，似葡萄酒，具有补肾、益肝、强身健体、养颜补血、促进血液循环等作用，早晚饮食效果更加，比其他酒更能喝出营养、喝出健康。

1.2.1　辣木叶的保健功效

①辣木叶作为原料开发的纯天然绿色保健食品或食药同源食品，含有人体所需的全部营养物质，可取代部分复合维生素、钙片、鱼肝油等。经常补进有增进营养，食疗保健的功能，能增强免疫力、排毒、塑身、抗老化、抗癌，并对多种慢性及重大疾病都有极大的改善功效，特别对高血压、高血脂、糖尿病、痛风等有极佳的效果。

②甲状腺功能失调时氧化应激会发生明显的变化，甲状腺功能亢进诱导氧化应激，甲状腺功能减退引起微弱的氧化应激水平升高，往往难以检测。而辣木叶片含有调节甲状腺激素和肝脂过氧化作用的超氧化物歧化酶和过氧化氢酶，能调节甲状腺功能平衡及促进细胞增生和改善身体功能损失。

③辣木叶粉精选优良幼嫩辣木叶，经超微粉碎而成，干叶粉的提取物对中枢神经系统有非常有效的抑制作用，并能在3小时内有效地降低血糖水平，也可协助改善、预防疾病，改善睡眠、增强记忆力、延缓衰老等。

④其他作用

a.解酒：可用辣木叶似茶类泡水喝，或食用辣木绿茶（辣木绿茶是以其辣木嫩叶制成）每次2～3g，用沸水冲泡2～3min后既可饮用，汤色清绿，甘鲜爽口，香气独特，对于爱喝酒的人可到达醒酒的作用。

b.消除口臭：喜好吃蒜、臭豆腐的人，吃完后嘴里都会有股异味或有口臭，若喝含有辣木叶的水可起到除异味作用。

c.排毒促进代谢：对于肝功能代谢不正常的人，在食用辣木一至两个月后，有增强肝、免疫力、加速代谢及排毒减肥等功效。

d.防止皮肤过敏、皮肤癣、湿疹、蚊虫叮咬致皮肤痒，在早上和中午擦拭，用量依皮肤情况而定。

e.在早上和中午空腹食辣木粉后（服用期间记得要少吃甜、辣、冷、过酸过碱的食物），可预防泌尿系统疾病、糖尿病、痔疮、便秘等病。

辣木叶粉的使用方法：

①加入牛奶　可将辣木粉（细粉）加入牛奶或开水中，在早餐或中午服用，可有补充营养的作用，使人在一天里精神旺盛、活力无限。

②调入蜂蜜直接口服　用辣木粉冲水，并加入一定量的蜂蜜（甜度可按自己的口感，辣木本就有点苦味，蜂蜜就可多加点，但辣木粉液也不要过甜，适宜就行）。

③作为调料、香料加入厨房烹饪　在日常熬汤时将辣木叶放入汤锅中与肉类一起熬煮，这对于南方如广东、香港人将辣木叶加入汤锅之中是简单易事；或在炒菜中将辣木粉作香料加入菜中，也可将粉拌入面粉或馅制作面包、馒头、饺子，可达到食药同源的目的。

④辣木粉直接口服　用白开水或菜汤调服，最好是开饭前，忌空腹，用量：一般3克左右，便秘者用量可加大。

1.2.2　辣木籽的保健功效

辣木籽油所含的脂肪酸主要以不饱和脂肪酸为主，辣木籽的提取物——辣木油，对糖尿病人可以起到明显的降低和稳定血糖的作用（李松峰,黎青,2007）；排毒美容的作用亦十分明显，特别是老人斑；对胃起到很好的保护的作用，特别是宿醉；且能改善亚健康体质，对长期缺乏运动的体质尤为显著；正常健康的身体吃辣木籽是纯甘甜味的，如果有偏向以下的五种味道即知症状所在，食疗一段时间会改善的，入口五味辨症：味苦意味着肝功能有异，味酸说明心脏小肠耗弱，味涩代表脾脏肠肺失衡，吃过发呕可能是脑神经及体弱，味腥就是肾脏膀胱亏虚等症状。

根据国内外临床报告，经常食用辣木籽可增强免疫力、排毒、塑身、抗老化、抗癌、并对多种慢性及重大疾病都有极大的改善功效。下面是一些具体的保健功能（张燕平，段琼芬，苏建荣，2004）：

①排毒促进代谢　对于平常爱喝水泡茶的人，食用辣木籽是最优选择，吃一至三粒辣木籽，食用后再慢慢喝水，开始口感会偏苦，后感觉自然的甘甜味。天然辣木籽对排毒、加速新陈代谢、改善睡眠、增强免疫力和记忆力，加速代谢、排毒、减肥等有明显功效。

②皮肤系列　每天空腹食用2～3粒辣木籽或可含壳一起吃可消除皮肤过敏、香港脚、湿疹、富贵手或皮肤莫名痒等功效。

③消化系列　喝酒前一刻吃几粒辣木籽，会增加酒量而不易醉；消除口臭：对于刚吃大蒜、臭豆腐或自身有口臭的人，吃辣木籽有改善的作用，达到清口效果。

④ 改善肠胃作用　每天清早，空腹2粒后喝水，有快速清宿便和预防泌尿病、糖尿病、痔疮、便秘的作用，选择辣木合理膳食，有利于胃肠消化食物、吸收营养物质保证机体物质代谢的需求。

⑤增强免疫力　辣木籽是纯天然绿色食品，含有人体所需的全部营养物质，根据国内外临床报告，经常食用辣木籽可增强免疫力。辣木籽含有多种多糖、氨基酸、维生素、酶、甾醇等营养物质，能刺激机体对肿瘤的抑制，增强细胞免疫力，并对多种慢性及重大疾病都有极大的改善功效。

辣木籽的保健实例：

①降低血糖　目前治疗糖尿病是主要是靠吃西药、打胰岛素，这无法让糖尿病患者每天摆脱痛症的纠缠和药味萦绕。通过大量研究发现，辣木籽具有降糖作用，多食用辣木籽或已开发的辣木籽保健品。在印度，糖尿病患者食用传统种植的辣木籽，每天早午晚各5粒，直接嚼碎吞服，食用后饮水解苦，刚刚开始还需要西药辅助，但1～2个月后，西药用量降低，经每天观察血糖情况后，发现糖尿病患者的血糖含量在慢慢降低。

②排毒美容　老人斑是一个比较明显的案例。老人斑是老人特有的一种年龄的标记，就是随着年龄的增加，体内的自身排毒功能开始衰退，而导致毒素沉淀形成了斑点。辣木籽含有一种生物碱，通过这种生物碱的作用让人体排毒，也正是这种排毒能力的强大，只要早午晚直接嚼碎吞服几粒辣木籽，日复一日就会让沉淀多年的斑痕消退、美容排毒。

③解酒护胃　醉酒后最让人难受的莫过于反胃、呕吐和第二天早上的头疼，而头疼才实在让人太难受。辣木籽内含有的一种活性成分，可以有效针对酒精保护胃部而且加快酒精散发。这样可让醉酒带来的"灾难"降到最低。有人做过试验，喝酒前直接食用辣木籽可让酒量有所增加，同时醉酒后不再难受或减轻难受程度。

④改善健康　随着人们生活节奏的加快，运动量的减少，加班熬夜成了"常

饭"，再加上环境污染之类的问题，人体的透支越来越严重，日积月累形成身体亚健康。虽然，很多人会吃钙片，维生素片之类来补充，但这些只能是特定的补充。人体需要的营养素得全面而不是个别，再者，某一类的营养素过量是坏事而非好事，平衡才是健康之源。辣木籽含有多种营养，日常生活中或空闲之际直接嚼服辣木籽，能让人轻松地摆脱亚健康。

⑤排毒　部分便秘者会造成毒素累积。辣木具有利尿，促进人体内的水分循环和排毒作用，食用辣木籽后会更加多喝水，能使小便畅通，宿便畅通，这对于平常少喝水的人益处多多。食用辣木籽后，若口腔中有一段时间回甘，这是辣木籽本来味道，不要担心，多喝水会更利于排毒。

1.2.3　辣木根的保健功效

在印度，辣木根被用做祛风药，可促进排气，避免肠痛或痉挛和通便剂（laxative）或泻剂及一种用于缓和耳痛和牙痛的吸剂（snuff）。也可用新鲜辣木根、树皮和叶片所混合制成的一种汁塞入鼻孔可唤醒昏迷或精神恍惚的患者，或嚼食辣木根可以减缓感冒症状，根榨汁亦可作为皮肤营养剂（rubefacient）、抗刺激剂或起泡剂（vesicant）供外用。在塞内加尔，这种糊剂也用于缓和下背痛或肾脏痛，还被用为缓解堕胎剂、利尿剂和心脏与循环系统的滋补剂（注意：高血压患者不宜使用辣木根制品）。

①研究者对辣木根的乙醇提取物进行研究，提取到具有加压活性成分的硫代氨基甲酸和异硫氰酸盐糖苷，经证实可增加心脏收缩率，而高浓度时则可降低心脏收缩率，并能降低血压；且口服根提取物，有明显的抗炎症功能。

②Shukla S.、Mekonnen Y.和Nath D.等学者对辣木的避孕和堕胎作用进行了研究，结果表明，辣木的根、茎皮能够引起子宫激烈收缩导致堕胎，而且还能调节体内激素水平。

③James A.Duke证明了辣木根皮中一种叫作moringinine的生物碱具有强心、增加血压和助扩展支气管的作用。

④Palada M.C.报道了辣木根中的凤尾辣木素有止痛和退热作用，根据用量可增加或降低心跳而影响血液循环系统，高剂量时可麻痹迷走神经（Guevara AP er al.,1999）。

1.2.4　辣木花在保健食品中的应用

辣木花含有高量的钙和钾及丰富的氨基酸，是保健滋补的佳品，实验证明对改善视力很有帮助，在海外，辣木树花茶用于治感冒。辣木花蒸熟后凉拌即可食用，在印度，通常将辣木花用开水冲泡加适量的糖用来治疗感冒或者加牛奶煮熟增加性欲，辣木花汁也可以减轻喉咙发炎，但孕妇应避免之。花朵还可提炼香精油，可增加市面上香水或香粉的来源。台湾辣木树研究学会筹备处，在半年内经500人使用，验证发现一半以上使用者在以下几个方面有很好的改善效果，如：湿疹、富贵手、香港脚、燥热性头疼、骨质疏松症、糖尿病、神经衰弱、风湿关节痛、贫血、痛风、失眠、皮肤莫名痒、安定神经、经痛、便秘消化不良、淡化斑点、体质虚弱、提神、增强性功能等。

1.2.5 辣木茎在保健食品中的应用

辣木枝干细软，多数下垂，树皮软木质，致工业化生产时易提取内含物，避免过度的营养物质流失。树枝提取物可以作壮阳药物；树枝皮具刺鼻的辛辣味，提取其中的单宁和粗纤维，能促进肠胃消化；树皮油外用可制止皮肤癣、皮肤瘙痒等皮肤病，辣木树枝还需大量研究及开发更多产品，以适应市场，获取较高的经济效益。

1.2.6 辣木豆荚在保健食品中的应用

充分成熟的荚果横切面近圆形或三棱形，长约在30～120 cm，荚果的长度因种类不同而差异较大，直径约1.8 cm，干燥后纵裂成三部分，每荚果内具种子13～26粒左右，荚果两端尖细。辣木树豆荚内含驱虫剂，具有强烈的驱虫效果，荚果有利湿、健脾胃之效。Mehta K等学者在2003年证实了辣木果荚有降低血清、胆固醇、磷脂、甘油三脂、超低密度脂蛋白、低密度脂蛋白和动脉粥样化指数，增加胆固醇排泄的功效（mehta L K, 2003）。

1.3 辣木在药品中的应用

辣木在发展中国家被视为当今世界上最热门的多用途树种之一，国外许多生化科技公司争相投入大笔资金研发相关产品。辣木对于糖尿病、高血压、心血管病、肥胖症、皮肤病、眼疾、免疫力低下、坏血病、贫血、佝偻、抑郁、关节炎、风湿、结石、消化器官肿瘤等疾病都有显著的治疗作用，辣木的医疗功能愈来愈受到重视（李国华，刘昌芬，2005）。根据印度医学千百年探究和生活经验，证实了辣木可治疗和预防300多种疾病。辣木在药物中的作用可参见第四章。

辣木已研发出很多药品应用于实际。主要有以下几种：

①辣木排毒养颜胶囊　以辣木为原料加以辅料制成胶囊，食用后具有通便排毒、健脾益肾、补血化瘀、养颜美白，用于脾气虚引起的便秘、痤疮、颜面色斑的作用，适合女性和老人使用。

②辣木胃泰颗粒　将辣木和茯苓、白芍等多种药物原料生产而成，常用于肠胃隐痛、饱胀反酸、恶心呕吐等症状，具有行气活血，柔肝止痛，治胃舒肠等药物功能。

③健胃消食片　以辣木粉、山药和山楂混合、压片制备而成，味道清香、口含而食，适宜不思饮食、脾胃虚弱或食用油腻食物导致的脘腹胀满，适宜范围广。具有刺激消化液、温中醒脾、健胃消食、提高食欲、排除胀气等疗效。

④辣木胶囊　将辣木和水蛭、全蝎、蜈蚣、檀香等原料磨成粉制成胶囊颗粒，用来治疗胸部憋闷、冠心病刺痛、绞痛，心悸自汗，心气虚乏等症状，有益气活血、通络止痛、治疗心力绞痛、补充营养、提高体质等作用。

⑤辣木甲状腺素钠片　辣木含有丰富营养及药效成分，通过服用用辣木制成的药片，不仅能提供营养还可治疗甲状腺肿大、甲状腺肿切除术后甲状腺肿复发、甲状腺功能减退等引发的症状。

⑥辣木眼膏　用辣木提取物加辅料凡士林、液状石蜡制成软膏，具有抗菌消炎作用。外出旅游或干农活时，涂用眼膏可防治蚊虫叮咬，或可用于治疗沙眼、细菌性结膜炎、麦粒肿及细菌性眼睑炎，达到消肿止痛的效果。

⑦辣木烧伤膏　烫伤和烧伤事件频频发生，对于应急处理方法不当和延时将会留下伤疤，对身体会造成巨大的伤害。用辣木、黄连、罂粟壳等制成的药膏，常用于治疗各种烧伤、烫伤、灼伤，具有清热解毒、消炎杀菌、止痛、促进皮肤再生等作用。

⑧辣木油　辣木种子含油率高，可食用也可制作香水等用途，用辣木籽压榨出的油脂在与桂叶油、桂醛油、水杨酸甲醛等按相应比例混合，对祛湿止痛特别是对于风湿性骨关节痛，跌打损伤，感冒头痛，驱蚊驱虫，有明显的预防和治疗作用。

⑨辣木阴道软胶囊　近年妇科病发生率逐渐增加，特别是产后妇女，阴道环境适合滋养细菌，致使阴道病成为病人的一块心病。以辣木为主要原料制成胶囊，通过胶囊内服协调阴道清洁，对治疗因念珠菌和革兰阳性细菌感染的外阴阴道病具有良好的效果。

⑩辣木固肾片　肾脏是排泄器官，容易受到药物的影响，肾功能俱全对身体代谢有很大的帮助，由于尿毒症等多种原因，不得不保留一个肾的大有人在。以辣木粉加辅料羧甲淀粉钠、二氧化硅等压制成片。常用于肾气不固所致的腰膝酸软、尿后余沥等因肾虚引发的症状，具有补肾壮阳、止痛消毒、促进新陈代谢的作用。

⑪辣木苯丁酸氮芥片　以辣木粉和为苯丁酸氮芥压成片，主治霍奇金病，数种非霍奇金病淋巴瘤，慢性淋巴细胞性白血病，瓦尔登斯特伦巨球蛋白血症，对癌细胞的繁殖扩散有明显的抑制作用。

⑫辣木喷雾剂　辣木具有杀菌消炎的药效成分，用辣木叶与樟脑、天南星等提取物制成有效成分的喷雾剂。常用于跌打损伤、扭伤、摔伤、风湿关节痛、骨质增生所致的肢体关节疼痛肿胀以及神经性头痛等，见效很快，具有消肿止痛，舒筋活络，祛风除湿等作用，但儿童谨慎使用。

⑬辣木消炎口服液　以辣木、板蓝根、黄芩等制成口服液，气味和颜色有辣木特性，且易于食用、方便携带，辣木饮食平衡，老少皆宜。可治疗外感风热引起的发热、咳嗽、咽痛等病症，常用于水肿、呼吸道感染、咽喉炎、扁桃体炎等症状，具有清热解毒、抗炎消肿、平衡膳食等作用。

⑭辣木贴膏　以辣木作为特殊药物成分制成便利创可贴，与一般的创可贴制作方法类似。体积小易于携带，于皮肤外用，能显著防止血小板聚集，缩短伤口出血时间，并减少出血量和防止小伤口细菌感染，亦治疗因真菌感染的头癣、体癣、脚气等病症。

⑮辣木含片　由辣木磨碎压制而成，口感清爽能消除疲劳、预防和治疗便秘、清火排毒，补充各种微量元素和维族元素，有效预防三高，适合上班一族每天食用，对营养保健有良好的功效，还能有效防治糖尿病、高血压、心血管病、肥胖症、皮肤病、眼疾、免疫力低下等疾病。

⑯辣木冲剂　由精选幼嫩辣木叶，经超微粉碎制成，袋装或灌装，可直接溶水口服，亦可掺于自制的辣木面条、面包、水饺、饮料等产品或泡汤食用，具有全面补充营养，提高免疫力、治感冒、美白通便、抗肿瘤、抗氧化、治疗失眠的作用。

⑰辣木补铁嚼片　由于辣木根中含有大量的亚铁无机盐，其含量高于市场上大多的补铁药品，且辣木植物提取物具有高营养、吸收快等优点，每日咀嚼可治疗慢性病、营养不良和儿童发育不全或因缺铁引起的贫血等症状。

⑱辣木气雾剂　用辣木、三七中药材泡制提取而成，成油状，可利用喷雾给药，气味清新。具有消肿、止痛、活血等功效，用于治疗咽喉发炎、口腔溃疡、跌打损伤、肌肉酸痛及风湿性关节等症状。

⑲辣木维生素滴剂　本品由辣木根、茎、叶经超微粉碎而成，加辣木籽提取植物油制成。含有大量预防和治疗维生素A及维生素D的缺乏症，如佝偻病、夜盲症及小儿手足抽搐症。也可治疗缺乏蛋白质、钙、铁、维生素C、维生素B以及一些微量元素导致的病症。

⑳辣木驱虫片　大部分宠物幼犬都有肠道寄生虫：如蛔虫、钩虫、绦虫等，会导致宠物不思饮食、身体羸瘦、发育迟缓、便秘或腹泻等症状。用辣木、槟榔、茯苓等中药材提取制成的驱虫片喂食宠物，适当地给药可预防驱虫、健脾开胃等效果，对动物健康也达到预防保护的的作用。

Moringa
oleifera
Lam.

辣木在畜禽饲料上的应用

我国优质蛋白质饲料和动物保健品资源匮乏，严重制约着我国畜牧业的发展，而开发新型植物性蛋白质饲料是解决此问题的有效途径之一。辣木是一种速生、高产、多功能且符合优质蛋白质饲料标准的植物，在国外已广泛应用于反刍动物、单胃动物饲料中，其作为畜禽饲料蛋白或饲料添加剂均能显著提高鸡、猪、牛、羊的总增重、平均日增重及饲料转化率，进而提高了畜禽的生长速度，缩短了出栏时间，饲喂成本显著降低；同时，辣木粉补充料还有利于改善肌肉脂肪酸的含量，降低肉脂质氧化程度，提高瘦肉率，降低胆固醇，肉、蛋、奶产量和品质明显改善。辣木叶粉不仅能提高干物质采食量，还可改善畜禽的血液生理生化指标并保持氮平衡，辣木籽粗提物可以改善瘤胃发酵功能，降低了瘤胃酸中毒的可能性，提高畜禽肌体的代谢能力，增强免疫力和抗病能力（吴顿等，2013）。因此，辣木饲料和保健产品的开发与应用不仅能缓解蛋白质饲料资源紧缺的现状，还能提高畜禽动物产品的产量和品质。

辣木具有营养丰富、容易栽种、产量高、价廉、采收时间短等特性，作为畜禽饲料很有价值，是一种不与粮食争土地的饲料源。研究辣木饲料，大力发展辣木饲料产业，对畜牧产业发展具有重要意义。近年来，辣木作为传统蛋白质饲料替代物添加到饲料中饲喂鸡、猪、牛、羊等动物均取得了良好的效果。

2.1　辣木对畜禽生长发育的影响

2.1.1　辣木叶粉对鸡生长的影响

　　将辣木叶粉添加到饲料中饲喂雏鸡，发现其采食量、总增重、平均日增重及饲料转化率均显著提高，同时还发现将辣木叶粉添加量增至24%时对试验鸡的总增重、平均日增重、饲料转化率、畜体及器官特征、健康率与死亡率都没有影响，且8%和16%辣木叶粉对鸡的生长率和饲料的效益均有显著提高（AYSSIWEDE et al.，2011）。将辣木叶粉加入豆粕型基础饲粮中饲喂雏鸡和成年肉鸡后显著提高了饲料转化率，但采食量变化不显著，辣木叶粉的最适添加量为25%，说明了辣木叶粉作为豆粕的替代物对肉鸡总增重及生长率同传统蛋白质饲料的功效相近（GADZIRAY et al.,2012）。根据辣木的营养特性，结合黄羽肉鸡（狄高鸡）对饲料转化率高的特点，运用辣木作为黄羽肉鸡饲料添加剂，观察黄羽肉鸡在含不同比例的辣木饲料下的生长情况，结果表明在饲料中添加10%～20%的辣木叶粉的效果较好。用辣木叶作为添加剂对胃肠功能发育不是很好的幼年动物来说前期生长速度比后期要慢许多，而在饲料中添加一定数量的辣木叶（5%～30%）对动物来说是比较安全的，其添加数量以占饲料的10%～15%最佳，且以饲喂体重1kg左右的肉鸡效果较为显著（李树荣等，2006）。

2.1.2　辣木叶粉对牛生长的影响

　　辣木叶粉作为低质草料的蛋白质补充料，在奶牛的日粮中添加辣木后，可提高奶牛摄食量、增加体重和提高产奶量。在臂形草基础饲粮（12.4kg臂形草+0.5kg甘蔗渣）中分别加入2.3kg辣木叶粉后，干物质采食量由8.5kg/d相应增加到10.2和11.0kg/d，干物质、有机物、粗蛋白质、中性洗涤纤维、酸性洗涤纤维的消化率及牛奶产量均显著提高（NADIR，EVA，INGER，2006）。Sarwa等（2004）不仅证明了辣木叶粉作为低质草料蛋白质补充料的可行性，其还可替代牛饲料中的常用蛋白质源：以象草为基础饲粮，添加辣木叶粉可有效替代奶牛饲粮中的棉籽粕，可以提高牛奶产量，两者最佳配比为40（辣木叶粉）：60（棉籽粕）；用辣木叶替代奶牛混合精料中的豆粕后发现所有消化吸收指标除蛋白质吸收率有所降低外，其余均无显著差异。因此，辣木叶粉可替代豆粕作为奶牛饲粮中的蛋白质源。

2.1.3　辣木叶粉对羊生长的影响

　　为确定辣木鲜叶的最适添加量，将不同比例辣木鲜叶与有芒鸭嘴草（原变种）混合肥育山羊，20%和50%的辣木鲜叶添加量效果较好。在此添加量下山羊的平均日增重、干物质采食量以及粗蛋白质和中性洗涤纤维的消化率均显著提高。而辣木叶粉在落花生牧草饲粮中的最佳添加量与辣木鲜叶添加量不同，辣木叶添加量为50%时，氮素的吸收利用及养分消化率较单一的落花生牧草饲粮、50%竹叶、50%落花生牧草混合饲粮好（AREGHEORE，2002）。此外，辣木不仅可作为多种饲粮的蛋白质补充料还可以作为饲料原料，Luu等（2005）认为辣木叶粉可作为单一的山羊饲粮，因饲喂后干物质采食量、反刍率及消化率都与已应用于生产中的山羊单一饲粮——银合欢叶无显著差异。用100%辣木叶粉饲喂绵羊时干物质、有机物、粗蛋白质、中性洗涤纤维的消化率均最高。所以，辣木鲜叶和辣木叶粉可作为羊饲粮的蛋白质补充料。

2.1.4　辣木叶粉对猪生长的影响

辣木叶粉在猪饲粮中应用的报道较少。LY等（2001）对辣木叶粉作为猪饲料进行了研究，他们采用胃蛋白酶、胰蛋白酶两步体外消化法分析了辣木叶粉等多种热带林木或灌木的叶片作为猪饲料的表现消化率，结果表明辣木的蛋白质体外消化率最高（达79.2%），生长速度和增重也是最快。

2.2　辣木对畜禽产品品质上的作用

Nkukwana等（2014）研究了辣木叶补充料对肉用仔鸡胸肌肉脂肪酸和脂质氧化稳定性的影响，结果显示在饲料中添加5%的辣木叶粉有利于改善脂肪酸的含量性质，并降低储藏过程中鸡肉脂质氧化程度。用已推广的蛋鸡饲粮蛋白质源银合欢叶为对照，发现辣木叶粉对鸡蛋产量和品质有所提高，而10%辣木叶粉为最适添加量（MOHAMMED，SARMIENTO-FRANCO，SANTOS-RICALDE，2012）。将辣木叶粉作为鱼粉的替代物加入2周龄肉鸡饲粮中发现饲喂效果良好，饲喂成本显著降低，且对肉鸡的胴体品质、血液指标及死亡率没有产生负面影响，而在含有玉米、豆粕、米糠为主的猪饲料中配入天然辣木粉，使猪饲料中富含丰富的粗蛋白、粗纤维、矿物质、维生素，不添加任何化学药物或化工原料，无毒副作用，饲喂后增重快，出栏时间短，瘦肉率高，胆固醇低，能减轻酸化，提高猪肉品质。在奶牛的食粮中添加了辣木后，可提高奶牛摄食量、增加体重和提高产奶量，而且还会提高牛奶的质量。用辣木叶粉替代奶牛混合精料中的豆粕后发现所有消化吸收指标除蛋白质消化吸收率显著降低外，其余均无显著差异，而且还改善了牛奶品质（MENDIETA-ARAICA，2011）。不同比例辣木叶粉替代葵花籽粕和豆粕的饲喂效果，发现干物质、中性洗涤纤维的消化率随辣木叶粉替代比例的增加而升高，在等能量、等蛋白质饲粮中将辣木叶粉部分替代葵花籽粕饲喂山羊还可明显改善其生长性能和胴体品质。因此，辣木叶粉和辣木鲜叶均可作为蛋鸡和奶牛饲料的蛋白质补充料，且对鸡蛋产量和牛奶品质有促进作用。

2.3 辣木在畜禽养殖上的保健作用

由于动物采食后的血液生化指标是衡量该饲料品质及适用性的重要标准之一，在鸡饲粮中加入不同比例（0、2.5%、5.0%、7.5%）辣木叶粉饲喂 0～2 周龄的肉雏鸡后发现，除血球容积（PVC）和血红细胞数量与对照组有显著差异外，其他指标（如血蛋白、血清蛋白、血球蛋白等）均无显著差异，说明肉雏鸡饲粮中可添加7.5%的辣木叶粉且无不良反应（ONUPN，ANIEBO，2011）。用辣木叶作为添加剂对胃肠功能发育不是很好的幼年动物来说前期生长速度比后期要慢许多，而在饲料中添加一定数量的辣木叶（5%～30%）对动物来说是比较安全的，其添加数量以占饲料的10%～15%最佳，且以饲喂体重1kg左右的肉鸡效果较为显著（李树荣等，2006）。而在含有传统猪饲料（玉米、豆粕、米糠为主）中配入天然辣木粉，使猪饲料中富含粗蛋白、粗纤维、矿物质、维生素以及辣木黄酮等多种抗氧化、抗菌消炎的活性成分，且粗脂肪含量低，氨基酸比例适宜，能提高生猪肌体的代谢能力，增强免疫力和抗病能力。近年来，在我国高产奶牛饲养中瘤胃酸中毒病症普遍存在，该病不仅可直接影响奶牛的生产、繁殖性能，还会诱发其他疾病甚至死亡，给养殖者造成严重的经济损失。利用体外法研究辣木籽粗提物对奶牛瘤胃发酵的影响，结果发现辣木籽粗提物可延迟蛋白质退化和加快蛋白质代谢，从而降低了瘤胃酸中毒的可能性（HOFFMANNEM,MUETZELS,2010）。辣木叶粉不仅能提高干物质采食量、平均日增重、养分消化率等，还可改善羊的血液生理生化指标并保持氮平衡。将辣木叶粉添加到天竺草饲粮中饲喂绵羊的研究结果就说明了这一点，当添加量为25%时，氮平衡、血液指标及粗纤维消化率表现最佳（AKINYEMI，JULIUS，ADEBOWALE，2010）。而选择脱脂辣木籽粉替代牧草–豆粕羊饲粮中的豆粕成分饲喂羔羊，以牧草为基础饲料，每100g豆粕中分别添加0g、2g、4g、6g的脱脂辣木籽粉，结果供试羔羊平均日增重分别为63.8g、88.5g、97.0g、76.6g，并且添加脱脂辣木籽粉不仅没有影响消化率以及氮平衡，还改善了瘤胃发酵功能（SALEMAHB，MAKKARBHPS，2009）。

辣木成为饲料产品和动物保健品还存在一系列的问题，例如：辣木未被大范围推广种植，不同地区的生态适应性尚需进一步引种试验；辣木饲料的产品和保健品加工研究薄弱，缺少标准化加工方案，且尚未开发有针对性的辣木专用饲料和保健品的品牌。辣木在畜禽饲料中的研究推广前景广阔。

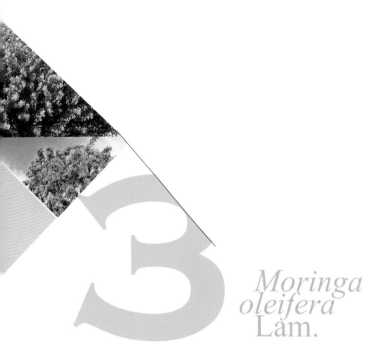

Moringa
oleifera
Lam.

辣木在日化用品中的应用

3.1　辣木在化妆品中的应用

应用辣木蛋白加工的化妆品已有产品面市，主要包括抗细菌、粉尘、烟气、废气和重金属以及具有保水作用的各种膏、霜、剂，市场售价不菲，属高端护肤品。

目前，关于化妆品的定义各监管部门还未统一，根据2007年8月27日国家质量监督检验检疫总局令第100号《化妆品标识管理规定》，化妆品的定义是指以涂抹、喷、洒或者其他类似方法，施于人体（皮肤、毛发、指趾甲、口唇齿等），以达到清洁、保养、美化、修饰和改变外观，或者修正人体气味，保持良好状态为目的的产品。

本部分内容主要探讨辣木在防晒霜、去皱霜、BB霜、洁面膏和面膜中的应用。

3.1.1　辣木防晒霜

有学者对辣木籽油抗紫外线进行研究，表明其具有抗紫外线的能力，具体研究如下：

段琼芬等（2008）研究表明，10%～30%的辣木籽油可抵抗中波（UVB290～320nm）和短波（UVC200～290nm）射线，30%～100%的辣木籽油可抵抗长波（UVA320～400nm）、中波和短波射线，10%的辣木籽油对短波和部分中波紫外射线有吸收作用，0.1%的辣木籽油能吸收短波射线；采用中波紫外线和长波紫外线照射小鼠背部皮肤及双耳，造成小鼠皮肤及双耳灼伤水肿模型，以皮指数、耳指数、表皮厚度及皮肤组织病理学等指标评价辣木籽油对该模型的保护作用。结果显示辣木籽油组小鼠的耳指数、皮指数、表皮厚度均低于模型组且有显著性差异。说明辣木籽油能明显抑制紫外线射伤所致的小鼠皮肤表皮角质化与浸润，抑制真皮层组织病理改变。这两个研究结果表明辣木籽油具有抗紫外线性能，即辣木籽油具有防晒功能。

将辣木籽油抗紫外线功能运用于日化用品中的实例较少，例如：莫尔卡辣木防晒霜，防晒指数：SPF40，PA值：PA++，产品成分中含有的辣木成分可以防晒防辐射，阻挡紫外线等外界有害物质的侵入；Seven Drops辣木美白防晒霜，防晒指数：SPF50+，PA值：PA+++，其产品成分含有辣木花精油，与文献报道的利用辣木籽油抗紫外线稍有差异，但也能起到抗紫外线的作用。

3.1.2 辣木去皱霜

Ali等（2014）在研究含辣木叶提取物的防晒霜对皮肤的增生作用时，利用含3%辣木叶提取物的防晒霜和不含辣木叶提取物的防晒霜进行为期3个月的对比实验，评价指标依次为：皮肤恢复参数、体积和表面纹理参数。结果表明使用含提取物的防晒霜在体积增加上和改善表面纹理上有作用，且与对照组相比差异显著。说明辣木霜具有增生皮肤，抗衰老作用。

将辣木增生皮肤和抗衰老作用运用于日化用品中的实例如下：Organic Moringa Anti Aging Cream，其主要成分有辣木油、椰子油和橄榄油等。其产品中的辣木油可以刺激面部皮肤的新陈代谢，加速衰老皮肤的脱落，从而去皱；My Prime Anti-Aging Skin Recovery and Brightening Formula：其主要成分有辣木油和苦杏仁油，此面霜能够减少黑斑、老年斑、粉刺和皱纹，同时提高肌肤紧实度和增强弹性。

3.1.3 辣木BB霜

美诗达亚辣木BB霜，具有的纯天然辣木根精华，能够起到美白和水润等多重功效。美白功效可能是由于辣木的液态光感粒子的作用，因为液态光感粒子可以在肌肤表面形成自然光感膜，从而让暗沉的肌肤变得透亮；还可能是由于辣木中的抗氧化物质有效地还原了脸部的黑色素，同时抑制酪氨酸酶的活性，阻止黑色素形成，从而起到美白肌肤的作用。

3.1.4 辣木洁面膏

美宝莲辣木洁面膏，蕴含的辣木籽精华能够去除老化的角质，温和地去除死皮。

ZiJa-GENM辣木洁面膏中的辣木成分能够温和地去除角质，使肌肤恢复平衡、弹性和均匀的色泽。

Emma Hardie辣木洁面膏中的辣木成分能够净化肌肤，减少毛孔，镇静敏感肌肤，并且能够活化暗沉及成熟肌肤。

3.1.5 辣木面膜

PURE NATURAL辣木滋养面膜。产品成分中85%以上为有机辣木精华，其中的辣木精华可以预防皮肤损伤，改善紧致皮肤。从而给予皮肤充分的水分补给，长时间保湿。

云草堂辣木面膜。其产品中富含的辣木精油能够促进新陈代谢，打散黑色素，排黑祛黄，抑制黑色素形成。

3.2 辣木在清洁用品中的应用

Ferreira等（2011）在研究辣木水溶性絮凝剂澄清浑水时，发现其能抑制金黄色葡萄球菌、大肠杆菌和环境湖水中细菌的生长。Lea（2014）在对辣木籽水溶性提取物对地表水浊度的降低研究中，发现辣木籽水溶性提取物在将浊水分层后能减少90.00%~99.99%的细菌。Torondel等（2014）在研究辣木叶粉的杀菌消毒作用时，通过人为的在15个志愿者手上添加相同的大肠杆菌，按照欧洲标准化委员会协议（EN 1499）上的标准，比较辣木叶粉组和不含辣木叶粉的肥皂组杀菌效果。结果表明，当辣木叶粉的剂量为4g时，其杀菌效果和肥皂的一样，但其实验结果来源于实验室的设计，实际生活中的情况并未进行研究。不过辣木在清洁用品中的应用较多，本文就辣木洗发水、辣木沐浴乳和辣木手工皂三个方面进行介绍。

3.2.1 辣木洗发水

辣木，作为一种神奇的植物，因其具有多种功能作用和药效，被充分运用到各行各业。其中，辣木被广泛应用到洗发水中。辣木洗发水数量多，品牌多，因篇幅有限，不可能一一罗列。现将主要的洗发水及辣木在其中的作用列举如下：

①莫尔卡辣木洗发水　本品利用辣木独特的辣木素（pteygospermin）和生物碱（spirochin）等天然杀菌成分，有效地抑制细菌，平衡油脂，调节pH值。提取的辣木精华含有高效的营养成分，够有效改善头发开叉、脱发掉发、头发脆弱易断，发质枯黄等发质问题。

②韩国Kerasys辣木洗发水　本洗发水通过利用辣木修复损伤的头皮角质层，以及对敏锐的头皮角质层的保护作用，进而能够柔软头发。每周使用本产品2~4次，发质改善更明显，健康效果得到美国Dermac研究所和德国DWI研究所的认证。

③德国NEOBIO辣木洗发水　萃取的天然辣木高分子能量氨基酸和植物多糖等渗透头发表皮，锁水并柔顺秀发。丰富的角质蛋白质迅速恢复发质天然平衡，由发根到

发尖重组头发结构，保护毛细血管结构，改善分裂的发根，恢复秀发天然质地。

④Moringa Serum Shampoo 产品中的辣木素，能高效清除头发、头皮上的尘埃及细菌。

通过以上几种洗发水介绍，我们可以总结归纳出辣木在洗发水中机理，主要是运用辣木提取物杀菌、保护的作用。

3.2.2 辣木沐浴乳

沐浴乳，是洗澡时使用的一种液体清洗剂。根据pH不同分碱性沐浴乳和酸性沐浴乳。沐浴乳是一种现代人常见的清洁用品，其发明主要是为了取代传统清洁肥皂的触感和功效。

沐浴乳的功能除了简单的清洁控油去角质外，还能保湿美白。同时还有其他功能性作用，如：舒缓安睡、晒后修护、提亮肤色和抗菌消炎等。根据使用对象的不同，又可将沐浴乳分为婴儿沐浴乳、儿童沐浴乳、男性沐浴乳和女性沐浴乳。辣木在沐浴乳中应用较多，除了婴儿沐浴乳和儿童沐浴乳外，男性沐浴乳和女性沐浴乳都有大量的产品。现举例说明辣木在沐浴乳中的作用：

①The body shop辣木花沐浴乳 本品具有排毒、净化肌肤，令肌肤更加有光泽的作用；还能去除橘皮组织，燃脂紧致瘦身；也可排除皮下多余水分和收紧松弛皮肤美化身体曲线，还可消减妊娠纹与肥胖纹。本品具有上述作用的原因可能是由于印度辣木精华具有促进肌肤新陈代谢，温和去除肌肤污垢及多余油脂的作用。本品是一款绝佳的女性沐浴乳。

②美诗达亚MESDIA辣木沐浴露 本品具有滋润、舒缓肌肤、深层清洁和控油提神的功效。可能的原因是由于产品所含的辣木籽精华对皮肤有良好的营养及渗透作用，给予肌肤充分的滋润，令肌肤富有弹性和光泽。同时，辣木籽精华，可深层清洁并抵抗自由基。

3.2.3 辣木手工皂

将辣木杀菌消毒作用运用于手工皂的实例如下：

① UK Derm PharmaGlutathione Soap 其主要成分为曲酸和辣木提取物，此肥皂的主要作用有抗衰老、消除老年斑和减少青春痘。这可能是由于辣木提取物的杀菌和抗氧化作用。

② Parrot Moringa Herbal Soap 其主要成分为辣木叶提取物、竹炭和丁香提取物。其主要作用为抗菌和消除体味。其抗菌作用来自于丁香提取物中的丁香酚（Eugenol）和辣木叶。

③THE BODY SHOP辣木手工皂 本手工皂蕴含辣木精华，可加强肌肤细胞的营养供给，强化皮肤结缔组织的张力和韧性，润泽皮肤；同时可以排除皮下多余水分和

收紧松弛皮肤美化身体曲线；还可消减妊娠纹与肥胖纹。

④ Moringa Virgin Coconut Handmade Soap 本手工皂是Organic Veda旗下的一款重要产品，主要由辣木籽油和辣木叶制作而成。本品不含任何人工合成成分，产品功效全部来自辣木。不仅具有杀菌作用，还能刺激皮肤的新陈代谢，并能补水。

3.3 辣木在口腔卫生品中的应用

3.3.1 辣木牙膏

目前在国内市场上已有一些辣木牙膏，如雅姿辣木花净澈气息牙膏，此产品拥有持久净澈配方，内含天然辣木花精华提取物，深层洁净牙垢，有效祛除口腔异味，净澈气息。

3.3.2 辣木喷雾

雅姿辣木花香口喷雾。本喷雾含有的辣木花提取物能够在口腔中持久留香。

The Body Shop Moringa Fragrance Body Mist蕴含天然辣木萃取、有机纯净的植物性酒精，可温和收敛、镇静、抑汗醒肤；同时具有优异的保湿功效，能润泽赋活肌肤，形成天然保护膜，使用后全身肌肤倍感清爽舒畅。

同时，还有昆明生产的辣木花香口片，也能够清洁口腔，且能补充营养。

辣木在水质净化中的应用

在非洲，普遍使用辣木种子处理饮用水，大量的研究证实了辣木种子确实含有天然凝聚成分（Ndabigengesere and Narasiah,1998; Okuda, Nishiiima, Okada, 2001），有净化水的特殊功能。

目前城市饮用水处理主要用硝硫酸铝等化学药品，过量的化学药品对人的健康均有不同程度的副作用，影响人类健康。研究表明铝会引起阿尔茨海默氏病或称早老性痴呆（Tetsuji et al., 2001）。相反，辣木活性凝结成分能除去99%的细菌，处理后的饮用水没有副作用，是未来最有希望的天然凝聚剂。随着现代农业和工业的发展，水污染严重，选用辣木作为饮水或废水处理剂有良好的市场应用前景。

4.1 辣木种子的净水能力及应用

净水的活性成分主要存在于辣木的种子中，种子未成熟时就可以食用，但如果将其用于饮用水的净化，那就要让种子充分成熟、干燥后使用。净化水时，需将辣木种子剥壳、粉碎、过筛、加水、充分搅拌所得上清液就可直接用于净化饮用水。同时，辣木种子脱脂后的油粕（脱脂粉）具有絮凝作用，是国际环保组织推荐的人畜饮用水净化絮凝剂。

辣木种子用于饮用水的净化历史悠久。尼罗河沿岸的很多村庄很早就使用辣木净化饮用水，村民将辣木叫作"Shagara al Rauwaq"，意指净化水的树（Von Maydell，1986）。许多辣木净水的实验表明，辣木种子粉末的水提液能够减少水中泥沙和细菌含量（Muyibi and Evison, 1996; Grabow, 1985）。辣木种子粉末的水提液对高浊度的水很有效，对低浊度的水净水效果相对较差，可能是其粗提液中含有非净水活性成分（Muyibi and Evison，1995），影响了总活力。Okuda等（2001）对辣木种子的净水活性成分进行纯化，纯化后活性成分的净水能力可提高34倍。

辣木种子用于废水的处理时也表现出很好的效果（Katayon et al., 2007）。用它处理城市污水和棕榈油加工厂的废水（棕榈油厂的废水含有很多有机物，其生物需氧量、化学需氧量、油脂含量均很高），净化之后的水，其生物需氧量、化学需氧量、油脂含量均降低到理想的水平。

Anwar等（2007）研究结果表明辣木种子水提液还具有软化水的功能，同时对水的pH具有缓冲作用。它能很好地净化高碱性的地下水（Akhtar et al., 2007），能够有效地除去水中的农药残留，如：对硫磷、苯、甲苯、乙苯等，用于饮用水的净化还有杀菌消毒的作用（Obioma and Adikwu, 1997）。

段琼芬等（2008）通过辣木种仁净水剂与常用化学净水剂净水效果比较研究，表明辣木种仁净水剂有很好的净水效果，净水效率与聚合氯化铝差异不大，能使水的混浊度降到世界卫生组织饮用水标准以下（浊度≤5FTU），可作为化学净水剂的替代品使用；辣木种仁和辣木油渣都可作为净水剂使用，二者净水效果差异不显著，从净水成本和综合利用考虑，选用辣木油渣作为混水净水剂更加经济合理；当混水浊度为150.6 FTU时，辣木油渣净水的最佳剂量为每升混水中加入0.2 g辣木油渣粉。

潘庚华（2013）研究了辣木籽吸附Cu^{2+}的性能，结果表明：随着吸附剂用量增加，Cu^{2+}的去除率从70.84%增至79.66%；当pH由2至6逐渐增加时，去除率由35.7%增至76.9%，去除率的增加都是先快后慢，最佳pH为4；共存离子Cr^{6+}对辣木籽吸附Cu^{2+}的效率有影响，当Cr^{6+}浓度由10 mg/L增至50 mg/L，Cu^{2+}的去除率从72.1%增加至83.6%。

采用凝胶过滤层析纯化辣木絮凝剂，试验用已知分子量的乳酸菌肽和溶菌酶为标准品，将其混合物通过Sephadex-G50葡聚糖凝胶柱，获得标准品的洗脱时间及洗脱体积，在同等条件下将辣木絮凝剂粗提物上柱，根据标准品获得的洗脱时间与分子量的关系，收集分子量为3kDa-13kDa的组分（黎小清，白旭华，刘昌芬，2008）。经过纯化后的辣木絮凝剂可把污浊度为82.00 NTU的澜沧江水降到3.66 NTU，去除率达95.54%，较辣木絮凝剂粗提物的去除率提高23.48%。用凝胶过滤层析纯化辣木絮凝剂是一种简单方便的方法，辣木絮凝剂回收率为89%，损失较少，能大大提高辣木絮凝剂的絮凝效果，但是还未达到国外报道的絮凝活性较粗提物提高34倍（Lalas and Tsaknis, 2002），葡聚糖凝胶也可以反复使用，但纯化处理量有限。

张饮江等（2012）将辣木籽天然净水剂与常用化学净水剂明矾、聚合氯化铝等净水效果进行比较研究，结果表明：辣木籽有较明显的净水效果，净水效率与聚合氯化铝相当；确定辣木籽净水最佳剂量为100 mg/L；辣木籽粗提取液有良好净水效果，但水体中有机物含量有所增加；利用不同倍数蒸馏水与NaCl溶液对辣木籽进行处理，10倍NaCl溶液提取辣木籽，降低浊度的效果明显，同时高锰酸盐指数并未增加，采用不同盐溶液提取辣木籽，对水体浊度去除效果相当。

Prasad（2009）研究了用辣木种子制成的絮凝剂对酒厂的酒糟水进行脱色处理，采用响应面法对脱色工艺参数进行优化。结果表明，辣木絮凝剂作为自然脱色剂可以除去污水53%～64%的色泽。絮凝剂在常温和4℃条件下活力保存期分别为3d和5d。

Sengupta等（2012）在研究辣木籽提取物在城市灌溉水中减少蛔虫卵和降低浊度的作用时，通过实验室实验和实地实验，发现辣木籽提取物对于灌溉用浊水、污水和自来水，均能够减少94%～99.5%的寄生虫含量，同时能够将水的浊度降低85%～96%。然而，这并不能达到世界卫生组织和美国环境保护署关于灌溉用水中寄生虫含量和浊度的标准。与此同时，Lea（2014）在研究辣木籽水溶性提取物对地表水浊度的降低情况中，发现辣木籽水溶性提取物能够将浊水分层，从而有效地降低80%～99.5%的浊度，同时还能减少90.00%～99.99%的细菌。

4.2 辣木净水活性物质的提取、分离和纯化

提取辣木净水活性成分的工艺是：粉碎辣木种子后将种子粉末与水配制成质量浓度为3%～6%的乳浊液，搅拌或剧烈摇动乳浊液，促进净水活性物质溶入水中，然后静置，上清液就可直接用来净水了。通过压榨或其他方法提取了辣木油后的辣木渣也可以采用相同的方法提取净水活性成分。提取的净水活性成分因含有其他水溶性的非净水活性成分（大多为有机物），采用这种水提液来净水时，净化的水在常温下存放较长时间，会产生颜色和其他气味。因此，对其中絮凝活性物质提取、纯化后制成饮用水净化絮凝剂是非常必要的（Ndabigengesere, Narasiah, Talbot, 1995; Gassenchmidt et al, 1985）。

在辣木天然絮凝剂的提取工艺中，采用超临界流体CO_2萃取（SFE-CO_2）工艺脱脂，获得近乎天然的絮凝剂。用真空浸提，薄膜蒸发浓缩，凝胶层析与膜分离纯化，真空冷冻干燥等工艺，制备出天然絮凝剂；试验样品贮存24个月，固体絮凝剂的絮凝

率＞91%，液态絮凝剂的絮凝率＞85%，是一种较好的提取工艺（白旭华, 黎小清, 伍英, 2013）。

Ndabigengesere等（1995）提取、分离、纯化净水活性成分的步骤为：辣木种子粉碎→加水并在家用搅拌机中搅拌30 min→依次用滤纸和0.45μm尼龙膜过滤→6～8 kDa和12～14 kDa膜透析→30 kDa膜超滤液冷冻干燥→蒸馏水重溶→80%～100%硫酸铵溶液沉淀→0.45μm尼龙膜过滤蒸馏水重溶→羧甲基纤维素阳离子交换树脂纯化（CM纤维素C-50, 0.05 mol/L，pH 7.0磷酸缓冲液平衡，0～1 mol/L NaCl溶液洗脱）→净水活性蛋白。

Okuda等（2001）研究了辣木净水活性成分的纯化工艺：辣木种子1 mol/L盐水提取液→过滤→滤液经12～14 kDa纤维素膜透析→冷丙酮脱脂→脱脂物溶解于0.1 mol/L NH₄Cl-NH₃溶液中（pH10.5）→3500 r/min离心30 min→上清液经柱层析（25 mm×30 mm, Amberlite IRA-900, 0.1 mol/L、pH 10.5 NH₄Cl-NH₃溶液平衡，0.15～0.25 mol/L NaCl溶液洗脱）→净水活性成分。通过这些步骤纯化的净水活性成分，其净水活性比粗提液提高了34倍。该方法纯化的净水活性成分为非蛋白类产品。

Ghebremichael等（2005）采用95%乙醇提取辣木种子中的植物油后的油渣用蒸馏水或0.5 mol/L盐水提取净水活性成分，接着用阳离子交换树脂纯化（CM-Sepharose FF树脂，50 mmol/L pH 7醋酸铵溶液平衡，0～1 mol/L醋酸铵溶液洗脱）。盐水和蒸馏水的提取物经树脂柱纯化时都显示出三个蛋白质峰（A、B、C），其中代表蛋白质峰B和C的馏分显示出很好的净水活性。其中，盐水的提取物包含较大比例的馏分C，该馏分在树脂柱上的吸附性很好，用较高浓度的醋酸铵溶液才能洗脱下来。进一步的研究表明，0.5～0.6 mol/L的NaCl溶液可以选择性的洗脱出高净水活性的馏分C。这种现象说明，用离子交换树脂纯化辣木种子的盐水提取液时，先用0.5 mol/L的NaCl溶液洗脱，除去没有或净水活性较低的成分，然后用0.6 mol/L的NaCl溶液进一步洗脱出高净水活性成分。该方法步骤少、易于放大为工厂化操作，经过纯化的净水活性蛋白基本不含有其他非净水活性成分，克服了水或盐水粗提物用于净水时的一些主要缺点，应用价值较高。

4.3 辣木净水活性成分不同提取、纯化方法的比较

不同辣木种子净水活性成分提取纯化方法的不同点主要包括以下几个方面：提取净水活性成分之前，辣木油是否提取过；提取净水活性成分，用水还是盐水；纯化活性成分，用盐析法还是离子交换法（张重权等，2009）。

Ghebremichael等（2005）发现，提取净水活性成分之前，辣木油是否提取过并不影响净水活性成分的提取。这样，在实际应用中，特别是在较大规模的应用中，可以先将辣木油提取出来，然后再进行净水活性成分的提取，这样既可以保证净水活性成分的质量，又可实现辣木种子的利用最大化。

经溶剂提油后的干燥辣木种子粉末加入20～30倍的盐水或蒸馏水，充分搅拌30 min，过滤，滤液为净水活性成分的粗提物。对该粗提物做净水活性实验，结果表明，辣木种子的盐水提取物其净水效能要明显高于相应的蒸馏水提取物体（Ghebremichael, Gunaratna, Dalhammar, 2006; Ghebremichael and Hultman, 2004）。用高岭土配制成一定浊度的水所做的实验证明，1 mol/L NaCl溶液提取辣木种子活性成分，其净水能力是蒸馏水提取液的7.4倍。这可能是因为在同样情况下，盐水溶出的蛋白质总量大约为蒸馏水溶出的蛋白质总量的2倍，盐离子强度的增加促进了蛋白质的溶解（Voet D and Voet J G, 1990）。

Ghebremichael等（2005）用离子交换树脂（CM－Sepharose FF, 50 mmol/L pH 7醋酸铵溶液平衡，0～1 mol/L醋酸铵溶液洗脱）对辣木净水活性成分粗提物进行纯化，发现辣木种子盐水和蒸馏水的粗提物中，被离子交换树脂吸附的蛋白质含量、洗脱出的蛋白质净水活性和其他理化性质都很接近。进一步的研究发现，辣木种子用水和用醋酸铵缓冲液提取，其净水蛋白的含量和净水效能也很接近。对一步提纯和两步提纯后的辣木种子絮凝剂的凝乳效果进行了研究，结果表明，采用30%和60%饱和度的氯化钠两步提取的絮凝效果显著优于一步提取（S á nchez－Mart í n, Ghebremichael, Beltr á n－Heredia, 2010）。

对辣木净水活性成分进行纯化（纤维素膜透析→冷丙酮脱酯→离心→上清液柱层析），发现纤维素膜透析纯化可以将盐水粗提液的净水活性提高为原来的26倍，膜透析纯化物再经柱层析纯化（25 mm×30 mm, Amberlite IRA－900, 0.1 mol/L pH 10.5 NH$_4$Cl－NH$_3$溶液平衡，0.15～0.25 mol/L NaCl溶液洗脱），最后的纯化物其净水活性提高为原来的33.7倍。这样纯化后的净水活性物质用于净水时不会增加水中的有机物含量，对浊度低至3.5 NTU的水也有很好的净水效果。并且蒸馏水提取物纯化的活性物质与盐水提取物纯化的活性物质不同，前者溶于去离子水，后者却不溶；前者的分子量约为12～14 kDa，后者约为3 kDa；前者为蛋白质，后者既不是蛋白质，也不是多聚糖，其凝结效果比传统的水提物更好，而且在低混浊度时不产生可溶性有机碳（Okuda et al., 2001）。

4.4　辣木净水活性蛋白的重组

现代分子生物学技术的发展，为辣木净水活性蛋白的重组提供了可能。人们利用基因工程的方法对其进行了重组，可更全面地认识和了解辣木净水蛋白的结构和特性。

Gassenschmidt等（1985）纯化并测定了辣木净水活性多肽MO2.1的氨基酸序列，建立了其cDNA文库，通过大肠杆菌Escherichia coli表达出该多肽。重组表达的多肽分子量大约为6 kDa，能够使分散在水中的高岭土微粒聚集，也能够絮凝格兰氏阳性细菌和格兰氏阴性细菌。利用多肽MO2.1的序列，Suarez等（2003）合成了一段适于该多肽在大肠杆菌中表达的基因序列并在E.coli ER2566中成功表达。利用显微镜和激光共聚焦显微镜技术，以细菌、黏土和GFP表达细菌为测试对象，研究纯化的重组后MO2.1的絮凝剂活性，表明其能很好地聚合蒙脱石黏土颗粒以及革兰氏阳性和革兰氏阴性细菌（Broin et al., 2002）。Suarez等（2003）对辣木种子的活性成分进行了研究，结果表明，一种重组或者合成辣木种子的阳离子多肽具有高效介导水中矿物微粒和细菌沉淀的作用。同时发现，此种多肽可以对严重污染的水起到消毒杀菌的作用，可以有效杀死多种致病细菌，包括抗生素耐药葡萄球菌、链球菌和军团菌，具有净化和消毒饮用水的作用。研究重组蛋白，对提高其絮凝性能和净水速度具有重要意义。

重组蛋白在净水中的应用成本太高，不适于工业化生产和应用，但其应用对更详细地分析辣木种子絮凝机理，为辣木种子发挥最大的絮凝作用提供参考。

4.5　辣木净水活性成分与特征性质的确定

辣木种子中的净水活性成分为水溶性带阳性电荷的多肽，其分子量为6～16kDa，等电点为10（Ndabigengesere , Narasiah, Talbot, 1995; Gasseuschmidt, Jany, Tanscher, 1991）。

马李一等（2013）对辣木种子天然絮凝活性成分进行了研究，采用净水活性追踪法，确定辣木种子中具有絮凝活性成分的蛋白质。结果表明：辣木水提液和盐提液中都是由等电点为2.42、3.41和11.38的3种主要蛋白质组成。在水提液中，等电点为3.41的蛋白质含量最高，达75.7%，其余2种含量分别为4.2%、20.1%；在盐提液中，等电点为11.58的蛋白质含量最高，达65.2%，其余两种含量分别为20.8%、14.0%。净水活性试验结果表明，辣木提取液中等电点为2.42、3.41的2种蛋白质净水活性差，不是辣木絮凝的活性成分；等电点为11.38的蛋白质具有较高的净水活性，絮凝5 h后的净水活性达93.4%，是辣木絮凝活性最主要的蛋白质成分。从盐水的粗提物中，Okuda等

（2001）通过盐析、冷丙酮脱脂、离子交换等一系列方法纯化的一个净水活性成分不含蛋白质、多糖和脂类成分，其最佳絮凝活性pH为8或略高，分子量为3 kDa，小于从蒸馏水粗提物中纯化的净水活性成分。该活性成分对浊度很低的水也具有很好的净水活性。如上所述，不同的纯化方法所得到的絮凝活性成分有可能不同。所以，在辣木种子中存在蛋白类和非蛋白类两种絮凝活性成分。

Ndabigengesere等（1995）纯化的净水活性蛋白为带阳性电荷的二聚体，其分子量大约为13kDa，等电点在10～11之间；在分解的情况下，其分子量为6.5 kDa。因此他们认为，辣木净水活性蛋白是由两个分子量为6.5 kDa的蛋白质亚基组成，两个蛋白质亚基通过S-S键连接。Ghebremichael等（2005）用离子交换树脂纯化的净水活性蛋白为阳性蛋白，等电点大于9.6，分子量小于6.5 kDa，在95℃下保温5 h仍然保持80%左右的净水活性。对辣木净水蛋白的表面活性和光谱研究表明，辣木蛋白具有很好的表面活性（Maikoker，2007），在343±2 nm处有最大激发光谱（Kwaambwa，2007）。

辣木净水蛋白中的一个多肽MO2.1，包含8个（13.1%）带阳性电荷的氨基酸残基（7个精氨酸，1个组氨基酸）、1个（1.6%）带阴性电荷的天门冬氨酸残基和14个（23%）谷氨酸残基，该多肽带正电，等电点的理论值为12.6。

Katayn等（2006）研究了不同储存条件下的辣木种子对其絮凝作用的影响，设置了是否封闭、室温（28℃）与冷藏（3℃）、储藏时间（1、3、5月）三个影响因素对辣木种子絮凝作用的影响。结果表明，冷藏和室温储藏在浊度去除率上差异不大，储藏期1个月的辣木种子的去除率显著高于储藏期为3个月和5个月的，随着贮藏时间的延长，其絮凝净水作用降低。另外，辣木种子絮凝效率取决于水的初始浑浊度，浑浊度越高，其去浊率越高。

Kalogo等（2000, 2001）研究了辣木种子水提物对污水处理USBA反应器中水解微生物多样性的影响。结果表明：在污泥中添加辣木种子的水提物后，污泥中以阴沟肠杆菌和肺炎克雷伯菌为主导的水解细菌的多样性增加，同时显示多种水解细菌可以降解辣木种子水提物，因此为水解细菌持续供应辣木种子水提物，可以增加水解细菌的多样性和促进生物反应器的开启。

4.6　辣木净水活性成分净水机理

对于辣木蛋白的净水机理，目前有不同的解释。有人将其归结为电荷吸收和中和：带阳性电荷的辣木蛋白能够与带阴性电荷的浑浊物微粒结合并中和浑浊物微粒表面的部分电荷，使浑浊物微粒表面形成电荷特性不同的区域，这样，在浑浊微粒运动碰撞过程中，浑浊微粒就通过不同电荷特性的区域相互结合而形成较大的絮凝颗粒（潘庚华，2013）。也有解释说：辣木的一种净水活性成分MO2.1富含谷氨酸，谷氨酸之间通过氢键形成的网状结构有利于浑浊微粒形成絮凝颗粒（Obioma and Adikwu, 1997）。

对于辣木种子中分子量为3 kDa的非蛋白净水活性成分，Okuda等（2001）提出了另外一种絮凝机理：网式絮凝，即通过净水活性成分形成的网状结构网住水中悬浮的颗粒。在二价阳离子存在和适于絮凝的pH条件下，二价阳离子与净水活性成分带阴性电荷的部位结合，二价阳离子同时与其他物质如浑浊微粒结合，如此便可形成不溶性的网状结构。相反，一价阳离子不能同时结合絮凝成分和浑浊微粒，就不能形成上述网状结构，不能使浑浊微粒絮凝沉淀。由此可见，其絮凝机理不可能是电荷中和。根据现有研究结果，我们初步认为，对于分子量较小、带较多正电荷（等电点大于10）的蛋白质类活性成分来说，其絮凝机理可能是吸附和电荷中和，而对于非蛋白类活性成分的絮凝机理，网式絮凝可能是更合理的解释。显然，更为确切的絮凝机理需要进一步研究。

4.7 辣木天然净水剂的优点和不足

辣木净水剂较化学净水剂有较多优点，它无毒、可降解、对环境友好。辣木净水剂对于所净化水的pH及导电性没有影响（Ndabigengesere and Narasiah, 1998），它在较高的温度下也很稳定，净水过程中还能够除去水中的微生物，能够除去污水中的Cd、Ni、Cr等重金属离子（Sharma et al., 2007; Bhatti et al., 2007）。辣木净水后所产生的絮凝废物体积仅为化学净水剂的三分之一，并且该絮凝废物可用作肥料，不存在环境污染问题。辣木净水剂在经济落后的地区相比化学净水剂更有经济、方便的优点。

辣木种子用于净水的一个主要缺点是部分有机物溶于所净化的水中（Martyn, 1989），所净化的水存放一定的时间之后，溶于水中的有机物可产生颜色和气味，纯化后的活性成分可以减少此问题的出现，但生产成本大大增加；粗提的辣木净水剂对较高浊度的水有效，但对低浊度的水效果不够好。同时，由于辣木蛋白质分子量小，其产生絮凝矾花比聚合氯化铝（PAC）的小，因此其净水速度比PAC要慢一些。

4.8　天然辣木净水剂应用展望

饮用水的净化已然是一个世界性问题。在发展中国家，饮用水的质量通常得不到保障；而在发达国家，长期应用化学净水剂，残留在水中的化学物质可能损害健康，净水之后的残渣造成的环境问题也较严重。因此，寻求可代替化学净水剂的天然净水剂显得至关重要。辣木净水剂凭借其一系列优点成为天然净水剂的首选。辣木作为净水剂的中试研究（Noor et al., 2002; Mcconnachie et al., 1999）已取得较大成功，但辣木籽净水剂真正得到商业化大规模应用，还需深入开展辣木栽培、净水剂大规模纯化、净水设备配套、天然净水剂产品生产和应用规范化、标准化，进行系统的经济性评估等相关多学科的综合研究，以及通过毒理学研究，取得相关卫生主管部门的应用许可。当辣木净水剂大规模推广应用后，辣木的培育和种植，辣木油、辣木净水剂等相关产品的深加工等方面都将产生明显的社会和经济效益，同时又会促进辣木产业发展，促进辣木净水剂的广泛应用。因此，辣木籽作为天然净水剂具有较好的潜在应用价值。

辣木蛋白质作为天然净水剂具有絮凝性好、效果稳定、无二次污染、安全无害等特性，具有十分诱人的应用前景和广阔的市场。

Moringa oleifera Lam.

辣木在其他工业中的应用

5.1　辣木种子的应用

由于辣木种子的产油率高达40％，工业上对于辣木油的开发利用较多。自2008年以来，菲律宾已大规模开发辣木生产辣木柴油（刘贺青，2010；Moser et al.,2011），辣木籽油还可以用作绘画原料，手表等精密仪器的润滑油（Jed, 2005；张燕平,段琼芬,苏建荣，2004）。另外，辣木油经进一步精制加工后也可作为高级食用油；由于辣木油清澈透明、无异味、不黏、细腻、润滑且芳香，具有良好的芳香固着性和极佳的氧化稳定性不易氧化酸败，是防腐剂和香料的优质原料；辣木油具强效的洗涤和造泡作用，因而是制作肥皂和化妆品理想原料；此外，辣木种油还可以用作精密仪器的润滑油（Jed, 2005；张燕平,段琼芬,苏建荣，2004）。有资料证实，辣木籽的萃取精油对红癣菌（*Trichophyto rubrum*），绿脓杆菌（*Pseudomonas aeruginosa*）和金黄色葡萄球菌（*Staphylococcus aureus*）均有抑制作用。辣木种油的抑菌作用主要是因为其含有4-α-L-鼠李糖氧基苯乙腈[4-（α-L- rhamnosyloxy）benzyl acetonitrile] 成分和辣木素（Pterygospermin），用辣木籽油涂抹在伤口上可以预防炎症和防止感染化脓（陈德华,张孝祺,张惠娜，2008）。因此辣木籽油除了具有功能食用油特点之外，还具有抑菌、消炎作用，可作外用涂抹油使用。

5.2 辣木叶的应用

有研究发现，辣木叶可用于生产家居清洁剂和沼气，还可作为生物农药（Jed，2005）。辣木叶中的蛋白质属纯天然无毒的多肽类物质，它主要能起絮凝剂的作用。在水质净化中能够提高净水的效率，并且在净化水质时添加辣木叶不会影响水体的 pH 值。因此，辣木叶可以用于有机、无机颗粒的沉淀，诸如水净化处理、植物油的澄清以及饮料与啤酒中纤维的沉淀处理等。辣木中所含的辣木素和凤尾辣木素有明显的杀菌作用，研究发现，辣木叶粉对许多菌株具有抑制作用（革兰氏阴性菌：志贺氏菌、绿脓杆菌、痢疾杆菌、假单孢菌属；革兰氏阳性菌：金黄色葡萄球菌、蜡样芽孢杆菌、枯草芽孢杆菌等）。其抗菌活性与其成分中含有皂苷、酚类物质和生物碱类物质有关，开发辣木叶粉制作洗手液具有较为广阔的前景（Torondel et al.，2014）。

辣木叶可用作植物生长的调节剂，研究发现，起生长调节作用的活性物质为玉米素（N-异戊烯腺嘌呤），是一种细胞分裂素类物质（盘李军,刘小金，2010；钟慧慧等，2006）；辣木叶的提取物除了能显著地促进植株生长，还能抵抗病虫害，从而达到增大果实、丰产等目的。此外，辣木叶提取过后的废弃的残渣可作为土壤改良剂和有机肥（罗云霞,陆斌,石卓功，2006）。

5.3 辣木木材和种壳的应用

辣木是很好的蜜源植物，由于其生长迅速（生长速度仅次于轻木），萌发力强，辣木木材还可作为薪炭用材；除此之外，辣木木材可用于造纸或作为天然的蓝色染料（Jed，2005；张燕平,段琼芬,苏建荣，2004）。辣木耐修剪，可用作胡椒、香子兰等经济藤本植物的活支架（刘永红,李会珍，2004）；由于辣木种壳"果荚"生产成本低廉，而且产品质量也有保障，因此是生产活性炭的原料（张燕平,段琼芬,苏建荣，2004）。

5.4 辣木树胶的应用

辣木树胶具有较好的火焰阻滞性，并且易于降解，可用作天然环保的阻燃剂，并用于制造改性木材（Hazarika and Maji，2013）。

参考文献

李松峰,黎青. 2007. 辣木的应用价值及在贵州的发展前景分析[J].农技服务, 24（9）:100.

张燕平,段琼芬,苏建荣. 2004. 辣木的开发与利用[J].热带农业科学, 24（4）:42-46.

Guevara AP,Vargas C,Sakurai H,et al. 1999. An antitumor promoter from Moringa oleifera Lam[J],mutation Research ,440（2）:181-188.

2004. 211辣木果实对正常和高胆固醇血症家兔血脂的影响[J]. 国外医药：植物药分册，19（4）:170.

mehta L K... //J Ethnopharmacol.2003,86（2/3）;191～195.

李国华,刘昌芬.辣木的医疗保健功效及其开发前景[C].//中国热带作物学会2005年学术（青年学术）研讨会论文集:271-276.

吴顿,蔡志华,魏烨昕,等.2013. 辣木作为新型植物性蛋白质饲料的研究进展.动物营养学报,25（3）:503-511.

董小英,唐胜球.2008.辣木的营养价值及生物学功能研究.广东饲料，17（9）：39-41.

Makkar H P S,Bcckcr K.1997.Nutrients and anti-quality factors in different morphological parts of the Moringa oleifera tree[J].Journal of Agricultural Science.Cambridge,（128）:311-322.

AYSSIWEDE S B,DIENG A,BELLO H,et al. 2011. Effects of Moringa oleifera（Lam.）leaves meal incorporation in diets on growth performances, carcass characteristics and economics results of growing indigenous senegal chickens[J] . Pakistan Journal of Nutrition,10（12）:1132-1145.

GADZIRAY C T,MASAMHA B,MUPANGWA J F,et al.2012. Performance of broiler chickens fed on mature Moringa oleifera leaf meal as a protein supplement to soybean meal [J]. International Journal of Poultry Science,111:5-10.

李树荣,许琳,毛夸云,等.2006. 添加辣木对肉用鸡的增重试验[J].云南农业大学学报,21（4）:545-548.

NADIR R S,EVA S,INGER L. Effect of feeding different levels of foliage of Moringa oleifera to creole dairy cows on intake，digestibility，milk production and composition[J]. Livestock Science,2006,10（1）:24-31.

SARWATT S V,MILANG'HA M S,Lekule F P,et al.2004. Moringa oleifera and cottonseed cake as supplements for small holder dairy cows fed Napier grass [J/OL]. Livestock Research for Rural Development,16（6）.

AREGHEORE E M. 2002.Intake and digestibility of Moringa oleifera-batiki grass mixtures by growing goats [J]. Small Ruminant Research,46（1）:23-28.

LUUHM,NGUYEN NXD,TRAN P N. 2005.Introduction and evaluation of Moringa oleifera for biomass production and as feed for goats in the Mekong delta[J].Livestock Research for Rural Development,179:138-143.

LY J,POK S,PRESTON T R. 2001. Nutritional evaluation of tropical leaves for pigs: pepsin/ pancreatin digestibility of thirteen plant species[J/OL]. Livestock Research for Rural Development,13（5）.

Nkukwana T.T., V. Muchenje, P.J. Masika, et al. 2014. Fatty acid composition and oxidative stability of breast meat from broiler chickens supplemented with Moringa oleifera leaf meal over a period of refrigeration[J]. Food Chemistry,（142）:255−261.

MOHAMMED K A E F，SARMIENTO−FRANCO L，SANTOS−RICALDE R. 2012. Nutritional effects of dietary inclusion of Leucaena leucocephala and Moringa oleifera leaf meal on Rhode Island Red hens, performance [J]. Cuban Journal of Agricultural Science,45（2）:163−169.

MENDIETA−ARAICA B. 2011. Moringa oleifera as alternative fodder for dairy cows in Nicaragua[D]. Doctoral thesis. Uppsala: Swedish University of Agricultural Sciences,1−58.

ONUPN，ANIEBO A O. 2011. Influence of Moringa oleifera leaf meal on the performance and blood chemistry of starter broilers [J]. International Journal of Food,Agriculture and Veterinary Sciences,1（1）;38−44.

HOFFMANNEM,MUETZELS.2010. Effects of Moringa oleifera seed extract on rumen fermentation in vitro [J].Archives of Animal Nutrition,57（1）:65−81.

AKINYEMI A F,JULIUS A A,ADEBOWALE N F. 2010.Digestibility,nitrogen balance and haematological profile of West African dwarf sheep fed dietary levels of Moringa oleifera as supplement to Panicum maximum[J]. Journal of American Science,6（10）634−643.

SALEMAHB，MAKKARBHPS.2009.Defatted Moringa olelyera seed meal as a feed additive for sheep [J]. Animal Feed Science and Technology,150（1）:27−33.

段琼芬,马李一,余建兴,等.2008. 辣木油抗紫外线性能研究[J]. 食品科学,2008,09:118−121.

段琼芬,杨莲,李钦,等,2009. 辣木油对小鼠抗紫外线损伤的保护作用[J]. 林产化学与工业,05:69−73.

Ali, A. Akhtar, N. Chowdhary, 2014.F.Enhancement of human skin facial revitalization by moringa leaf extract cream.Postepy dermatologii i alergologii, 31（2）: 71−76.

Ferreira, R. S. Napoleao, T. H. Santos,et al.2011. Coagulant and antibacterial activities of the water soluble seed lectin from Moringa oleifera. Letters in applied microbiology, 53（2）: 186−192.

Lea, M. 2014. Bioremediation of Turbid Surface Water Using Seed Extract from the Moringa oleifera Lam. （Drumstick）Tree. Current protocols in microbiology, 2014, 33: 1g.2.1−8.

Belen Torondel, David Opare, Bjorn Brandberg, et al.2014. Efficacy of Moringa oleifera leaf powder as a hand−washing product. a crossover controlled study among healthy volunteers, BMC COMPLEMENTARY AND ALTERNATIVE MEDICINE, 14: 57−63.

J.Tsaknis S.Lalas V.Gergis et al. 1999. Characterization of Moringa oleifera Variety Mbololo Seed Oil of Kenya [J].Journal Agric.Food Chem. 47: 4495−449.

Ndabigengesere A, Narasiah K S, Talbot B G. 1995. Active agents and mechanism of coagulation of turbid water using Moringa oleifera[J]. Water Res., 29:703−710.

Gassenschmidt U, Jany K D, Tauscher B, et al. 1985. Isolation and characterization of a coagulating protein from Moringa oleifera Lam[J]. Biochim Biophys Aeta, 1243:477−481.

白旭华, 黎小清, 伍英. 2013. 辣木天然絮凝剂提取工艺研究初报[J]. 热带农业科技, 36（3）:22-27.

Ghebremichael K A, Gunaratna K R. Henriksson H, et al. 2005. Simple purification and activity assay of the coagulant protein from Moringa oleifera seed[J]. Water Res., 39:2338-2344.

Ghebremichael K A, Gunaratna K R, Dalhammar G. 2006. Single-step ion exchange purification of the coagulant protein from Moringa oleifera seed[J]. Appl Microbiol Bioteclmol, 70:526-532.

Ghebremichael A K, Hultman B. 2004. Alum sludge dewatering using Moringa oleifera as a conditioner[J]. Water Air Soil Pollution, 158:153-167.

Voet D,Voet J G. 1990. Biochemistry[M]. Wiley, New York.

J. Sánchez-Martín, K. Ghebremichael, J. Beltrán-Heredia. 2010. Comparison of single-step and two-step purified coagulants from Moringa oleifera seed for turbidity and DOC removal[J]. Bioresource Technology, 101:6259-6261.

Tetsuji Okuda, Alovsnis U Baes, Wataru Nishiima, et al. 2001. Isolation and Characterization of Coagulant Extracted from Moringa Oleifera Seed bv Salt Solution[J]. Wat. Res., 35（2）:405-410.

Suarez M, Entenza J M, Doerries C, et al. Expression of a plant-Derived peptide harboring water-cleaning and antimicrobial activities[J]. Biotechnology and Bioengineering, 2003, 81（1）:13-20.

M. Broin , C. Santaella , S. Cuine , et al. 2002. Flocculent activity of a recombinant protein from Moringa oleifera Lam. Seeds[J].Appl Microbiol Biotechnol, 60:114-119.

Ndabigengesere A, Narasiah K S, Talbot B G. 1995. Active agents and mechanism of coagulation of turbid water using Moringa oleifera[J]. Water Res., 29:703-710.

Gasseuschmidt U, Jany K D, Tanscher B. 1991. Chemical properties of flocculant active proteins from Moringa oleifera lam[J]. Biol Chem Hopper-Seyler., 372:659.

马李一,王有琼,张重权,等. 2013. 辣木种子天然絮凝活性成分研究[J].广东农业科学, 21:103-107.

Maikoker R, Kwaambwa H M. 2007. Interfacial properties and fluorescence of a coagulating protein extracted from Moringa oleifera seeds and its interaction with sodium dodecyl sulphate[J].Colloids and Surfaces B: Biointerfaces, 55:173-178.

Kwaambwa H M, Maikokera R. 2007. A fluorescence spectros copic study of a coagulating protein extracted from Moringa oleifera seeds[J]. Colloids and Surfaces B: Biointerfaces, 06:213-220.

S. Katayon, M.J. Megat Mohd Noor, M. Asma, et al. 2006. Effects of storage conditions of Moringa oleifera seedson its performance in coagulation[J]. Bioresource Technology, 97:1455-1460.

Y. Kalogo, F. Rosillon, F. Hammes et al. 2000. Effect of a water extract of Moringa oleifera seeds on the hydrolytic microbial species diversity of a UASB reactor treating domestic wastewater[J]. Letters in Applied Microbiology, 31, 259-264.

Y. Kalogo, A. M'Bassiguié Séka, W. Verstraete. 2001. Enhancing the start-up of a UASB reactor treating domestic wastewater by adding a water extract of Moringa oleifera seeds[J]. Appl Microbiol Biotechnol, 55:644-651.

Ndabigengesere A, 'Narasiah K S. 1998. Quality of water treated by coagulation using Moringa oleifera seeds[J]. Water Research,32:781−789.

Sharma P, Kumari P, Srivastava M M, et al. 2007. Ternary biosorption studies of Cd（Ⅱ）, Cr（Ⅲ）and Ni（Ⅱ）on shelled Moringa oleifera seeds[J]. Bioresource Technology, 98:474−477.

Bhatti H N, Mumtaz B, Hanif M A, et al. 2007. Removal of Zn（Ⅱ）ions from aqueous solution using Moringa oleifera lam.（horseradish tree）biomass[J]. Process Biochemistry, 42:547−553.

Martyn C N, Barker D J P, Osmond C, et al. 1989. Geographical relation between Alzheimer's desease and aluminium in drinking water[J]. The Lancet, l:59−62.

Noor M J M M, Abdullah A G L, AI−Fugara A M S, et al. 2002. Ghazali A H, Yuduf B M. Jusoh A. A pilot plant study using Moringa oleifera and alum in treating surface water: proceedings of the 5th Specialized Conference on Small Water and Wastewater Treatment Systems[C]. Istanbul, 951−958.

Mcconnachie G L, Folkard G K, Mtawali M A, et al. 1999. Field trails of appropriate hydraulic flocculation processes[J]. Water Research, 33（6）:1425−1434.

张重权, 马李一、王有琼, 等. 2009. 辣木天然净水剂研究进展[J]. 水处理技术, 35（2）: 9−13.

刘贺青.2010. 菲律宾生物燃料发展状况及存在的问题[J].亚太经济, 2: 80−83.

Moser B R, Eller F J, Tisserat B H, et al. 2011. Preparation of fatty acid methyl esters from osage orange（Maclura pomifera）oil and evaluation as biodiesel[J]. Energy Fuels, 25: 1869−1877.

Jed W. Fahey, Sc.D. 2005. Moringa oleifera: A review of the medical evidence for its nutritional, therapeutic, and prophylactic properties. Part 1 [J]. Trees for Life Journal, 1:5.

张燕平,段琼芬,苏建荣.2004. 辣木的开发与利用[J].热带农业科学, 4:42−48.

陈德华,张孝祺,张惠娜.2008. 一种新型功能食用油——辣木籽油[J].广东农业科学, 5:17−18.

Torondel B, Opare1 D, Brandberg B, et al. 2014. Efficacy of Moringa oleifera leaf powder as ahand−washing product: a crossover controlledstudy among healthy volunteers[J], BMC Complementary and Alternative Medicine, 14:57.

盘李军,刘小金.2010. 辣木的栽培及开发利用研究进展[J].广东林业科技,3:71−77.

钟慧慧,马海乐,张涛,等.2006. 辣木开发利用现状及前景[J].粮油食品科技,2:60−61.

罗云霞,陆斌,石卓功.2006.辣木的特性与价值及其在云南引种发展的景况[J].西部林业科学,4:135−140.

刘永红,李会珍.2004.辣木的利用价值与栽培技术[J].福建热作科技,2:34−35.

Hazarika A, Maji TK. 2013. Synergistic effect of Nano−TiO2 and nanoclay on the ultraviolet degradation and physical properties of wood polymer nanocomposites [J], Industrial & Engineering Chemistry Research, 52: 13536−13546.

后记

辣木原分布于喜马拉雅山南侧的印度、斯里兰卡和不丹等地区，是典型的东南亚生物资源，印度传统蔬菜和药用植物之一。云南种植辣木的历史有100年，研究辣木的历史有40年之久，此次辣木基因组的发布、辣木功效的系统研究，是东南亚生物资源开发和利用的又一个新的探索。

《现代辣木生物学》一书，从辣木生物学性状、基因组信息、产品深加工和综合开发利用到育种、栽培和病虫害防治，比较全面地阐述了辣木的生物学信息和产业化开发。本书通过对辣木营养价值、活性成分和健康功效评价，把辣木的潜在应用价值提供给读者，让读者更加科学地利用辣木。

通过本书的出版，力图把辣木的最新研究成果及时地公布于世，为广大科技人员和辣木从业者提供辣木最新的科技信息。

本书用较多的篇幅介绍了辣木的基因组信息，并对辣木的基因组特征和重要功能基因进行了注释。该书把云南农业大学等研究团队完成的基因组精细图谱组装过程也较详细的奉献给读者，目的是想把最现代的分子生物学研究手段与计算机相结合，解读作为"生命之树"——辣木的独特生物学信息。

全面解析辣木的另一个目的是探索辣木作为粮食安全的新资源进行开发和研究。目前，世界粮食安全形势依然非常严峻，根据世界粮食计划署公布的最新数据，目前全世界共有8.42亿人生活在饥饿之中，其中发展中国家的饥饿人口有8.23亿，约占全球饥饿人口总数的97.7%。而全球大多数缺粮人口生活在南亚，其次是撒哈拉以南非洲和东亚。作为人口最多的国家，中国的粮食安全问题尤为重要。尽管我国的粮食安全现状有所保障，但长远来看仍然面临着粮食生产资源不断减少、粮食供应存在结构性短缺、贫困人口数量仍然巨大等严峻挑战。所以，我国把粮食安全放在国家安全的高度予以重视。

另外，粮食安全的一个潜在因素是饲料的需求巨大。随着我国畜牧业的快速发展，饲料用粮对我国粮食安全的影响越来越大。我国牧草资源丰富，但主要是禾本科牧草资源，以纤维素型牧草资源为主，高蛋白质牧草资源只能依靠紫花苜蓿。我国牧草产业与畜牧业发达国家相比，差距很大。在畜牧业生产发达国家，牧草属于作物生产的重要组成部分，在农业生产中占据重要地位。由于高蛋白质含量，辣木在东南亚国家被当作粮食和蔬菜食用，也被作为高蛋白饲料用于畜牧业。辣木的生物量大，种植周期短，适合干热河谷等低价值土地种植，可以作为粮食、蔬菜和紫花苜蓿的代替品。辣木是多年生乔木速生树，作为粮食作物，能够提高土地利用率。目前的粮食作物、大多数蔬菜都是一年生作物。辣木作为多年生作物（生长100年以上，可采摘20年）可以种植在很多废弃用地（尤其是沙土地），节省土地资源，降低综合成本，辣木可作为国家"天然粮食、蔬菜、牧草储备库"。目前种植的辣木品种尚未进行系统的品种选育，如果在品种选育之后，完全可以培育"粮食辣木""蔬菜辣木"和"牧草辣木"品种，进一步释放辣木的资源优势。

本书以辣木基因组破译为主要素材，经过研究团队全力合作，参考各方研究资料和书籍，完成了《现代辣木生物学》一书。编者正在筹划该书的英义和西班牙文翻译，让辣木的最新研究成果成为其他国家科技工作者研究辣木的参考书。本书出版得到云南农业大学、云南省高原特色农业产业研究院、云南科技出版社的大力支持和帮助，在此一并表示感谢。

编 者

2015年1月于 云南农业大学、云南省高原特色农业产业研究院